复旦大学社会科学高等研究院
复旦大学当代中国研究中心

转型中国研究丛书

郭苏建◎主编

可持续发展
理论与实践研究

郭苏建◎主编

格致出版社 上海人民出版社

"转型中国研究丛书"编辑委员会

主　　　编：郭苏建

副　主　编：刘建军　孙国东

编辑委员会：贺东航　顾　肃　林　曦

丛书序言

　　"转型中国研究丛书"是复旦大学社会科学高等研究院(以下简称"复旦高研院")和复旦大学当代中国研究中心年度主题研究的成果。该丛书以"前沿性、基础性、学术性、国际性"为理念,力争经过数年的努力,建设成为在中国社会科学领域具有较高水平的综合性、跨学科学术丛书。

　　2013年以来,复旦高研院进入转型发展的新阶段。复旦高研院借鉴国外大学高研院的通行举措,通过一系列学术建制吸纳与整合校内外优秀研究人员,开展对基础理论和重大实践问题的跨学科研究,力争生产出高水平的研究成果。"年度主题"(annual theme)是借鉴国际上大学高等研究院(Institute for Advanced Study)的有益经验而于2013年设立的新型学术组织机制。所谓"年度主题",即研究机构根据自己的总体研究规划所设立的年度研究主题。比如,现代高等研究机构的先行者普林斯顿高等研究院就在其二级研究院普遍采取了研究主题制度。如何结合现代中国转型中的重大理论课题展开专题性的深入研究,是中国社会科学提升研究水平的基础性工作。复旦高研院"年度主题"建制,正是为了推进上述历史使命而设立的基础性学术组织机制。

　　在具体运行中,我们以研究项目为组织形式,并通过"驻院研究员""访问学者"等机制吸纳校内其他文科院系、校外乃至国外相关研究力量,组织专职研究人员和驻院研究人员围绕"年度主题"协同攻关。我们还专门设立了"年度主题席明纳",每月由一位研究者做专题报告,"年度主题"研究参与者全体参与讨论,以期每一项研究都经过全体参与者的充分讨论和交流。

　　为反映我院"年度主题"的研究成果,我们与格致出版社合作出版了"转型中国研究丛书"。到目前为止,该丛书已经出版了14本研究论著:《转型中国的正义研究》《转型中国的法治研究》《转型中国的治理研究》《转型中国社会秩序建构的关键词辨析》《转型中国的村治实践研究》《转型中国的基层选举民主发展研究》《转型中国的国家与社会关系新探》《转型中国的社会科学理论、范式和方法问题研究》《大数据与社会科学发展》《转型中国的社会治理——理论、实践与制度创新》《转型中国的政治发展理论与实践研究》《哲学社会科学思想流派和科学方法新探》《转型中国的农业供应链治理》和《当代中国法治进程中的地方政府行为研究》。

呈现在读者面前的《可持续发展理论与实践研究》，旨在探讨新时代关于可持续发展的哲学问题，并研究了人与自然、公平性、气候变化全球治理、经济社会高质量发展、大数据应用、环境治理、城市治理、社区治理、贫困治理等人类社会和当下中国所面临各类重大理论和实践问题及其与可持续发展理论的一系列复杂关系和相互影响。可持续发展有其深刻的哲学思想内涵和理论基础，涉及多学科研究议题，涵盖人类社会经济发展诸多重要领域的治理实践和创新活动，具有重大的学科发展理论价值及实践创新和政策指导意义。

本研究项目及丛书系复旦大学社会科学高等研究院院长、教育部"长江学者"特聘教授郭苏建博士领导、策划和主持，并由其担任主编。复旦大学当代中国研究中心主任、复旦大学国际关系与公共事务学院教授刘建军和复旦大学社会科学高等研究院副院长孙国东教授担任副主编。复旦大学社会科学高等研究院专职研究人员贺东航教授、顾肃教授、林曦教授为该丛书的编委会成员。

郭苏建

目　录

可持续发展的哲学观

顾　肃[*]

　　可持续发展(sustainable development)的观念在近几十年里获得了系统深入的阐述。这一观念最早可以追溯到 1980 年由世界自然保护联盟(IUCN)、联合国环境规划署(UNEP)、野生动物基金会(WWF)共同发表的《世界自然保护大纲》。1987 年,以布伦特兰夫人为首的世界环境与发展委员会(WCED)发表了题为《我们共同的未来》的报告。该报告正式使用了"可持续发展"概念,并进行了比较系统的阐述,对国际社会产生了广泛的影响。尽管对可持续发展的含义存在多种解释,但该报告作出了一个得到普遍认可的定义,提出"人类有能力使发展继续下去,也能保证使之满足当前的需要,而不危及下一代满足其需要的能力"。这包括两个重要的因素:需要的因素和制约的因素。需要的因素即满足所有人的基本需要,向所有人提供实现美好生活愿望的机会。制约的因素指的"不是绝对的制约,而是由目前的技术状况和环境资源方面的社会组织造成的制约以及生物圈承受人类活动影响的能力造成的制约"。其适用的范围广泛,包括国际、区域、地方和特定的界别。①

　　正如 1980 年国际资源和自然保护联合会的《世界自然资源保护大纲》指出的:必须研究自然的、社会的、生态的、经济的以及利用自然资源过程中的基本关系,以确保全球的可持续发展。②这就提出了实现可持续发展的认知任务,即

　　*　顾肃,哲学博士,复旦大学社会科学高等研究院专职研究员、教授。
　　①　世界环境与发展委员会:《我们共同的未来》,王之佳等译,长春:吉林人民出版社 1997年版,第 10 页。
　　②　见国际资源和自然保护联合会:《世界自然资源保护大纲》,北京:国务院环境保护领导小组办公室 1982 年版。

1

需要认真研究各个领域和方面的关系。随后,美国学者莱斯特·R.布朗(Lester Brown)在其1981年发表的《建设一个持续发展的社会》一书中,提出了实现可持续发展的基本任务包括:控制人口增长、保护资源基础和开发再生能源。①在这些影响很大的政治呼吁和论述的基础上,联合国于1992年6月在里约热内卢召开环境与发展大会,通过了以可持续发展为核心的《里约环境与发展宣言》《21世纪议程》等文件。中国政府也编制了《中国21世纪议程——中国21世纪人口、环境与发展白皮书》,首次把可持续发展战略纳入国家经济和社会发展的长远规划,把包括社会、经济、生态各方面的可持续发展战略确定为我国现代化建设中必须实施的战略。

可持续发展的理论对深刻的社会和经济发展问题进行了深入细致的论述,该理论及其基本原则有深厚的哲学基础。价值论、发展伦理学、生态哲学和智慧等哲学观为可持续发展提供了重要的理论支撑和证成。本文简要总结可持续发展的理论进展、该概念的多种内涵,论述该理论的公平性原则与正义理论、持续性原则与生态智慧、共同性原则与普遍主义价值观之间的哲学关联,并从发展伦理学关于发展的根本人文目标的视角论述可持续发展的价值观。

一、发展与增长的核心理念

发展是硬道理,发展是人类社会不断变革和进步的永恒主题。一个社会若要维持其人民的生活福利水平,提高人民的物质文化水平,使民众富裕、社会安定,就需要维持必要的发展水平;国家如要提高其综合国力,也要靠其综合发展能力;要提升人们在社会实践过程中的认知水平,归根到底也依靠社会经济发展。经济发展是一切社会实践的物质基础,在贫穷和落后的社会经济基础上是不可能实现先进的物质和精神文明的,也不可能保证人口、资源、环境与经济的协调发展。因此,保持经济发展是社会进步的必要条件。

但是,发展本身也需要科学的界定。发展应当是可持续的,一段时间内的

---

① 参见[美]莱斯特·布朗:《建设一个持续发展的社会》,北京:科学技术文献出版社1984年版。

高速发展如果不能持续,如果不能实现社会公正分配、环境和生态上的协调发展,那这样的发展就是片面的、不可取的。可持续发展是针对传统发展模式的弊端而提出的一种新的发展观,其目的是促进人类社会更好的发展,而不是限制发展。可持续发展是根据世界发展现实的新情况提出的、依据一系列新的理念充实的、具有丰富的理论内涵的新发展观。

可持续发展理论的主旨是促进社会和经济的良性发展和循环,维护良好的生态环境。这是对较长时间内以过度开发和消耗资源、毁坏环境和生态为代价的发展观的深刻反思。20 世纪 80 年代之前,世界各国把发展重点主要放在提升经济总量、保障民众生活上,因而着力于大量开发和利自然资源,导致资源的过度消耗和环境污染。经济的发展推进了工业化和城市化,也使得生态和环境问题日益严重,加大了人口对资源环境的压力。同时,经济发展的技术水平也限制了资源的有效利用。生产工艺落后,设备陈旧,技术和管理水平低,导致原材料和能源的消耗巨大,有效利用率低,经济效益差,进一步恶化了资源过度消耗和环境污染的状况。所有这些因素的相互作用,致使自然、经济和社会发展陷入恶性循环。可持续发展理论应运而生,提出以人为本的核心目标,即发展不仅需要满足人类的各种需要,充分利用人力和物力资源,还需要关注各种经济活动的生态合理性,保护生态资源,而且必须关注代际正义,即不但关照当代人的公平正义,还要对后代人的生存条件负责,不把恶劣的环境和分配结构留给今后的世代,对他们的发展构成威胁。经济和社会发展应当进入良性循环,这是所有世代人类的良性发展,当代人不能以后代人的利益和福祉为代价来片面满足自身的当下利益。

可持续发展的理论基调是绿色发展。传统的"先污染,后治理"的经济发展道路,曾经主导了许多人的思维。他们通常认为环境问题是一种外部不经济的表现形式,主张末端治理的方案,因而使得污染的制造者在治理的同时,不断地产生新的污染。这就无法彻底解决环境危害的问题。可持续发展的理论主张改变这种经济发展思路,主张走绿色发展的道路,要求经济发展应当有利于生态系统的良性循环,促进资源的持续利用,大力制止环境的污染和破坏,保护人们赖以生存和发展的自然条件。

可持续发展理论的前提是人与自然观念的根本转变。曾经有两种关于人与自然的观念：一是认为自然资源是取之不尽、用之不竭的，因而发展可以不考虑环境资源的有限性和适用性。事实上，环境的自身净化能力和自然资源的再生速度不是毫无限制的。第二次世界大战以后，世界各国经济飞速发展，资源利用的速度大大增加。到 20 世纪 60 年代末，各式各样的环境问题渐次显露，其原因正在于人们开发利用自然资源的速度开始超过自然资源及其替代品的再生速度，向环境排放的大量废弃和污染物远超环境的自身净化能力。二是只关注人与人之间关系的文明化，也就是人类制度的现代化，而忽视了人与自然关系的文明化，未能正确合理地处理人与自然的和谐关系。在新的经济和社会发展的形势下，需要改变这些传统的观念，确立人的思想观念和行为模式的转变，包括树立关于人与自然和谐的哲学观，以可持续发展的新思想观念和知识改变落后的生产方式、消费和生活方式。

对于环境问题和发展理论的反思，较早的文献出现于 20 世纪 50 年代末。美国海洋生物学家蕾切尔·卡逊（Rachel Karson）认真研究使用杀虫剂的危害以后，写成了保护环境的科普著作《寂静的春天》（1962 年）。她在书中描述了污染物富集、迁移和转化的情况，记述了环境污染所带来的公害事件，由此阐明人类与大气、海洋、河流、动植物之间的密切关系，揭露了污染对生态系统造成的危害。卡逊指出："地球上生命的历史一直是生物及其周围环境相互作用的历史。可以说在很大程度上，地球上植物和动物的自然形态和习性都是由环境塑造成的。就地球时间的整个阶段而言，生命改造环境的反作用实际上是相对微小的。仅仅在出现了生命新种——人类之后，生命才具有了改造其周围大自然的异常能力……在人对环境的所有袭击中最令人震惊的，是空气、土地、河流以及大海受到了危险的、甚至致命物质的污染。这种污染在很大程度上是难以恢复的，它不仅进入了生命赖以生存的世界，而且进入了生物组织内。"[①]卡逊因而发出呼吁，我们长期行驶的道路，容易被人误认为是一条可以高速前进的平坦舒适的超级公路，但在实际上，这条路的终点却潜伏着灾难，而另外的道路则为我们提供了保护地球最后的、唯一的机会。她虽然没有系统地阐述人如何通过善待

---

① ［美］蕾切尔·卡逊：《寂静的春天》，吕瑞兰等译，长春：吉林人民出版社 1997 年版，第 4 页。

环境而走这另外的道路，但她较早向世人发出这样的警告，要求人类深刻反思自身在发展问题上的传统观念和行为，以及如何处理好人与自然的和谐关系。

"增长的极限"理论与可持续发展的理论演变也有关联。由各国几十位科学家、教育家、经济学家于1968年成立的罗马俱乐部，致力于探讨和研究人类的共同问题，以引起国际社会对这些问题的关注和重视，以科学知识理解这些社会、经济和环境的问题，采取改变这些状况的新态度、对策和制度。受此俱乐部委托，以麻省理工学院德内拉·梅多斯（Donella Meadows）教授为首的研究团队于1972年提交了俱乐部的第一份研究报告《增长的极限》。这个重要的研究成果，对长期流行的高增长理论进行了深刻反思，阐述了环境的重要性以及资源与人口的根本联系。报告指出，世界的人口增长、粮食生产、工业发展、资源消耗和环境污染这五个基本因素，其运行方式是按指数增长而不是线性增长的，这种增长将由于粮食短缺和环境破坏而在21世纪的某个时间段达到极限，也就是地球的支持力会达到极限，从而导致经济发生"零增长"。[①]这项研究报告引起学术界广泛的关注和激烈的争议。它促使人们密切关注人口、资源和环境的相互关系，同时人们也对其关于最终零增长的结论提出了质疑。人们认为经济增长会由于上述诸因素的限制而受到影响，但不至于就此彻底归于零增长。而这项研究报告最重要的贡献是其唤醒了对人类前途深刻的忧虑和对人与自然关系的新认知，它所阐明的合理的、持久的均衡发展，为此后对可持续发展思想的系统阐述和广泛认知打下了基础。

二、可持续发展的内涵

可持续发展是一种新颖的综合性理论，已经演化得比较成熟，它的内涵和特性受到全球各国人士的关注、研讨和阐述。知识界各领域从自身的视角阐发了可持续发展的内涵和特性，虽然还未形成统一的公认的理论模式，但对其基本含义、内容、主要原则已经形成比较一致的认知。从不同学科视角认识可持

---

① 参见[美]德内拉·梅多斯等：《增长的极限》，李涛等译，北京：机械工业出版社2013年版。

续发展观念的内涵,有助于立体地、综合地认知该理论。

(一) 满足人类需求论

可持续发展的核心理念是满足人类所有世代人的需求。格罗·哈莱姆·布伦特兰(Gro Harlem Brundtland)在《我们共同的未来》中以满足当代人和后代人需求所界定的可持续发展概念,在联合国环境规划署1989年第15届理事会《关于可持续发展的声明》中得到采纳。声明指出,可持续发展不仅满足当前的需求,也不限制后代们满足其需求的能力,同时也不包含侵犯国家主权的含义。也就是说,这种发展既包括国内合作,也涉及国际合作。这就需要考虑国内和国际的公平正义,需要确立一种各方相互支援的国际经济环境,使得各国尤其是发展中国家取得持续的经济增长和发展。①

(二) 着重于自然属性的内涵

"生态持续性"是生态学发展出的一个重要概念,强调自然资源与其开发利用程度之间的平衡,由生态可持续概念扩展为普遍的可持续概念。世界自然保护联盟1991年把可持续性界定为"可持续地使用,是指在其可再生能力(速度)的范围内使用一种有机生态系统或其他可再生资源"②。类似地,国际生态学联合会(INTECOL)和国际生物科学联盟(IUBS)则将其界定为"保护和加强环境系统的生产更新能力"。这种着重于自然属性的定义强调的是可持续发展不应超越环境系统自身的再生能力,在此范围内实现长期的稳定的发展。着重自然属性的定义也从生物圈的概念出发强调寻求一种最佳的生态系统,用以满足人的愿望,实现生态的完整性,以完善人的生存环境。

(三) 着重于社会属性的内涵

从社会属性界定的可持续发展观念强调发展所指向的价值观,应当致力于改善人的生活质量,提高人的健康水平,合理开发利用自然资源,最终是为了创

①②　参见 IUCN/UNEP/EEF, *Caring for the Earth：A Strategy for Sustainable Living*, Gland, Switzerland, 1991, p.10。

造维护人的平等和自由、保障人权的发展环境。世界自然保护联盟、联合国环境规划署和世界野生生物基金会在所发表的《保护地球——可持续生存战略》（1991 年）中把可持续发展界定为"在生存不超出维持生态系统涵容能力的情况下，提高人类的生活质量"，并由此提出了相关的九条基本原则。这些原则要求人类生产和生活方式与地球承载能力相匹配和平衡，保持地球的生命力和生物多样性，并且列举了可持续发展的价值观和 130 个行动方案。可见社会属性的内涵即指出可持续发展的最终目标是以人为本，提升人的生活质量，创造美好生活环境，促进人类的进步。①

（四）着重于科学技术属性的内涵

从科学技术的视角界定的可持续发展着重于可以用科技手段和指标来衡量的发展状况。也就是要求尽可能减少不可再生能源等自然资源的消耗，使用更清洁、有效的技术，尽可能采用接近"零排放"或密闭式的工艺方法，或者采用极少产生废料和污染物的工艺和技术体系。其主要理由是，污染并非工业活动不可避免的结果，而是技术水平落后、效率低下所致。因此，为了实现这样的技术目标，不仅需要发达国家致力于技术革新和进步，而且需要发达国家与其他国家之间达成密切的技术合作，促进全面技术更新，缩小各国技术差距，以提升各国的生产能力和效率。

（五）着重于经济属性的内涵

从经济属性界定的可持续发展聚焦于经济增长本身的品质和前提条件，认为这种发展不是传统意义上的单纯总量上的发展，而是不破坏自然资源基础、不损害环境品质的高质量的经济发展。如让·普龙克和马赫布卜·哈克把可持续发展定义为"为全世界而不是为少数人的特权提供公平机会的经济增长，不进一步消耗自然资源的绝对量和涵容能力"②。爱德华·巴比尔界定的可持

---

① 参见 IUCN/UNEP/EEF, *Caring for the Earth*: *A Strategy for Sustainable Living*, Gland, Switzerland, 1991。

② 参见 Jan Pronk and Mahbubul Haq, *The Hague Report*: *Sustainable Development from Concept to Action*, The Hague: Dutch Minister of Development Cooperation, 1992, p.2。

续发展是,在保护自然资源的质量和其所提供服务的前提下,最大限度地增加经济发展的净利益。也就是说,经济最大限度增长的目的是保护自然资源的质量并且为所有人提供公平的机会,包括保障今世和后代所有人的福利。①经济学家罗伯特·科斯坦萨等人也认为,可持续发展是一种新的发展模式,它不同于传统的主流发展模式(即所谓"华盛顿共识"),那种模式是以国内生产总值来衡量发展,其预设前提是,发展将最终解决所有其他的社会经济问题,增长多多益善。而新的可持续的发展模式则是一种"绿色共识",它将焦点从只是关注增长改变到改善生活质量的真正意义上的发展,认识到增长具有某些负作用,多多并非总益善。可持续发展要求处理好动态的人类经济系统与更加动态的、通常变动缓慢的生态系统之间的关系。这种关系的意义在于,人类的生存能够无限制地持续,个体能够处于全盛状态,文化能够发展,但人类活动的影响需要保持在某些限度之内,以免破坏生态支持系统的基本功能、多样性和复杂性。因此,人自身无限发展的能力不能以破坏生态系统为代价。②

可持续发展的理论强调一些基本的原则,主要有三条:公平性原则、可持续性原则和共同性原则,支撑这些原则的是一些重要的哲学理念。下面我们分别结合其根本的哲学观来在阐述这些基本原则。

三、可持续发展的公平性原则与正义理论

可持续发展的第一个基本原则是公平性(fairness),而支持这一原则的主要哲学观是正义理论。公平正义是人类必须普遍坚持的根本价值。任何一个社会都需要正确面对和处理正义的问题。各种是非曲直,需要公正地对待处理。失去了公平正义,就失去了行为判断的方向,人们就无法正确地处理各种关系和事务。公平要求在社会选择上的人与人之间的平等性,即不因为各种人为的因素而影响人们选择上的自由。政治哲学家罗尔斯在论述公平正义原则时,既

---

① Edward B. Barbier, "The Concept of Sustainable Economic Development", *Environmental Conservation*, Vol.14, no.2(Summer 1987), pp.101—110.

② 参见 Robert Costanza, "A New Model for a 'Full' World", *Development*, Vol.52, no.3 (2009), pp.369—376。

肯定人们各种自由权利的平等,又试图回答如何解决人们社会经济不平等的问题,即在承认人们之间社会经济差别的同时,以有利于最不利者的福利主义政策和机会平等原则予以限制。

第一条原则:每个人对与所有人所拥有的最广泛平等的基本自由体系相容的类似自由体系都应有一种平等的权利。

第二条原则:社会和经济的不平等应这样安排,使它们:(1)在与正义的储存原则一致的前提下,适合于最少受惠者的最大利益;并且(2)加上在机会公平平等的条件下,职务和地位向所有人开放。①

这两个正义原则同样适用于探讨当今可持续发展中的公平正义问题,既包括所有人拥有广泛的平等自由权利,也包括在处理人际社会经济差别时必须坚持机会的公平平等,同时使最不利者获得最大的利益。罗尔斯在论述正义原则时多次强调机会平等的重要性。正义论的第一条原则对于公民平等自由权利强调的也是广义的机会平等,也就是公民在政治和法律上同等的基本自由权利。正义的第二条原则适用于社会制度构建并规定社会和经济不平等的方面,它承认在分配的一些方面人们是不平等的,但这种不平等必须对每个人都有利;并且必须遵守公共职位对所有人开放的原则。对这些正义原则的理论证成值得澄清和探究。平等自由的原则的出发点是义务论或权利论的,即人们的平等自由权是首要的、天经地义的、不可剥夺的。差别原则针对社会和经济的不平等提出的两个分原则:一是最不利者的最大预期收益,二是职位向所有人开放。第一个分原则具有目的论的倾向,即以经验事实为前提,以补偿为要件的目的论诉求,把最不利者的最大利益当作努力的目标。第二个分原则又是权利论的,即以程序正义基础上人们机会平等的权利为出发点。

以正义理论来检视可持续发展中的公平性原则,可以看到人们在需求方面存在很多不公平因素,可持续发展所追求的公平性原则,包括三层意思:一是本代人的公平,即同代人之间的横向公平性。二是代际间的公平,即世代人之间的纵向公平性。三是公平分配有限资源。下面对这三个方面分别进行论述。

---

① [美]约翰·罗尔斯:《正义论》,何怀宏等译,北京:中国社会科学出版社 2009 年版,第237 页。

（一）同代人之间的横向公平性

这指的是世界上同一世代的人们都能得到公平的发展机会,而不应只有少数国家和地区的人得到发展,以及同一地区的人们之间的发展机会差别太大,贫富过于悬殊。当今世界存在巨大的贫富差别,一是一部分富裕国家与穷国之间的巨大差别,一部分国家的国民十分富有,而另一部分国家的国民却处于贫困状态。二是各个国家和地区内部不同人群间的贫富差别,少部分人占有很高比例的财富,他们在社会和经济的发展上拥有很大的决策权,甚至以其拥有的资源影响和控制政治人物的决策、公职选举和司法。这里当然不是说,一个社会的人们应当在财富和资源的拥有上完全平均,而是说过大的差别会影响人们发展的平等机会。国家与国家之间、国家内部人与人之间过大的贫富差别自然会影响可持续发展,一部分人拥有越来越多的财富和决策权,另一部分人则处于被动服从的劣势地位,显然不可能实现全社会均衡的持续增长。因而必须贯彻公平性原则,赋予世界各国、各种人群以公平的分配和公平的发展权,把消除贫困作为可持续发展进程中特别优先的问题来考虑,由此来促进全社会长期的可持续的发展。

（二）代际的公平性

即在时间纵向上各个世代之间的公平性,其理论基础是代际均等的环境伦理观。罗尔斯在正义理论中阐述了代际正义的问题。他指出:"每一代不仅必须保持文化和文明的成果,完整地维持已建成的正义制度,而且也必须在每一代的时间里,储备适当数量的实际资金积累。这种储存可能采取各种不同的形式,包括从对机器和其他生产资料的纯投资到学习和教育方面的投资,等等。"[1]为此,就需要建立一个公正的储存原则,以在各代人之间实现正义。"如果所有世代(也许除了第一代)都要得益,那么他们必须选择一个正义的储存原则;如果这一原则被遵守的话,就可能产生这样一种情况:每一代都从前面的世代获得好处,而又为后面的世代尽其公平的一份职责。"[2]

---

[1]　[美]约翰·罗尔斯:《正义论》,何怀宏等译,北京:中国社会科学出版社 2009 年版,第 224 页。

[2]　同上书,第 226—227 页。

代际正义是正义理论的一个重要方面,传统的环境伦理主要考虑同时代人们之间的资源分配是否公正,是否符合平等自由的原则。当代环境伦理在考虑环境与人的关系问题时,着眼于人对自然界的道德义务,这种道德义务的源头是人类各成员间应尽的义务。这样一来,就把人们的平等关系从一代以内延展到各代之间,主张我们的子孙后代与现代人一样拥有享受自然资源和良好环境的权利。罗马俱乐部的研究者在发表《增长的极限》的报告之后,学者们在探讨地球资源时,都注意到这个代际正义的命题。其核心观点是,后代子孙应该与当代人一样有权过富足而安定的生活,因而当代人有义务保护好自然资源,使后代同样能够均等地享受来自自然资源的各种益处。而且,即使后代人会面对一些不同于当代人的新问题,持有不同的美好生活的观念,可能使用一些不同类型的自然资源,但他们在拥有清新的空气、舒适的住宅空间、肥沃的土壤、良好的气候等方面,都应与当代人享有同样的利益。同样,保护物种的多样性,特别是保护濒危物种的责任,也与代际正义相关。因为人类需要保留丰富多样的动植物的基因库,使人类未来能够开发新的防病治病的方法,抵抗有害细菌和病毒,探求控制有害昆虫的方法,利用遗传工程来产出新的食物源,所有这些都需要让后代人与当代人共享生物多样性的益处和大自然美的价值。总之,我们需要充分认识人类赖以生存的自然资源的有限性,当代人不能因为自己的发展和需求而损害世世代代的人们得以满足需求的自然资源和环境。从子孙后代的权益考虑,当代人应当约束自己的行为,制定有关保护环境的规则、建立针对自然的道德和义务。

(三) 地球资源的公平分配

这是指在自然环境和资源使用上的全球公平的分配。地球上的资源是有限的,对于这些资源,一部分人占用多了,另一部分人占用的就会减少。因而有必要在环境资源的使用和消耗上强调权利的平等。但是,由于历史的原因和经济发展水平的巨大差距,目前的状况是环境资源并未得到公平的分配,国家之间、地区之间在自然资源的消耗上差别巨大。矿产、能源、森林等,在各国和地区间的分配与其人口和幅员不成正当的比率。一些富裕和发达国家利用其经济和技术上的优势,消耗了大量的资源,并且以不平等的方式攫取发展中国家的资源,从而加大了国家和地区间的贫富差距。广大发展中国家所消耗的数量则低得多。因此,鉴于人类在地球上生存、享受和发展权利平等的原则,富国有责任限制自身对资源的大量消耗,节制浪费奢侈的消费行为,并且帮助穷国更好地利用自身的资源发展经济,摆脱穷困。联合国环境与发展大会通过的《里约环境与发展宣言》,把资源的公平分配原则提升为国家间的正义原则。该宣言的原则二也指出:"各国根据《联合国宪章》和国际法原则有至高无上的权利按照它们自己的环境和发展政策开发它们自己的资源,并有责任保证在它们管辖或控制范围内的活动不对其他国家或不在其管辖范围内的地区的环境造成危害。"

关于国家间是否需要进行经济再分配的问题,政治哲学家进行了热烈的讨论,甚至发生过激烈的争论。彼得·辛格(Peter Singer)认为,罗尔斯在《万民法》一书中为反对国家之间经济再分配的观念所准备采纳的论证,很容易被用来(事实上已经被用作)反对在一个国家内部进行个人或家庭之间的经济再分配。为此,罗尔斯让我们考虑处于同等富裕程度、人口相等的两个国家。第一个国家决定工业化,第二个国家则选择更田园化和闲适的社会,不打算工业化。几十年以后,前者的富裕程度是后者的两倍。罗尔斯进而追问,假定两个社会都是自由地作出他们自己的决定的,那是否应当对工业化的社会征税,从而为另一田园化社会提供资金。他认为这"看起来是不可接受的"。然而,如果罗尔斯发现这是不可接受的,那他该怎样回应那些《正义论》的批评者们,提出的下述论点:对一个勤劳致富的人征税,以此来支持那些过着比较闲散的生活,因而从持有的资源来看属于处境最差的社会成员,这种做法也应该是不可接受的。如果某个理由支持一个社会内部的再分配,那人们就无法不支持社会之间的再分配。①罗尔斯在《万民法》中的确提出,"秩序良好社会中的人民有责任帮助负担沉重的社会",后者指的是那些"缺乏政治和文化传统、人力资本和技术诀窍,而且往往缺乏建成秩序良好的社会所需要的物质和技术资源"的社会。②但这种责任只包含帮助其变成"秩序良好"的社会,而罗尔斯所谓"秩序良好社会",指

---

① 〔美〕彼得·辛格:《一个世界:全球化伦理》,应奇等译,北京:东方出版社 2005 年版,第 179 页。

② John Rawls, *The Law of Peoples*, Cambridge, Mass.: Harvard University Press, 1999, p.106.

的是拥有增进成员的利益的秩序,并由一种公共正义观念有效调节的社会。在考虑能够帮助一个社会达到秩序良好的因素时,罗尔斯强调各个社会需要形成一种合适的文化,因为他推测,"世界上绝无这样的社会(除非是边际的情形),其资源稀缺到如此程度,以至于即使对其进行合理而理性的组织和管理,也无法实现秩序良好。"①

辛格进而指出,这样发展的结果是,对个人的经济关心在罗尔斯关于调节国际关系的法律的论述中没有什么地位。若不存在大饥荒或侵害人权的情况,罗尔斯的国际正义原则就延伸不到对个人的援助。然而,我们现在的世界状况是,数以百万计的人,在其国家实现自由的或正派的体制并成为"秩序良好"的社会之前,就将死于营养不良和与贫困有关的疾病。许多人认为,富裕国家及其公民如何对超过10亿非常贫穷的人的需求作出反应,解决这一问题的迫切性优先于下述长期目标,即改革未得到公共正义观有效制约的社会的文化。②世界主义者在全球分配正义问题上都提出了富国援助穷国、帮助改善穷国贫困人口状况的各种方案。

四、正确处理发展的效率与公平的关系

可持续发展需要认真对待和处理效率与公平的关系。在效率概念中,有所谓"帕累托最优"的理想状况,涉及对效率原则的衡量和评价。这是指,如果一个社会的资源分配是最高效率的,那么,再以某种方式进行再分配时,其中一人的状况如果变得更好,则另一人的状况必然变坏。否则,若两人的状况可以通过一种分配而同时得到改善,则说明该社会的资源分配还不是最高效率的。这种"帕累托最优"的标准原本是中性的,并不存在对分配方式的价值判断。经典政治经济学理论也把达到均衡点的纯粹自由竞争的市场作为取得最高效率的前提。尽管当代经济学对此作了批评、补充和修正,但效率原则仍然是衡量一个社会经济运转状况的基本标准。然而,当涉及基本的政治价值和道德判断

---

① John Rawls, *The Law of Peoples*, Cambridge, Mass.: Harvard University Press, 1999, p.180.

② [美]彼得·辛格:《一个世界:全球化伦理》,应奇等译,北京:东方出版社2005年版,第181页。

时,效率原则便显得不够了,因而需要以某种形式的平等原则来作补充。罗尔斯指出,帕累托效率原则及其在政治领域的推广未能提出平等及其他政治价值和道德问题,因而需要政治哲学家对此加以补充和修正。①可见罗尔斯认为光靠效率原则还不能构成正义的观念。某些最初的分配使一些人拥有比其他人多得多的财富,若想扭转这种状况,就必然要与效率原则相冲突。而且任何财富的分配都受到过去分配的自然和社会条件的积累效应的影响,意外事件和运气对于谁在一段时间内致富起了重要的作用。因此需要用机会均等原则来补充效率原则,而且要通过其他的分配正义的政策来克服效率原则的缺陷。

社会中人们的收入差距如果太大,可能构成对公平正义的伤害。人们在重新审视效率与公平的关系时,同样需要反思差别原则的问题,需要认真面对并处理巨大的收入差距带来的社会问题。那些境况好的人,利用自身的优势而变得更好,财富得以加速积累,而境况差的人由于缺少那些有利的条件,状况有可能恶化。如此形成的差距不是缩小,而是进一步扩大。正因为如此,单纯地追求效率是不够的。生产发展了,"蛋糕"做大了,并不等于分配就不存在公平的问题了。这还需要正义原则的调整。从某种意义上说,缺少公平正义的分配机制,积累的社会财富有可能高度集中于少数人,而广大民众的生活虽然总体上有一定的改善,但仍然会产生相当大的受挫感和剥夺感,其内心的不平会通过各种方式表现出来,从而积聚更多的不满,最终挫伤进一步劳动和创新的积极性。尤其是当一部分人通过自己拥有的公权力以寻租的方式获得大量的财富时,所引起的社会不公的感觉就特别巨大。可见,通过落实公平正义来巩固统治权力合法性,已经成为一项紧迫而重要的政治任务。这在各国的政治和社会发展中都是需要认真解决的重要问题。

面对巨大的社会收入差距,人们采取了一些社会政策和措施进行调整,世界各国在解决贫富悬殊的问题上,成效差别较大。诸如开征累进所得税和遗产税等税种来调节再分配,从而增加普遍的社会福利是相当重要的一环。在医疗、养老、教育、失业救济等方面的公共福利政策影响深远。如果相当一些人口

---

① [美]约翰·罗尔斯:《正义论》,何怀宏等译,北京:中国社会科学出版社2009年版,第55—56页。

在重病和大病治疗上需要花费一生的积蓄,那是公共福利的巨大缺憾。教育是提高公民素质重要的一环,必须实质性地维护免费义务教育,不能让孩子们因为贫穷而失去接受基本教育的机会,那将造成不利者的劣势进一步扩大。高等教育也需要为贫穷家庭的子女设置各种奖学金,以便让有能力读大学的青年不因家庭财力所限而放弃深造的机会。今天在公共福利上需要做的事情还相当多,任务还相当艰巨。因此,在重新反思效率与公平的关系时,我们需要"围绕更好保障和改善民生、促进社会公平正义深化社会体制的改革,改革收入分配制度,促进共同富裕,推进社会领域制度创新,推进基本公共服务均等化,加快形成科学有效的社会治理体制,确保社会既充满活力又和谐有序"①。

可持续发展需要处理好效率与公平的关系,为了社会的长治久安、和谐稳定,政府需要关注不平等与分配不公问题,形成一种有效的社会平衡协调机制,切实保护弱势群体的利益,也就是保障所有公民在就业、教育、社会保障等方面平等地得到宪法赋予的基本权利。对城市在业贫困者的救助需要通过立法、调整人力资源配置结构和对初次分配进行监督来解决,当然,也不应忽视生活困难补助;通过城市社会保障体系和社会慈善事业来救济相对贫困者。

五、持续性原则与生态智慧

可持续发展的持续性(sustainability)原则的核心理念是,人类的社会和经济发展不能超出自然资源和生态环境的承载能力,其背后的支撑理论是生态哲学和智慧。这就是说,可持续发展不仅要求人与人之间的公平,还需要照顾人与自然之间的公平。生态哲学提倡尊重、善待和保护自然。自然界提供给人类多样的有益价值,如维生和提供资源的经济价值、科学研究与塑造性格的价值、娱乐和美感的文化价值。人类的生存和发展离不开自然提供的条件,从中可见其重要性和功用性,人在与自然的交往中体验到自然满足人的各种需要的价值。除此之外,自然本身还具有其自身的"内在价值",对其内在价值的发现和理解,需要我们超越"人类中心主义"的立场,即不能只从人类自己的利益和喜好出

---

① 《中共中央关于全面深化改革若干重大问题的决定》,《人民日报》2013 年 11 月 15 日。

发,而应从地球整体的进化视角来看待自然。自然界的一个重要价值是对生命的创造。地球上在人类以外的成千上万的物种与人一样具有对外部环境的感知和适应能力,因而人类需要尊重并善待自然生态。地球作为"生物圈"的另一个价值是其生态区位的多样性,高度丰富多样的生命物种以"生态群落"的形式出现,各居于不同的生态区位,如此形成的适合生命体生存和生长的多样生态环境是大自然提供的。自然作为一个整体的系统具有其统一性和稳定性。生态系统的完整性和统一性显示地球作为一个整体的价值高于其各个局部的价值。

因此,在保障生态价值的事业中,首要的是维持其稳定性、整体性和平衡性。作为自然进化史上晚出的、处于最高阶的成员,只有人类对整个自然系统的整体性和稳定性具有理智的认知能力,并且能够通过自身的积极作为来履行维持生态的责任。正如霍尔姆斯·罗尔斯顿(Holmes Rolston)指出的,维护和促进具有内在价值的生态系统的完整和稳定是人所负有的一种客观义务,当人类谈论环境时,不应只想到如何利用环境,还应思虑适当的尊重与义务。他强调,人有保护自然价值的义务。①人类应以全球视野来珍惜我们所栖息的地球,并肩负起维护物种的义务。生态系统里有整个系统的互相依赖性、稳定性与一致性。人类有义务尽可能地保存生物群落的丰富性。应该保存的不是仅仅作为形态的物种,而是造型(物种形成)的过程。②

自然的资源和生态环境正是人类生存与发展的基础,离开了它们,人类就难以稳定地生存和成长。可持续发展是建立在保护地球自然系统基础上的发展,因而对发展自身应当加诸一定的限制因素。在消耗自然资源实现发展时,应当关注资源再生的问题,尤其是资源的临界性,发展不应损害支持地球生命的生物、空气、土壤、水等自然系统。也就是人类应当根据持续性原则调整自己的生活方式,特别是不应过度地生产和消费,而应确定合适的资源消耗的标准。否则,高速消耗自然资源,使自然远远无法自行再生,就将导致人类可用的自然

---

① [美]霍尔姆斯·罗尔斯顿:《哲学走向荒野》,刘耳等译,长春:吉林人民出版社 2000 年版,第 313 页。

② [美]霍尔姆斯·罗尔斯顿:《环境伦理学》,杨通进译,北京:中国社会科学出版社 2000 年版,第 188 页。

资源枯竭,最终降低甚至耗尽人类自身的发展能力。

在人与自然生物的关系中,也需要确立公正分配的原则。人与生物在维护自身的基本生存时,有可能会因占有自然资源产生冲突。依据公正分配的原则,需要双方适当地分享自然资源。如人类开发荒地、发展经济时会缩小野生动植物的范围,最终可能致使物种灭绝,因而需要采取合适的措施避免这种情况。比如,实行轮作、轮耕、轮猎、休渔或轮渔,划出永久性的野生动植物保护区,以此来保留野生动植物的生存环境和活动空间。同时,公正分配原则还要求人类在利用自然资源时尽量采用"功能替代"的做法,即用一种容易再生的资源代替另一种更加稀缺、宝贵和难以再生的资源,如用人造皮革和饰品代替珍贵野生动物的皮毛和器官,用人造合成药剂代替从珍贵野生动物体内提取的生物药素。而且,根据公正补偿原则,人类应当为自身发展所造成的对生态的破坏给予补偿,比如大力植树造林,保护濒危物种,并为多样物种的繁衍和生存创造有利的环境条件。

生态伦理和生态智慧中的基本观念与可持续性原则密切关联。其中一个重要的观念是中道适度伦理,而"尺度"是其中的一个重要概念,从环境伦理的视角可以分析和充实这一概念。尺度概念在自然科学如数学、天文学、物理学、生物学和测量学说中起到重要的作用,其中包含了秩序的概念。在美学和伦理学中,它占有重要的地位。中道适度伦理要求选择中庸之道,在过多与过少的两个极端之间选择相对正当的尺度。古希腊哲学家亚里士多德即强调中道伦理,认为符合伦理的行为是在两个极端的行为之间取其中道,如勇敢是鲁莽和胆怯这两个极端之间的中道,勇敢并不是无所畏惧、无所敬畏,否则就是鲁莽了。慷慨大方是浪费与吝啬之间的中道。他论述了君子的勇敢、慷慨、节制和友谊等主要美德,强调不及和过度都会毁灭美德。[①]这样的中道伦理观往往涉及在各种善之间进行权衡,体现人的生存智慧。从否定性上理解的尺度,指的是生存的边界和限度,从肯定性上体验的尺度,则意指平衡被当作使个人、社会和自然的可能性得以延续的知识和能力来追求。

---

① 参见[古希腊]亚里士多德:《尼各马可伦理学》,廖申白译,北京:商务印书馆2003年版,第77—94页。

生态学语境中的尺度伦理坚持伦理学的主导价值,并致力于保持适度的德性。尺度意味着伦理规范,遵守这样的规范,就意味着保持适度(即节制)这个重要的美德,这就标志着履行正当尺度的能力。从生态智慧来看,尺度伦理涉及在与人类之外的共同世界的交往中,在干预过多与利益过少之间进行选择,干预过多意味着摧毁共同世界并扼杀可持续性,而利益过少则意味着在服务于有人格尊严的生活的过程中,对所有人而言的发展受到威胁。这里把握的尺度就是保持发展的可持续性,既不对自然世界干预过多,又能使人的利益得到适度的满足。

尺度或适度伦理的任务可以说是对自然的内在尺度的寻求,致力于解决此问题的生态智慧把自然科学的与伦理的、质的、量的维度有机地联系在一起。这里有价值的尺度,也有信仰的因素。寻找尺度或适度作为动态的过程,在价值观上是追求中道的过程,其本身是相对的,任务就是形成伦理价值的动态平衡。而保持自然界与人的生活世界的平衡是一项艰巨的任务,需要运用人的生存和生态智慧来解决。这也正是可持续发展要努力实现的任务。

六、共同性原则与普遍主义价值

可持续发展作为全球发展的总目标,体现的公平性和可持续性原则,是全球共同面对的、需要共同合作才能实现的任务,其基础是普遍主义的价值观。尽管世界各国的历史、文化和发展水平有差异,可持续发展的具体目标、政策和实施步骤不可能一致。但是,为了实现这一总目标,必须采取全球共同的联合行动。从广义上说,可持续发展的战略就是要促进人与人之间及人类与自然之间的和谐。如果每个人在考虑和安排自己的行动时,都能考虑到这一行动对其他人(包括后代人)及生态环境的影响,并能真诚地按"共同性"原则办事,那么人类内部及人类与自然之间就能保持一种互惠共生的关系。

《我们共同的未来》报告对各国共同行动的原则作出了精辟的论述:"对行动所承担的责任不能只依靠一部分国家。发展中国家面临着沙漠化、森林砍伐和污染的挑战,以及忍受着大部分与环境退化有关的贫困。由各国组成的整个人类大家庭将因热带雨林的消失、植物和动物物种的灭绝,以及降雨模式的改变而遭受痛苦。工业化国家面临有毒化学品、有毒废弃物和酸雨的挑战。所有的国家都可能遭受工业化国家释放的二氧化碳和同臭氧层起化学反应的一些气体的危害，还可能遭受那些控制核武器库的工业化国家发动的未来核战争的危害。所有国家在保障和平、改变趋势以及在改善那种扩大而不是缩小不平等，增加而不是减少穷人和饥饿者数字的国际经济制度方面也将发挥它们的作用。"①

可持续发展的共同性原则以全球普遍主义的价值观为前提，这与世界主义的伦理观相关联。这种伦理观把对行为主体的评价与对其行为的评价方式紧密结合在一起，也就是对人和对事的评价完全一致，密不可分。作出这种伦理观的评价和规范，意味着将一切人（全世界各族群人民）都纳入平等考量的范畴，因而是一种强的世界主义立场，被称为"伦理世界主义"。

这种观念尽可能地把一切行为主体和人的所有可塑造的因素都纳入一个单纯的目标：使世界变得公正，因而也被称为"以人为中心"的世界主义正义观。为什么要采纳这种进路？对其最好的论证乃出于这样一种强烈的信念，即个人不能因为其道德上随意的特性比如族群、宗教或地区的认同而降低其生命的价值。这在我们对机会平等的理解中显而易见——任何人不得因其某些因素（比如所属的阶级和族群）而影响其各种机会。"以人为中心的世界主义采取同样的直觉观念，并得出结论：个人不应由于其国籍或公民权而致使其机会变坏。这样做会使人们出于道德上随意的原因而受到惩罚。"②

这种观念也与关于社会正义的原则仅适用于经济体制的世界主义者的观点一致。他们认为，国家的边界是随意的，"国籍只是一种更深的偶然性（如同遗传特质、种族、性别和社会阶级一样）"。③达雷尔·默伦多夫也指出："由于一个人的出生地是随意的，这不应影响一个人的生活前景或机会通道。"④由此还可以进一步论证，一个人所属的经济体制的边界也是在道德上随意的，不应

---

① 世界环境与发展委员会：《我们共同的未来》，王之佳等译，长春：吉林人民出版社1997年版，第405页。

② Simon Caney, "Cosmopolitanism and Justice", in Thomas Christiano and John Christman (eds.), *Contemporary Debates in Political Philosophy*, Oxford：Blackwell, 2009, p.394.

③ Thomas Pogge, *Realizing Rawls*, Ithaca, NY：Cornell University Press, 1989, p.247.

④ Darrel Moellendorf, *Cosmopolitan Justice*, Boulder, CO：Westview Press, 2002, p.55.

当因为其出生在某一个经济体制而影响其生活前景和成功机会。这就是说，社会正义论者从道义上追究个人的遗传特质和社会属性不应成为其应得各种益品的理由，而世界主义者则将此扩大到对个人所属的国籍和经济体制的追究。这里并不是否认一个人国籍的其他影响，而只是认为其性质在道德上是随意的，因而不能就此认为是必然的。由此来论证各国人民一律平等的平等主义要求，难免带有某些乌托邦的色彩，但其在理论上的追究为世界范围的人际平等提供了理据。

伦理世界主义即从道义上要求人们在行动时把普遍标准贯彻到底，不以各种人为的特性而实施歧视，无论是人的社会阶级、背景、教育、族群属性，还是出生地、国籍，都不能成为歧视的依据。玛莎·努斯鲍姆在论述正义理论时，提出了作为评估社会正义的经验标准的核心能力清单，强调对于作为社会目标的能力的关注是分配正义的重要内容，也与人际平等问题紧密相关。她指出："基于种族、宗教、性别、民族血统、种姓或族群等理由的歧视本身被认作一种结社能力障碍，一种侮辱或羞辱。将能力作为目标需要为所有公民促进更大程度的物质平等，且胜过大多数社会中存在的物质平等，因为在缺乏一些再分配政策的情况下，我们不可能让所有公民的能力都超过真正的人类功能发挥所需要的最低限度。并且，支持一般能力目标的人可能就一个关注能力的社会应当寻求的物质平等的程度产生分歧。"①

努斯鲍姆把能力进路扩展到全球正义的领域，认为罗尔斯的契约论没有正面回应国与国之间的关系问题，因而不能很好地解决世界范围的正义难题。而能力进路虽然关注道德人作为目标并致力于为个人寻求基本的生活益品，实现其核心能力，但在宏观上是尊重多元的文化差异的，因而不是一个封闭的世界主义的整全性学说，而保持开放性并尊重文化的多元性，是其理论的诉求和特质。为此，她提出并论述了能力进路对全球正义的主要构想和原则。努斯鲍姆在批评理查德·罗蒂（Richard Rorty）等人推崇的美国爱国主义时，主要针对教育进行了论述。她指出，儿童教育应该不分国籍，外国人也是世界的公民，在尊

① ［美］玛莎·C.努斯鲍姆：《女性与人类发展——能力进路研究》，左稀译，北京：中国人民大学出版社2020年版，第68—69页。

严和人权等问题上与一切人都是平等的。儿童还应当学到外国的具体知识,诸如外国的文化、历史,所面临的问题和社会的前景,等等。①所谓有教无类,意味着教育需要扩展到全球的范围,应当不分国家、民族、地域等而一视同仁。

这种世界主义的伦理观常被人批评为否定人们间的特殊关爱照顾的关系。博格在论述世界主义的伦理观时指出,如果说这种伦理观要求行动者不偏不倚地对待一切人,而不需要关照与家人和朋友的特殊关系,那么,严格意义上的伦理世界主义是行不通的。因为城市、都会、团体和国家的集体行动有必要对其成员给予特殊照顾。但是,这并不是否认伦理世界主义的所有诉求,而是说它的范围需要被限制。例如,可以论证所有行动者不以某种方式伤害他人的最严格的消极义务(譬如不侵犯人权)。"而这些消极义务的特殊性表现在下述两个方面。第一,亲疏之间不影响消极义务。在正常情况下,为家人提供的帮助多于邻居,为邻居提供的帮助多于本国陌生人,为本国陌生人提供的帮助多于外国陌生人,这样的做法是完全可以接受的。但是,在考虑不侵犯哪些人的人权时,这种亲疏之别就不可接受……为了不侵犯人权,每个行动者都应该赋予每个人的人权同等分量。人权是对人的行为的边际约束,不侵犯人权是必须遵守的最强的命令,而无论被侵犯者与行动者的亲疏关系如何。"也就是说,人们不必否认人际关系的亲疏之别,但维护这种消极义务却是超越国界的,带有优先性的。而且,消极义务的特殊性还体现在它的排他性上。在任何选择语境中,只要这种义务起了作用,与其冲突的其他理由就都被排斥。拥有公职者在自己职权范围内作决定时,绝不应该使其选择受制于自己或亲友的利益。行动者的义务是排他性的,要完全从自己的考虑中摈弃任何偏爱。"一旦这种消极义务生了效,无论行动者多么看重与人权无关的那些理由,都必须被排斥在考虑之外。"②

从以上的分析我们可以看出,世界主义者大多批评目前以主权国家为前提的政治哲学观点。辛格就对美国和别处的政策制定者、政客和领导人狭隘的或

---

① 参见 Martha Nussbaum and Joshua Cohen, *For Love of Country*: *Debating the Limits of Patriotism*, Boston: Beacon Press, 1996。

② [美]涛慕思·博格:《康德、罗尔斯与全球正义》,刘莘等译,上海:上海译文出版社 2010 年版,第 540—541 页。

国家主义的观点发出了挑战,并提出了一种透过伦理棱镜看待当代全球问题的详细而富有实用性的方法。他论述了伦理世界主义的主要观念。他强调今天的世界几乎把一切伦理和政治问题都联系在一起了,传统的国家主权观念正在发生变化,民族国家的界线也正在一天天地淡化,一种超越狭隘民族意识的全球伦理正在形成。为此,他在《一个世界:全球化伦理》一书中提出了一些有关这种全球伦理的新颖问题,从一个变化的世界,谈到一个大气层、一个经济体、一种法律、一个共同体,对每个问题,作者都试图超越国家中心主义的传统思维来阐述世界主义的观念。

这种伦理观世界主义的道德基础是功利主义的结果论,即建立在最大多数人的最大幸福基础上的结果论伦理。以此来考察任何政治、社会政策和伦理关怀,仅仅偏爱自己、关注身边的亲朋好友,仅仅计算这些人的幸福总量,那是不够的,而应当把全人类的幸福总量综合起来考虑。从这种视角出发,辛格认为,一个人的私人关系、对自己种族和国家的特殊义务本无可厚非,而且传统意识都教导人们爱自己的亲人、本国同胞。甚至从经验来考察,对自己周围的亲人缺乏感情的人,实际上是个不会知恩图报的孤家寡人。伦理的相互性原则也要求人们对帮助过自己的人予以回报。这也是社会功利总量得以增加的原则。动物进化的过程也表明,有利于将其遗传基因传续下去的方式就是偏爱自己的后代。然而,如果仅以此为限,忽视了今天全球化时代人们的密切关联,无视遥远之处众多急需救助的贫困人口,而一味地强调对自己民族共同体的忠诚和服务,那将是有害的。应当超越狭隘民族主义的局限,向世界公民和公正无私的境界前进。①

这就是说,从全球功利的角度考虑,富裕国家的人们尽量帮助急需救助的穷人(无论其居住于何处),可使总体功利得到更大的增加。假定我们生活在富裕国家,我们用对本社会最富裕的人所征收的税款来帮助社会中处境最差的人,那就能进一步减少我们社会内部的不平等。但重要的是,既要减少贫穷国家内部的不平等,又要减少国家之间的不平等。有人提出把注意力集中在解决

---

① [美]彼得·辛格:《一个世界:全球化伦理》,应奇等译,北京:东方出版社 2005 年版,第 166—167、171 页。

国家内部不平等比集中在解决国家之间的不平等更为重要,但却并未提供这种优先性的理由。如果生活在美国的我,与我在减少自己国家的不平等上所能做的事相比,我能够在减少(比如说)孟加拉国的不平等上做更多的事情,那么,何以就必须把前者放在优先考虑的位置上呢? 甚至从全球功利的角度来看,支援孟加拉国接近经济等级最底层的人们,那将既减少了该国的不平等,也减少了国家之间的不平等,这看起来是最好不过的事情。为此,辛格论证了一种不分国界地帮助贫困人口的原则。他甚至强调,无论如何,在目前的情况下,我们对外国人的义务要超过对自己同胞的义务。因为即使不平等常常是相对的,但还存在着这样一些贫困国家,它们并不是相对于某个富裕国家而言的贫困国家,而是绝对的贫困国家。减少生活在绝对贫困中的人数,确实比减少由某些人住在宫殿里而其他人住在只是不宽敞的房子里所引起的相对贫困更为迫切。①

可持续发展的共同性原则即以这种普遍主义的价值观为根基,要求全世界各族群人民坚守一个世界、各族群人民平等的普遍价值观,采取共同的行动,维护人们之间普遍的公平正义,正确处理人与自然的和谐关系。

七、发展伦理学的启示

发展伦理学为可持续发展理论提供了价值根基。这里主要论述发展伦理学的发展目标论对可持续发展的启示。

人类社会发展的目标究竟是什么? 这是一个深刻的理论问题。相当一些理论以发展经济和社会发展本身为目标,而忽视了应以人为中心的发展目标。得到发展并不是一个自明的绝对目标,而是实现根本目标的手段。发展是在某种生活意义上相对较好的可取的状况,把发展的变化进程等同于其目标,是把工具性的目的误当作成就性的目的。因此,尽管发展在某些方面是追求的目的,但它不能代替更深层的目的,即把人本身当作目的而不只是手段,人的美好生活、人的发展才是根本的目标。正如联合国发展规划署《1992 年人类发展报

---

① [美]彼得·辛格:《一个世界:全球化伦理》,应奇等译,北京:东方出版社 2005 年版,第176—177 页。

告》指出的："人的发展是一个广泛的、全面的概念。它包含人类所有发展阶段、所有社会中的所有选择。它把发展对话扩大为不仅是讨论手段（国民生产总值增长），而是讨论终极目的……人的发展的概念不是从任何预定模式开始的。它从社会的长远目标获得启示。它使发展围绕人的中心，而不是人围绕发展的中心。"①

发展的目的究竟是什么？对这个问题的回答固然会因各种文化的差异和社会所处发展阶段的不同而有异，但是，无论这些差异有多大，仍然存在一些共同的价值观适用于论述发展的目标。这也就是使人的生活更加丰富、更加人道，简言之，过上美好的生活。这个美好生活的目标是所有社会、所有人在发展中都普遍确认的。而包含在美好生活观念中的，应该有三个主要的核心价值，即人的生存、尊严和自由。现分别论述如下：

人的生存是美好生活的基本要素，也是发展的首要目标。生存意味着维持和延长人的生命，无论何种社会，都会承认减少死亡可以使得生命更加符合人道。因此，发展需要为维持和延长人的生命服务。一个社会如果存在不利于维持生命的条件，比如人群中有饥饿，营养、医疗和居住条件不良，那就存在绝对不发达的状况。发展的一个重要目标就是减少贫困，改善人的生存条件，而延长人的生命就需要全面改进医疗、居住和环境条件，克服疾病、有害的自然因素和各种天敌的打击，提高人的预期寿命。发展是提升人生活的物质条件的重要途径。但是归根到底，发展是手段，不是目的，其目的是全面改进人的物质和精神生活的生存条件。如国内生产总值的增长等发展指标的成效最终需要通过人的生存条件的改善来加以检验。努斯鲍姆列举人的核心可行能力清单作为判定社会正义的标准，其最前面的基本能力就是："1.生命。能活到正常人类寿命的尽头；不会过早死亡，或者因为不值得过而缩短自己的寿命。2.健康的身体。能够拥有良好的健康状况，包括生殖健康；营养充足；有足以容身的居所。"②

---

① United Nations Development Program, *Human Development Report 1992*, New York：Oxford University Press，1992，p.2.

② ［美］玛莎·C.努斯鲍姆：《女性与人类发展——能力进路研究》，左稀译，北京：中国人民大学出版社2020年版，第63页。

人的尊严是美好生活的第二个要素,也是发展的另一个价值目标。这是指人自身得到尊重和相互尊重,维护做人的尊严。任何社会的任何人都需要得到尊敬、认同和承认。人不能为了达到其自身的目的而罔顾他人的感受、违背他人的意愿。因此,人获得承认和尊重是一个独立的价值,并不完全依赖于发展。不同的社会在判断发展的问题上存在差别。一些发达的社会有相当一部分人把社会地位和物质成功紧密联系在一起,日益把那些掌握物质财富和技术力量的人视为尊严和尊重的对象,而欠发达的社会的一些人也在接触经济和技术发达的社会时由于尊严的缘故而感到不快,因而有必要强调自尊和相互尊重、维护人的尊严的独立价值意义,也就是不应把发展与人的尊严相等同,而应不时地提醒人们,发展的目标是维持人的尊严和尊重。

关于人的发展的能力进路也强调人的尊严,人是目的而不是手段这一道德命题。这一思路确信,在人的生活中某些功能特别重要,其存在与否可以用来检验人的生活是否存在。而且,在某些事情上,这些功能需要以真正人的方式来发挥,而不仅仅以动物的方式来发挥。这里的核心观念是关于人作为有尊严的自由存在者的观念,个人在与他人的合作互惠中塑造其生活,不会像动物一样被动地接受外界的影响或摆布。真正的人的生活是由实践理性和社会交往这些人的能力所塑造的生活。努斯鲍姆指出,有时可能认为,在极端情况下,缺乏一种核心功能所需的能力(如严重的精神疾病)是如此严重,以致这个人根本就不是一个真正的人。但是,她更感兴趣的是探讨更高的门槛标准是什么,"只有达到这种标准,一个人的能力才能成为马克思所讲的'真正的人'的能力,即一个人值得拥有的能力"。因此,能力进路使每个人成为价值的承载者和目的本身。康德关于人是目的而不是手段,人具有神圣不可侵犯的尊严的观念在此得到了生动的体现。"这一进路追寻这样一个社会,在其中,每个人都受到应有的尊重,并且每个人都有能力过上真正意义的人类生活……如此,我们可以把每个人都被视为目的的原则重新表述为每个人的能力原则:能力首先是为每个人寻求的,而不是为群体、家庭、国家或其他法人团体寻求的。在提升人类能力方面,这些组织制度可能非常重要,在此意义上它们也许应当得到我们的支持:但正是基于它们为人们所做的,它们才具有如此重要的价值,而最终的政治目标向来都是提升每个人的能力。"①

人的自由是美好生活的第三个要素,也是发展的另一个重要目标。无论何种社会,社会的目的之一是增强人的自由,而不是压制自由。关于自由的含义虽有不同的说法,存在争议,但其基本的含意是社会及其成员拥有更多的选择,追求好生活时受到较少的限制。在社会经济的层面,自由意味着个人不受专横的约束,可以按照自己的意愿在市场上从事商业贸易、办实业以及可以在自己熟悉或喜好的领域和事业上施展个人的才能、从事活动。

阿玛蒂亚·森提出了一个著名的命题:从自由看待发展,即对于发展的内涵和成效的判定离不开自由的视角,扼制人的自由的发展和物质进步本身不应被无条件地颂扬。森着重指出,可行能力和自由视角的意义,可以从正面给予更多的论述,从而显出其对实际成就视角的优越性。首先,纵使两个人具有完全一样的实现功能,还是不能显示出他们在各自具有的优势上存在的显著差别,这种差别可表现出其中一个人所处的真正的劣势。以营养缺乏和饥饿的情况作为例子,其中一人出于政治或宗教的理由而自愿实行绝食,另一人由于遭受饥荒而腹中空空。从表面上看,两个人都是营养缺乏,但是,那个自愿选择绝食的人却比因贫穷而饥肠辘辘的人可能具有更大的可行能力。"由于可行能力的概念是以自由和机会,即人们选择不同类型生活的实际能力为导向的,而不是仅着眼于最终的选择或后果,因此可行能力视角能够反映以上这种差别。"②由此而以更丰富的信息来表现人的优势和劣势。其次,在不同文化的生活之间作出选择的可行能力具有个人的和政治的意义。比如,某个西方国家的来自非西方国家的移民,仍可拥有保留其所看重的文化传统和生活方式的自由。由此案例可以看出,在行为人实际上做某件事与可以自由地做某件事之间,还是存在关键性的差别。如果这位移民在了解到所在国家的主流生活方式,并与其母国文化作了比较,而且还了解到所在国对相异的文化的态度是均给予支持,这时仍觉得其母国文化非常重要,那此人就拥有保留其祖先文化的自由。这种选

---

① [美]玛莎·C.努斯鲍姆:《女性与人类发展——能力进路研究》,左稀译,北京:中国人民大学出版社 2020 年版,第 60 页。

② [印度]阿马蒂亚·森:《正义的理念》,王磊等译,北京:中国人民大学出版社 2012 年版,第 219 页。

择的自由与他只能选择其先祖的生活方式之间存在重要的差别。生活方式的
自由,就是能够自由地做某事,而不是只有做某事的"自由",这是个重要的区
别。"因此,文化自由并不是要求移民一定按照其先祖的行为模式生活,而不论
其是否愿意或者是否有理由去保留那些习惯,这里问题的核心是可行能力在反
映机会与选择上的重要性,而不是无论偏好或选择为何,对于某种具体生活方
式的盲目膜拜。"①第三,从与政策相关的视角,也有必要区别可行能力与成就。
这就是社会和他人帮助受剥夺的人群的责任和义务的问题。在考虑一个负责
任的成年人的优势条件时,应从实际机会的组合所赋予的获得途径的自由,而
不是事实成就的角度来看待个人对社会的诉求。典型的例子是基本医疗保障
制度,其目的是提升改善人们健康的可行能力。没有社会医疗保障下的个人,
与有此保障制度而不利用此机会的个人,其可行能力是大相径庭的。因此,森
认为有更多的理由选择信息量更丰富、更宽广的可行能力,而不是仅局限于实
际实现的功能这一狭窄的视野。②

　　基于这样的对自由的机会和可行能力的认识,森进一步扩展了可持续发展
的概念。"如果人类生活的重要性不仅仅存在于我们的生活标准和需求得到满
足,而且存在于我们所享受的自由,这就需要对可持续发展的概念进行相应的
修正。我们不仅应该思考如何持续满足我们的需要,而且应该进一步思考如何
维系或者拓展我们的自由。这样一来,可持续的自由就能够从布伦特兰和索洛
(Robert Solow)提出的定义拓展为,包含了对当今人的实质自由与可行能力的保
护以及可能条件下的拓展,'又不对后代人获得相似的或者更多的自由的可行
能力构成危害'。"③

　　有一种观点认为,发展本身可以让人们摆脱无知、苦难,甚至还可用以摆脱
受人剥削的结构性奴役。物质的进步确实从某些方面促进人们实现这些功能,
但是,发展并非必然可以促进自由。汉娜·阿伦特即看到了这一点,她指出,经
济增长并非在任何情况下"都带来自由或证明自由的存在"。经济方面的发展
不能脱离另外两个重要的因素:(1)一个社会开始发展以前的自由度(经济的、

　　① ②　[印度]阿马蒂亚·森:《正义的理念》,王磊等译,北京:中国人民大学出版社 2012 年
版,第 220 页。
　　③　同上书,第 231 页。

心理的、政治的）。（2）在全球竞争的背景下它面临的现实抉择。①可见，不能够促进人和社会自由的发展是需要经受检验的，不应该无条件地予以褒扬。社会发展不应妨碍人们进行选择的机会和可能性，正如刘易斯所说："经济增长的好处不在于财富增加幸福，而在于它增加了人类选择的范围。"②当代技术和工商业的迅速发展加强了人们的纪律约束，有可能反而限制了人的选择范围，大多数社会除了发展以外，别无其他的选择。鉴于各个社会在生存和保护文化特性方面丧失了的自由，需要提醒人们正视处理好发展与自由的关系，不应让发展的强大主流冲垮社会人们保护自身多样的生活方式和独特的文化特征。

在以上对可持续发展的哲学观的论述中，我们简要追溯了可持续发展理论的演变，分析了该概念的多种内涵，指出其核心的定义是满足各国、各类人、各个时代人的需要。然后论述了该理论的三大原则及其哲学观。公平性原则的根基是正义理论，在同时代不同族群的人之间、不同国家的人之间以及不同世代的人之间，必须维护分配的公平正义，以及正确处理公平与效率的关系。持续性原则的基础是生态智慧，维护人与自然的长期和谐共存，保护环境，维持自然物种的多样性，不能让过快的发展破坏自然世界自身的再生能力。而生态智慧的方法论基础是适度中道伦理，把握其有关尺度的核心理念。共同性原则的基础是普遍主义价值观，以一个世界的统一价值观维护世界各个族群间的公正平等，富裕者帮助贫穷者，对可持续发展的计划和举措采取世界范围内的共同行动。从发展伦理学关于发展目标的理论来看，发展的根本目标是维护人的尊严，坚持人是目的而非手段的道义原则，从自由来看待发展，致力于发展人的自由机会和可行能力，保护人自身多样的生活方式和独特的文化特征。

---

① Hannah Arendt, *On Revolution*, New York：Viking Press, 1963, p.218.

② W. Arthur Lewis, "Is Economic Growth Desirable?" in Bernard Okun and Richard W. Richardson（eds.）, *Studies in Economic Development*, New York：Holt, Rinehart & Wiston, 1962, p.478.

"生态天下主义"视角下的可持续发展

孙国东*

一、导论：如何面对今天的可持续发展困局？

如果把 1972 年①联合国人类环境会议的召开视为"可持续发展"（sustainable development）进入人类发展议程的开端，过去 50 年可称为"可持续发展时代"——更确切地说，"将可持续性列入发展议程的时代"。这意味着可持续发展是这个时代的"核心观念"，因为"它既是我们理解世界的一种方式，也是解决全球问题的一种方法"。②然而，当我们检视过去半个世纪以来人类在可持续发展方面的得失成败时，这一"可持续发展时代"其实更应称为"可持续发展陷入困局的时代"。过去 50 年，尽管人类通过技术进步养活了更多的人口，也通过有史以来最大幅度的经济发展使更多人摆脱了贫困，但人类在可持续发展方面受到的挑战却比 50 年前有增无减。与 50 年前相比，至少有三个严重制约可持续发展的新的时代挑战横亘在人类面前：不断恶化，并不断呈现全球变暖新征候的气候变化；以新冠大流行为代表的病原微生物对人类的大规模反噬；"去全球化"浪潮在世界主要经济大国的兴起。这三个新挑战既不可逆，短期内似乎亦无法可解，让人不免有计拙途穷之感。那么，可持续发展还值得追求吗？如果值得追求，我们应如何总结过去 50 年人类在可持续发展方面的前车

* 孙国东，法学博士，复旦大学社会科学高等研究院教授、博士生导师，副院长。
① 1972 年也是标志着可持续发展理念兴起的《增长的极限》出版的年份。
② 参见 Jeffrey D. Sachs, *The Age of Sustainable Development*, New York：Columbia University Press, 2015, p.1。

之鉴？具体来说，人类在过去五十年"可持续发展时代"积累了哪些与可持续性有关的重要观念？可持续发展为什么如此难以实现？人类未来可持续发展的出路何在？这些问题看似宏大空虚，却是几乎任何关心可持续发展的学人都会不由自主地思考的问题。本文拟从侧重社会政治理论分析的跨学科视角讨论这三个问题，希望能通过学理上的检视和理论上的建构促进实践上的进益。

二、从"增长的极限"到人类世的"生态大紊乱"

由资本主义（无节制的市场经济）驱动的人类现代化进程在 20 世纪经历了从质野化生长到文明化发展的历史转向，这主要是由于两种在 20 世纪后半叶赢得广泛共识的新的正义观念起到了奠基性的推动作用：关涉"代际正义"（intergenerational justice）的可持续发展与关涉"代内正义"（intragenerational justice）的福利国家。不过，与福利国家相比，由可持续发展重塑的发展观念，更具有整全性的革命意义（福利国家承诺的社会正义价值，其实可为可持续发展吸纳）。因为它不仅构成对现代化早期确立的各种"合法"边界（国家、阶级、世代等）的反思，而且这种反思在很大程度上促成了对"发展"的反思。由于"可持续性"（sustainability）必定会在自然资源的代际分配、发展成果的代内分配等方面为"发展"设限，"发展"必须建立在正义基础之上：自然资源分配的代际正义与发展成果分配的代内正义。在这个意义上，与可持续发展相对应的现代性，在时序上属于乌尔里希·贝克（Ulrich Beck）所说的"第二现代性"或吉登斯所说的"晚期现代性"，在价值取向上则对应着杜赞奇所说的"可持续的现代性"（the sustainable modernity）。①

在前现代时期，几乎所有的轴心文明传统都蕴含着保护甚至崇拜自然的思想。进入现代以来，从现代护林先驱约翰·伊夫林（John Evelyn，1620—1706）到最早编纂林业管理法令的"法国重商主义之父"让-巴蒂斯特·科尔伯特

---

① 参见 Prasenjit Duara, *The Crisis of Global Modernity：Asian Traditions and a Sustainable Future*, Cambridge：Cambridge University Press, 2015, p.11。

（Jean-Baptiste Colbert，1619—1683），从现代可持续发展理念的创立者卡尔·冯·卡罗维茨（Carl von Carlowitz，1645—1714）①到最早预警人口危机的托马斯·罗伯特·马尔萨斯（Thomas Robert Malthus，1766—1834），不少环境保护先驱为人类的现代可持续发展事业做出了贡献。相应地，环保立法、环保政策和环保组织亦如雨后春笋般涌现出来，如英国 1863 年颁布的最早环保立法《碱法》、美国 1892 年成立的第一个环保组织塞拉俱乐部（Sierra Club）、罗斯福新政时期实施的一系列环保新政（1933 年公民资源保护团、1935 年大草原州林业计划和 1935 年《土壤保护法》等），乃至 1948 年成立的世界上第一个环保国际组织——世界自然保护同盟。可以说，现代社会在 20 世纪中叶以前已经形成与保护自然环境、促进可持续发展有关的丰富思想、制度和实践。然而，可持续发展被全面列入人类发展议程却是第二次世界大战后，特别是 20 世纪 60 年代和 70 年代以后的事情。为其起到助推作用的，是"两本书""一个大会"和"一个报告"。

"两本书"是指 1962 年的《寂静的春天》（蕾切尔·卡逊著）和 1972 年的《增长的极限》（罗马俱乐部发布），"一次大会"是指 1972 年由联合国召开的第一次人类环境会议，"一个报告"即 1987 年由联合国世界环境与发展委员会为"可持续发展"确立了权威定义的"布伦特兰报告"——《我们共同的未来》——该报告将"可持续发展"界定为"在不损害子孙后代满足其需要的能力的情况下，满足当今世代需要的发展"②。20 世纪 70 年代以后，在设立"世界地球日"（1970 年 4 月 22 日）、召开联合国人类环境会议（1972 年 6 月 5—16 日）、建立联合国环境规划署（1973 年 1 月 1 日）、成立世界环境与发展委员会（1984 年 11 月）等

---

① "sustainability"（可持续性）直到 20 世纪 70 年代早期才在英语中已出现，但是其对应的德语词"Nachhaltigkeit"早在 18 世纪中期就已出现。据学者考察，"Nachhaltigkeit"在德语中的出现，与德国人冯·卡罗维茨在 1713 年出版的《林业经济学或野生树苗培育指导》（*Sylvicultura oeconomica oder Anweisung zur wilden Baumzucht*）提出的"nachhaltende Nutzung"（持续性利用）这一现代可持续性发展理念的思想源头密不可分。参见 Paul Warde, *The Invention of Sustainability：Nature and Destiny，c.1500—1870*, Cambridge：Cambridge University Press, 2018, p.5；Ulrich Grober, "The Discovery of Sustainability：the Genealogy of a Term", in Judith C. Enders and Moritz Remig（eds.）, *Theories of Sustainable Development*, London, Routledge, 2017, pp.11—12。

② 参见 World Commission on Environment and Development, *Our Common Future*, Oxford：Oxford University Press, 1987, p.43。

一系列联合国层面环保举措的推动下,促进经济和社会的可持续发展正式且全面进入人类的发展议程。

如果要检视过去50年的可持续发展时代,有两个事件具有划时代的区分意义。一个是前面提到的"布伦特兰报告"的推出,另一个是2000年"人类世"(anthropocene)概念的出场。这两个事件,把过去50年关于可持续性的话语大致划分为三个阶段。

第一个阶段,即"布伦特兰报告"推出以前的历史时期(1962—1987年)。在这个时期,以《增长的极限》为代表,聚焦于经济的可持续性增长,其话语关键词是"增长的极限",也就是关注环境对于经济增长所施加的自然限制。在这个阶段,《增长的极限》中得出的结论,迅速获得广泛共鸣:"如果世界人口、工业化、污染、粮食生产以及资源消耗按现在的增长趋势继续不变,这个星球上的经济增长就会在今后一百年内某一个时候达到极限。"因此,必须"改变这些增长趋势,确立一种可以长期保持的生态稳定和经济稳定的条件",从而确保经济的可持续增长。这就需要我们"有计划地抑制增长",逐渐过渡到一种"人口和资本基本上稳定"的全球均衡状态,"使得世界上每个人的基本物质需要得到满足,以及每个人有同等机会发挥他个人的人类潜力"。①在这个历史阶段,聚焦于可持续性的知识领域主要是经济学(包括对"发展经济学"的反思和提升),与此相关的另一个自然科学学科——环境科学——开始出现。

第二个阶段,即从"布伦特兰报告"出现到人类世概念出场的历史时期(1987—2000年)。"布伦特兰报告"不仅为可持续发展确立了权威的定义,而且为20世纪的环境保护议程确立了基本的话语框架。这一话语框架具有"截断众流"的意义,对此前聚讼纷纭的问题做出了权威的回答。其要义就是通过把代际正义和代内正义作为可持续发展的核心,使可持续性脱离了"经济的可持续增长"的狭窄含义,从而使其具有更为丰富和饱满的含义:社会的可持续发展。"布伦特兰报告"认为,可持续发展包括两个关键的理念:一是

---

① 参见[美]D.梅多斯等:《增长的极限》,于树生译,北京:商务印书馆1984年版,第12、130页。

代内正义的理念,即"'需要'(needs)的观念,特别是要给予最高优先性的穷人的基本需要的观念";二是代际正义的理念,即"技术和社会组织的状况(the state of technology and social organization)对环境满足当前和未来需要的能力施以限制的理念"①。因此,可持续发展,就是要通过技术革新和社会治理在实现代际正义的基础上促进代内正义。要做到这一点,不仅要继续发展,还要使发展具有可持续性。可持续发展并不排斥发展,只是强调发展的可持续性。"布伦特兰报告"中的这段话,较充分地体现了关于可持续发展的这种立场:

> 满足人类的需要和愿望,是发展的主要目标。发展中国家广大人民的基本需要——食物、衣服、住所和工作——仍有待满足,除了他们的基本需要之外,这些人还有提高生活质量的合法愿望。一个贫困和不平等现象普遍存在的世界,将永远容易发生生态危机和其他危机。可持续发展要求满足所有人的基本需要,并让所有人都有机会实现他们对美好生活的向往。②

可持续发展不但具有经济意义,更具有整全性的社会意义:"可持续发展是一个变革过程,在这个过程中,资源的开发、投资的方向、技术发展和制度变革的取向都能协调一致,并提升当前和未来满足人类需要和愿望的潜力。"③在这一历史时期,不仅经济学和环境科学继续关注可持续发展,社会学、政治学、法学等几乎所有其他社会科学学科亦将其作为关注焦点。

第三个阶段,即从人类世概念的出场到新冠大流行基本结束的历史时期(2000—2022年)。按照"宙代纪世"的通行地球纪年法,地球当下处于全新世;其中,"全新世"(Holocene)自格陵兰岛 GRIP 冰芯记录中的"新仙女木事件"结束至今约 11700 年。荷兰大气化学家、诺贝尔化学奖得主保罗·克鲁岑(Paul J. Crutzen)于 2000 年提出"人类世"概念以来,它迅速得到地质学、地球科学、地球系统科学、环境科学等自然科学及人文社会科学各学科的积极响应,成

---

① World Commission on Environment and Development, *Our Common Future*, Oxford: Oxford University Press, 1987, p.43.

② Ibid., pp.43—44.

③ Ibid., p.46.

为 21 世纪以来最具冲击力的理论概念。人类世的地质学含义是,人类作为"地质营力"(geological agency)开始影响地球的化学过程,以致可以"在地球的化学组成中找到详实的物理标记"①将其与全新世区分开来:"人类活动作为主要的外部地质营力对地表形态、地球环境和地球生态系统产生重大影响,使地球系统演化改变原有速率,地球系统演化进入自然与人类共同影响地球未来的地质历史新阶段。"②尽管目前国际地层委员会"人类世工作组"还未最终确立记录人类世岩石变化的"金钉子"["全球界线层型剖面和点位"(GSSP)的俗称]③,学术界关于人类世起点的争论亦莫衷一是,但这并不妨碍人文社会科学推进关于人类世的生态主义反思和批判。对人文社会科学来说,"最值得关注的议题不是人类对环境影响始于何时,而是人类世的出现对社会组织架构所带来的启示"④。克鲁岑最初提出人类世概念时,将其起点确定在工业革命开始前的 18 世纪晚期(这个时间正好与瓦特发明蒸汽机的 1784 年重合),因为自那时起大气中的甲烷和二氧化碳的含量明显增加——进一步的测算表明,截至 2022 年 5 月,大气中的二氧化碳浓度为 0.042%,而在工业革命前的 1 万年间一直维持在 0.028%上下的水准。⑤在与"大加速"(the great acceleration)概念的阐发者麦克尼尔(John R. McNeill)合作的一篇文章中,克鲁岑接受了后者的大加速思想,将人类世划分为三个阶段:1800—1945 年的工业社会阶段、1945—2015 年的大加速时期,以及他们期待的 2015 年后对"地球系统的管理"(stewards of the

---

① 参见[英]杰里米·戴维斯:《人类世的诞生》,张振译,北京:生活·读书·新知三联书店 2021 年版,第 116 页。

② 刘宝珺等:《地球历史新阶段:人类世》,载《山东科技大学学报》(自然科学版)2018 年第 2 期。

③ 2023 年 7 月 11 日,国际地层委员会人类世工作组在法国里尔宣布,经过三轮投票,在对比参与评选的 12 个备选地点后,最终选择了加拿大克劳福德湖(Crawford Lake)作为揭开地球地质年代新篇章的"金钉子"。不过,这只意味着加拿大克劳德湖从包括中国吉林四海龙湾玛珥湖在内的 12 个备选中胜出,其是否可以确立为人类世的"金钉子",还有赖于终局性的投票。参见刘栋、邓梦月:《地球将开启新地质时代"人类世"?》,澎湃新闻,https://m.thepaper.cn/rss_newsDetail_23922315?from=sohu,访问日期:2023 年 8 月 14 日。

④ 同注①,第 54 页。

⑤ 参见"Carbon Dioxide in Earth's Atmosphere",https://en.wikipedia.org/wiki/Carbon_dioxide_in_Earth%27s_atmosphere,访问日期:2023 年 8 月 14 日。

earth system）。①这种历史阶段的细致区分,对于地球世代的划分其实无关宏旨,因为对于动辄以上万年,乃至百万年计的地球世代来说,两百年的跨度委实可以忽略不计。不过,考虑到只有到了现代社会人类方始真正上升为一种影响地球化学结构的地质营力,人类世始于现代几乎是确切无疑的:正是现代以来经济和社会发展的大加速,导致地球系统的"大紊乱"（the great derangement）。②故此,人类世理念在很大程度上超越了（传统）可持续发展的话语框架:它不再聚焦于任何层面的社会的可持续发展,而是焦虑于整个人类的可持续生存,乃至整个地球系统的可持续存在。正是在这个意义上,杰里米·戴维斯主张以"生态多元主义"话语代替"可持续发展"话语:

> 地层学人类世这个理念意味着让可持续发展让位,并以一个更实用的首要原则取而代之。这项原则就是大力加强差异性进而可塑性,而不是为同一性辩护。抵抗全新世末尾事件所带来的扁平化和简单化趋势,我们所能做的只有——为多元的生态而努力。③

为明晰起见,我们不妨把过去 50 年来可持续性的话语嬗替列入表 1。

---

① 参见 Will Steffen, Paul J. Crutzen and John R. McNeill, "The Anthropocene: Are Humans Now Overwhelming the Great Forces of Nature?" *Ambio*, Vol.36, no.8（Dec., 2007）, pp.614—621。值得注意的是,麦克尼尔后来修改了自己关于人类世起点的观点,明确将"大加速"开始的 1945 年作为人类世的起点,因为在由人类造成的二氧化碳排放中有 3/4 产生于大加速时期。他给出了两个具体理由:第一,从 20 世纪中叶起,人类活动（无意间）成了支配碳循环、硫循环和氮循环的最重要因素,而这三者属于至关重要的生物地球化学循环;第二,也是从 20 世纪中叶起,人类对地球和生物圈的影响逐步升级,这可以通过化石燃料剧增、人口爆炸、气候变暖、生物多样性减少、城市运动等许多不同方式予以测量和判断。可能是因为第二次世界大战后"地球系统的变更有着很高的可见性,并且在全球范围都有着高度的共时性",国际地层委员会人类世工作组于 2019 年就提议人类世始于 20 世纪中期达成一致。请分别参见［美］约翰·R.麦克尼尔、彼得·恩格尔克:《大加速:1945 年以来人类世的环境史》,施雱译,北京:中信出版社 2021 年版,第 3 页;［英］杰里米·戴维斯:《人类世的诞生》,张振译,北京:生活·读书·新知三联书店 2021 年版,第 112 页;Meera Subramanian, "Anthropocene Now: Influential Panel Votes to Recognize Earth's New Epoch", *Nature News*, 21 May, 2019. https://www.nature.com/articles/d41586-019-01641-5,访问日期:2023 年 8 月 14 日。

② 参见 Amitav Ghosh, *The Great Derangement: Climate Change and the Unthinkable*, Chicago: University of Chicago Press, 2016。

③ ［英］杰里米·戴维斯:《人类世的诞生》,张振译,北京:生活·读书·新知三联书店 2021 年版,第 217 页。

表1 "可持续发展时代"可持续性的话语嬗替

发展阶段	可持续性的含义	话语关键词	主要知识领域
1972—1987 年	经济的可持续增长	增长的极限	经济学、环境科学
1987—2000 年	社会的可持续发展	可持续发展	社会科学、环境科学
2000—2022 年	人类的可持续生存,乃至整个地球系统的可持续存在	人类世	自然科学、人文学科和社会科学等几乎所有知识领域

三、"区隔性的逐富"与现代世的生态病理学

在分析不同学科把握人类世的取向差异时,文艺评论家伊恩·鲍科姆(Ian Baucom)区分了"迫力"(forcings)与"力量"(forces)。"迫力"是指那些排除了主观意图的驱动力量,而"力量"则通常指涉那些混杂着偶然性、必然性和目的性的历史力量(forces of history)。就人类世来说,自然科学倾向对人类世的"迫力运行"(the operations of forcings)原理进行说明,而人文社会科学则倾向对人类历史中促进人类世形成的"力量机制"(the dynamics of forces)进行阐释。①我们或许可以这么说:自然科学关注人类世的"归因"(attribution),人文社会科学则注重人类世的"问责"(accountability)。"人文学者呼吁分析某个事件或系统以弄清谁或者什么是值得被表扬或责备的,这样做的目的不仅是要厘清某个事件,还要判断其功过。这样可以引导人们对当代价值观和制度进行批判性反思,以便我们改变它们。"②以对二氧化碳排放的关注为例,自然科学家关心的是它作为一种迫力运行与气候变化的因果关系,人文社会科学学者则关心的是何种社会政治的力量机制导致人类世的大气中二氧化碳浓度迅速上升。

接下来,尝试分析促进人类世形成的力量机制。如前所述,人类世的出现是一种具有地质学意义的现代事件。在这个意义上,我们可以把人类世称为

---

① 参见 Ian Baucom, *History 4° Celsius: Search for a Method in the Age of the Anthropocene*, Durham: Duke University Press, 2020, p.14。

② [美]朱莉娅·阿德尼·托马斯等:《人类世:多学科交叉研究》,谭亮成等译,北京:科学出版社 2022 年版,第 10 页。

"现代世"(modernocene)①:正是与现代性有关的理念、制度和实践,使人类得以成为重要的(甚至是主导性的)地质营力。因此,对人类世形成的力量机制的把握,内在地会导向生态主义的现代性批判。在本节中,我拟以"区隔性的逐富模式"(the model of wealth-chasing through distinctions),来阐释现代世的生态病理学逻辑。其要义是:人类现代社会以"资本主义(阶级区隔)-民族国家(公民身份区隔)"双重区隔机制为基础,以基于人与自然的区隔而追求高品质(文明)生活为目标形成的无节制逐富,构成人类世"生态大紊乱"的主要力量机制。在这个意义上,人类世的到来,不是人类的荣耀,而是人类的耻辱。

(一)"认信共同体"与"两大政治经济变革"的产生

政治哲学家总是醉心于解释和捍卫那些脱离语境的价值(the decontextu-alized values),但对真正关心这些价值的人来说,问题的关键其实在于它们要依托何种社会政治机制实现。正是这些政治价值依托的社会政治机制,决定着它们以何种制度和实践形态现实地出现在人们面前,成为人们社会行动和政治生活所面临的"结构"或"环境"。以自由、平等、民主这些为现代社会高扬的价值为例,它们固然鼓舞人心,实际上也吸引了无数人为之奋斗甚或献出生命,但这些高邈的价值在现代条件下却共享着一个粗鄙的基底:它们都以民族国家为边界,并倾向以资本主义这种无节制的市场经济为其奠定物质基础。事实上,这也是它们在现代社会永远无法充分实现的根本原因(当然,正因永远无法充分实现,它们才始终值得追求,但这是另一个话题)。这是因为,早在这些政治价值为启蒙运动高扬之前,现代性的基本经济和政治框架已经被预先奠定好了。如果说,13世纪末14世纪初在意大利北部城邦开始萌芽、16—18世纪在欧洲以重商主义呈现出来的资本主义,为现代社会奠定了基本的经济制度,那么,17世纪欧洲三十年战争后确立的威斯特伐利亚体系,则为现代国际社会奠定了基本的政治行动主体:民族国家。

---

① 与左翼青睐的"capitalocene"相比,"现代世"不是一个常用的概念。但考虑到"现代"比"资本主义"更具有包容性,它其实更能充分呈现人类世得以出现的社会政治机制。参见 Mark A. Cheetham, *Landscape into Eco Art: Articulations of Nature Since the '60s*, University Park, PA: Penn State University Press, 2018, p.211, note 47。

论者习惯于把文艺复兴、宗教改革和启蒙运动视为推动现代性产生的"三大思想运动",但实际上资本主义的产生和威斯特伐利亚体系的确立这"两大政治经济变革"对于现代性的产生同样重要,甚至可以说具有更为基础乃至决定性的意义——在这个意义上,我们可以把它们一道称为促进现代性产生的"五大历史事件"。现代性问题(或曰现代性的"问题性")的全部形式和内容,几乎都来自这五大历史事件之间的内部张力,特别是"三大思想运动"与"两大政治经济变革"之间的紧张。马克思与福柯一脉的左翼,聚焦的是文艺复兴、启蒙运动与"两大政治经济变革"之间的张力:由于资本主义和民族国家的存在,人类并没有实现真正的自由、平等和民主,遑论人的全面解放。尼采与施特劳斯一脉的右翼,关注的其实是宗教改革与"两大政治经济变革"(特别是资本主义)之间的张力:宗教改革后宗教的世俗化和信仰的私人化在资本主义的冲击下,锻造了一个个只有欲望和理性、没有激情的"末人"(the last man)。"三大思想运动"与"两大政经变革"之间的张力,其实表明现代性有一个粗鄙的出身:推动现代性产生的资本主义和民族国家,是作为阶级区隔和公民身份区隔的机制孕育于现代性的母体中的。①

不少论者从西方的犹太-基督教文化传统探讨了"两大政治经济变革"的产生。关于资本主义产生的论述,最著名的当属韦伯的"新教伦理说"。近年来,把现代国家或民族国家的产生与西方的犹太-基督教传统关联起来的论说日渐增多。美国历史社会学家菲利普·S.戈尔斯基(Philip S. Gorski)曾从加尔文主义入手,分析了现代早期欧洲国家的产生逻辑。在他看来,与路德宗(信义宗)和天主教相比,加尔文宗(归正宗)更强调自我规训和社会规训。加尔文主义旨在建立道德和社会纪律体系,其在加尔文宗教徒之间的"认信化/教派对立化"(confessionalization)带来了道德和社会政治层面的"规训革命"(the disciplinary revolution),而后者对于像荷兰(约 1550—1700 年)和勃兰登堡-普鲁士(约 1640—1750 年)等现代早期欧洲国家的形成起到了极大的推动作用。②杜赞奇

---

① 参见孙国东:《"镶嵌自由主义"的终结?——"民主社会学"视角下的西方民主危机》,载《探索与争鸣》2021 年第 3 期。

② 参见[美]菲利普·S.戈尔斯基:《规训革命:加尔文主义与近代早期欧洲国家的兴起》,李钧鹏、李腾译,北京:北京师范大学出版社 2021 年版。

的近著《全球现代性的危机：亚洲传统与可持续的未来》，则试图从文化视角为民族国家和资本主义在西方的兴起提供一个统合性的解释。为了凸显与中国、印度等宗教-文化传统的区别，杜赞奇把西方的犹太-基督教与伊斯兰教并称为"亚伯拉罕宗教"，相应地把中国、印度等社会的宗教称为"非亚伯拉罕宗教"，并以"激进性的超越"（radical transcendence）与"对话性的超越"（dialogical transcendence）的对举为概念工具，将它们区分为两种不同性质的超越类型。亚伯拉罕宗教是把亚伯拉罕（易卜拉欣）作为共同宗教先祖的一神教，它们有着强烈的"异教徒"观念，在上天堂者与下地狱者、教徒与异教徒之间做出了绝然的二分，并把对外传教视为天职。故此，它们形成了一种激进性的超越，也就是一种绝对二元对立的超越。在 16 世纪、17 世纪宗教改革与反宗教改革的斗争乃至战争中，欧洲正是以这种激进超越为范型，通过把教徒的"认信共同体"（confessional communities）扩展至国族层面，建立了以"认信民族主义"（confessional nationalism）为基础、由国家主权予以保障的现代国家。这种确立了主权边界的现代国家，通过 16—18 世纪"以国家促市场""以贸易促生产"的重商主义（经济民族主义）政策，既促进了现代资本主义经济体系的产生，也为西方主导的现代殖民体系的最终确立提供了物质基础。从杜赞奇主张的"流转性历史"（circulatory histories）的视角来看，现代以来世界各地由"竞争性民族主义"驱动的以民族国家为单位推进资本主义资源争夺的发展模式，其实是从现代早期的欧洲逐渐"流转"到非西方社会从而在全球扩散开来的。人类世时代的严重生态危机，正是这种以资本主义和民族国家为基础的"认信民族主义"在全球扩散的结果。

　　宗教共同体的认信化以各种方式促成了（将自我与他者对立起来的）身份共同体的创建，而这些身份共同体构成了国家形态（the nation form）的原型。主权国家成为提高效率和调配全球资源以不断增加生产的首选集体形式。一旦文化自主的逻辑在很大程度上服从于共同体（此处即国家）的政治和经济目标，那么，就会严重削弱对这种观念的制约：我们有权不顾子孙后代和世界其他国家的利益而无限制地扩大资源。①

---

① Prasenjit Duara, *The Crisis of Global Modernity：Asian Traditions and a Sustainable Future*, Cambridge：Cambridge University Press, 2015, p.280.

（二）作为现代性目标的人与自然的区隔

作为区隔机制的资本主义和民族国家，几乎可以解释所有现代性问题的形成机理。但如果对人类世"生态大紊乱"的分析止步于此，我们就错过了深入把握现代世之生态病理的机会。在资本主义和民族国家之外（或之上），还有一种很大程度上作为现代性目标的区隔，对于人类世"生态大紊乱"的产生具有更为根本和直接的意义：人与自然的区隔。

人类世的"生态大紊乱"，来源于人类对自然的无节制开发和征服——这是人所共知的浅显道理。但人类之所以可以无节制地开发和征服自然，却有一个内在于现代性之中的无意识目标起着根本的导引作用：现代性的目标，在很大程度上就是实现人与自然的区隔。人与自然的区隔，至少在两个意义上构成现代性的目标：

第一，现代政治哲学的奠基人关于现代政治秩序的想象和建构，是以人与自然的区隔为基础的。以霍布斯和洛克等为代表的政治哲学家，在构想现代政治秩序时，都设想了一个有别于政治社会的"自然状态"（state of nature）。尽管他们对于自然状态的理解千差万别，但它都被设定为一种自然形成的前政治（pre-political）状态，也就是"没有共同权力使大家慑服"①的状态。他们多以现在广为流行的"civil society"指称有别于自然状态的政治状态，但其含义不是我们现在理解的市民/公民社会，即那种有别于经济（市场）领域和政治（权力）领域，并具有凝聚共识的文化功能和促进国家权力合法化的政治功能的社会领域，而是基本延续了亚里士多德在《政治学》中提到的"*koinonia politikē*"（政治共同体或政治联合体），也就是"由自由、平等且具有美德的公民组成的政治共同体，他们由这样一种共同意愿团结在一起：为了抵御专制和无序，他们通过政治上的自治促进其共同利益"②。在《政府论·下篇》第七章中，洛克甚至使用了"On Political or Civil Society"作为标题——其实质含义是相对于"自然状态"的"政治社会"。正如洛克指出的：

---

① ［英］霍布斯：《利维坦》，黎思复、黎廷弼译，北京：商务印书馆1985年版，第94页。

② Rainer Forst, "Civil Society", in Robert E. Goodin, Philip Pettit and Thomas Pogge(eds.), *A Companion to Contemporary Political Philosophy*(Vol.Ⅱ), Malden, MA.: Blackwell Publishing, 2007, p.452.

在任何地方,无论多少人像这样联合起来组成一个社会,从而人人放弃其自然法的执行权,并将其委托给公众——在那里,也只有在那里才存在一个政治社会或市民社会。无论在哪里、有多少处于自然状态的人组成社会,都是这么做的:人们进入社会是为了在一个最高的政府权威之下,组成一个民族、一个政治体。①

不过,尽管霍布斯和洛克是在亚里士多德"政治共同体"意义上使用"civil society"的,但他们却有着革命性的扭转:他们赋予了"civil society"与自然状态相对立的含义。与此相适应,他们所理解的"自然法",尽管仍冠以"自然"之名,但已不再与具有超越性和神圣性的"外在自然"(external nature)相关联,而更多与人类固有的"内在本性"(internal nature)相联系了。正是霍布斯和洛克等现代早期政治哲学家的革命性扭转,使得西方的自然法传统经历了施特劳斯所说的那种革命性的转向(施特劳斯学派认为这是一种灾变或衰亡),也就是由古典时期的"自然正当"(natural right),转向了现代时期的"自然权利"(natural rights)乃至"人权"(human rights)。由霍布斯和洛克塑造的现代政治观预设着这样的命题:"人类事务、自然事物和技术(或人工)事物之间泾渭分明。""自然界已不再是一个由神圣理性组织起来的宇宙,它已经成为'外面的'动物状态,一个非人类的领域,一种没有任何理性的状态。"②

第二,现代人关于美好生活的主流想象,不但预设了人与自然的区隔,而且倾向认为越远离自然的生活越是值得追求的"文明生活"。自然不仅是现代人利用不断发展的科学技术征服的对象,而且是其追求美好生活时力图远离的对象。现代化的过程,就是不断城市化和文明化的过程,而"城市"和"文明"乃至"公民"本来就是同构的("city""civilization""citizen"具有同样的词根),都指向了那些需要人们超越其自然属性及客体的自然形态而与繁华、文雅、公共等人为或人造物有关的美好事物。因此,现代化具有内在且全面的反自然属性。典型的现代生活,是由人造物堆砌起来的,在几乎所有重要方面都是反自然的。

---

① John Locke, *The Second Treaties of Government: An Essay Concerning the True Original, Extent and End of Civil Government*, Richard H. Cox(ed.), Wheeling: Harlan Davidson, Inc., 1982, p.53.

② 参见[加]托比·李思:《从人类世到微生物世》,诸葛雯译,载宋冰编著:《走出人类世:人与自然和谐共处的哲思》,北京:中信出版社2021年版,第8页。

现代人住在人造的大都市里,住房是钢筋混凝土结构,衣服是由种类繁多的人造材质做成的,出行要靠汽车、地铁、飞机等人造动力工具,日常联系主要依靠一种人造的虚拟网络,就连饮食离不开的鸡,也是第二次世界大战后人类"利用亚洲丛林中的禽类,任意提取其基因并强化而成的结果",它们"几乎不能行走,几个星期就长大成熟,鸡胸肉超大,饲养和屠宰的数量(每年超过600亿只)难以想象"。①根据社会学家诺贝特·埃利亚斯(Norbert Elias)的研究,现代以来包括社交礼仪、餐桌礼仪等在内的文明化进程,是欧洲宫廷贵族同化市民阶层的结果。以餐桌礼仪为例,"像拿刀、拿匙、拿叉的姿式和如何使用这些餐具等等,都是一步步达到统一,从而标准化的"。其具有统一标准的社会机制是:"人们的行为模式总是在那么一个狭小的宫廷圈子里确立起来的。"②不仅如此,现代人对高品质美好生活的想象似乎是越远离自然越好。与自然融为一体的乡野农村,是现代人首先要逃离的地方;人造物密集的大都市,则是社会精英聚集之地。现代人对住房的追求,也是空间越大越好,周边配套设施越齐全越好,房屋内部装修得越精致越好,但这种"大、全、精"所需要的物质材料几乎都源于对自然的改造和破坏。

　　人们用怀疑甚至不屑的眼光看待那些生活方式仍与动物相近的人,认为他们"还没有"成功地摆脱自然界,因此更多地属于"外面那个"世界,而不是"这里的"世界,就好像他们依然停留在文明人类或国家早已抛到身后的某种过去。③

(三)"逐富"与现代世的三重区隔

　　资本主义和民族国家作为现代社会的两大区隔机制,分别形成了阶级区隔和公民身份区隔。如果说资本主义经济系统通过"有利"(支付)-"不利"(不支付)的"二元代码"(binary code)形成了阶级区隔,那么,以民族国家为基础的国

---

　　①　参见[美]拉杰·帕特尔、詹森·W.摩尔:《廉价的代价:资本主义、自然与星球的未来》,吴文忠等译,北京:中信出版社2018年版,第5—6页。

　　②　参见[德]埃利亚斯:《文明的进程:文明的社会起源和心理起源的研究》第1卷《西方国家世俗上层行为的变化》,王佩莉译,北京:生活·读书·新知三联书店1998年版,第191页。

　　③　[加]托比·李思:《从人类世到微生物世》,诸葛雯译,载宋冰编著:《走出人类世:人与自然和谐共处的哲思》,北京:中信出版社2021年版,第18页。

际政治系统通过"同胞"(compatriots)-"异族"(non-compatriots)的二元代码带来了公民身份的区隔。人与自然的区隔,则是一种更具笼罩性和根本性的区隔,因为它从社会本体论和生活方式层面为现代人设定了共享却不自知的生活目标。这三种区隔机制或手段,各有其粉饰性的意识形态:如果说阶级区隔和公民身份区隔分别以市场经济和国家主权为意识形态外衣,那么,人与自然的区隔则由现代人视为天经地义的"文明生活"为其提供正当性辩护。三者一道构成了现代世的三重区隔(见表2),是现代性内在的"区隔基因"。

表 2　现代世的三重区隔

区隔类型		区隔机制/手段	粉饰性的意识形态
作为机制的区隔	阶级区隔	资本主义	市场经济
	公民身份区隔	民族国家	国家主权
作为目标的区隔	人与自然的区隔	高品质的生活	文明生活

正是现代世的三重区隔,使现代人陷入"逐富"的世俗游戏中,不但导致人类世的"生态大紊乱",也因这三重区隔的掣肘而无法积极应对严重的生态危机。区隔的目的就是争长竞短。资本主义和民族国家这两大区隔机制,就是为现代人的"逐富游戏"服务的。资本主义就遵循着"资源稀缺、效益最大化者多得"的竞争逻辑,为现代人的"逐富游戏"提供了经济制度层面的游戏规则。民族国家不仅可以在国内层面给这种资本主义的游戏规则提供基本的法律保证,还可以在国际层面通过产业政策、税收政策(特别是关税保护)和金融政策等手段,为有利于本国利益的经济竞争提供强势的政治保障。这种以"区隔"为基础的逐富游戏,又服务于另一个区隔性的目标:人与自然的区隔。故此,它形成了在现代社会占主导的一种发展模式,一种彻头彻尾的"区隔性的逐富模式"。正是由资本主义产生的阶级区隔和由民族国家产生的公民身份区隔,与作为现代人生活目标的人与自然的区隔一道,不仅要为人类世的"生态大紊乱"负责,而且从根本上阻碍了人类社会作为整体对生态危机的积极应对。人类世的生态危机是无国界的,对人的影响也是跨越阶级的,并且已然形成了跨越人与自然边界的整个地球系统的危机,但现代人不仅深陷于阶级区隔和公民身份区隔的迷障中,还沉醉于与自然相区隔的迷梦中,他们自以为是又各行其是,不知道人

类作为整体已经进入了"剩余时间"。①

四、"生态天下主义":一种介入性的可持续发展理念

在本文的最后,我拟从"阐释政治哲学"(interpretative political philosophy)②的取径,初步阐发一种可以回应现代世之生态病理的可持续发展理念:生态天下主义(eco-Tianxiaism)。如果说天下主义是在当下值得发掘的中国思想,以生态天下主义呈现出来用于应对当下人类世的可持续发展危机,可能是其最合宜的理论形态。这一方面是因为,确如赵汀阳所言,现代以来人类"有国际,无世界"③久矣,另一方面乃因为这种困局在人类世的"生态大紊乱"中表现尤甚。如果考虑到中国崛起对撒切尔所说的那种"具有国际感召力的学说"(internationally contagious doctrine)④的内在需要,对生态天下主义的阐发就更显必要了。我同意杜赞奇的一个论断:

> 我们现在比历史上任何时候都更需要一个具有世界性的世界(a cosmopolitan world),因为国家与世界严重地不匹配……中国关于世界新秩序的观念,需要对这种根本的不匹配做出回应,并发展出一种世界主义的理想,无论是源于历史传统,还是普遍主义的新观念,抑或它们的某种新兴组合(emergent combination)。⑤

生态天下主义,就是本文力图在中国历史传统和普遍主义新观念之间推进"新兴组合"的尝试。这种"新兴组合"的方式,就是通过"阐释政治哲学"的"建构

---

① 参见吴冠军:《从人类世到元宇宙:当代资本主义演化逻辑及其行星效应》,载《当代世界与社会主义》2022 年第 5 期。

② 关于我主张的"阐释政治哲学",可以参见孙国东:《"中—西时代"的"阐释政治哲学"研究:从中国现代政治哲学话语的三大功能说起》,载《新文科教育研究》2023 年第 1 期;《阐释政治学与历史的公共阐释:对历史政治学的阐释学检视》,载《中国社会科学评价》2023 年第 1 期。

③ 参见赵汀阳:《天下体系:世界制度哲学导论》,南京:江苏人民出版社 2005 年版,第 17—18 页。

④ 参见 Margaret Thatcher, *Statecraft*: *Strategies for a Changing World*, New York: Harper Collins, 2002, p.178。

⑤ Prasenjit Duara, *The Crisis of Global Modernity*: *Asian Traditions and a Sustainable Future*, Cambridge: Cambridge University Press, 2015, pp.18—19.

性阐释"（constructive interpretations），把天下主义这种中国文化传统纳入对可持续发展理念的阐释中，从而"将目的强加于某个对象或实践，使其成为其所属形式或类型（genre）的最佳可能范例"。换句话说，它尝试在大体遵循中国发展的历史-实践逻辑的基础上，把握其（可以）承诺的政治哲学精神，也就是通过"目的与对象的互动"，并"通过描述实践可以用来服务、表达或例证的利益、目标或原则的方案，为其提出价值"。①

（一）生态天下主义作为一种介入性的可持续发展理念

考虑到人类世的"生态大紊乱"涉及的量级和范围，引入传统中国的"天下"观至少会面临三个方面的认知挑战：

第一，相对于生态危机波及的行星尺度，"天下"视野似乎不敷使用。按照"地球系统科学"的观点，传统中国的"天下"观似乎不足以把握人类世中整个地球系统面临的严重生态危机。因为人们肉眼可见的"天"，其实是地球上空的大气层，而大气层不过是整个地球系统的一部分——后者还包括水圈（含冰冻圈）、陆圈（岩石圈、地幔、地核）和生物圈（含人类圈）等。以地球系统的一部分把握整个地球系统的生态危机，看起来的确很容易产生"只缘身在此山中"而"不识庐山真面目"的认知不匹配。

第二，相对于生态危机所涉及的人类整体，"天下"视野显得似乎过于文化民族主义了。为什么非要引入一种具有中国文化底色的生态天下主义，而不是直接援用某些西方学者主张的"生态世界主义"（eco-cosmopolitanism）？

第三，传统中国（主流）的天下观建立在"爱有差等"的华夷之辩基础之上，并不完全符合现代的世界主义精神。尽管在儒家式的天下观中，"夷夏之辩不在种族，而在礼法、文明"②；尽管经典儒家向来主张要用"文德"而非武力因应华夷之辩（即"远人不服，则修文德以来之"③），但其中仍潜藏着难以抹去的华

---

① 参见 Ronald Dworkin, *Law's Empire*, Cambridge, Mass.：The Belknap Press of Harvard University Press，1986，p.52.

② 参见姚中秋：《华夏治理秩序史·第一卷：天下（上册）》，海口：海南出版社 2012 年版，第 250 页。

③ 《论语·季氏》。自益（即皋陶之子伯益）以还，华夏文明即形成了以"文德"处理"夷夏之辩"的传统，这一传统为孔子阐扬后成为儒家天下观的经典内容。参见姚中秋：《华夏治理秩序史·第一卷：天下（上册）》，海口：海南出版社 2012 年版，第 251—254 页。

夏中心主义色彩——其蕴含的逻辑前提是:华夏乃文明的化身,四夷则是有待文明化的"蛮夷"。与这种天下观相适应的朝贡体系,更是这种华夏中心主义的制度化表征:与天下观相匹配的"畿服理论",以最初的"邦畿"及后来的华夏或所谓的"中国本部"(China proper)为中心,以"五服""六服"或"九服"①等远近亲疏关系来确定畿内畿外或藩属相对于华夏的不同朝贡义务。对任何诚心在现代条件下为天下观辩护的学者来说,这种华夏中心主义的传统天下观都是应该超克的对象,不可不察。

要想主张生态天下主义,我们首先要对上述挑战一一进行回应。

第一,人类是人类世生态危机的主要施害者,就规范人类整体的行动取向来说,"天下"视野仍是不二之选。人类世的生态危机,尽管是整个地球系统的危机,但是它是人类在一种特定的价值观或生活方式——也就是上文说的"区隔性的逐富模式"——的驱使下造成的。要积极应对生态危机,就需要扭转这种价值观或生活方式。生态天下主义就是为了全面扭转"区隔性的逐富模式"而提出的。它是一种世界主义理念,但与普通的世界主义理念相比,它更适合应对人类世的生态危机:它蕴含着"天人合一"的自然主义观念,这种观念不但可以扭转力求实现"人与自然相区隔"的现代性目标,而且可以从生活方式入手为世界主义填充更有质感的内容。通过激发对自然的敬畏,倡导与自然相融合的新型生活方式,天下主义可以自然而然地"造就"世界主义的价值观。在生态天下主义的框架下,世界主义不再是空洞的道德说教,而是具有实质性伦理生活内容的新型生活方式。

第二,当下的生态危机尽管是人类整体作为受害者出现的,但其产生源于西方文明。如前所述,人类世的生态危机是"区隔性的逐富模式"带来的危机。

---

① 《尚书·禹供》首先确立了"五服",即甸服、侯服、绥服、要服、荒服。《周礼·秋官·大行人》规定了"六服"及纳贡物品:"邦畿方千里,其外方五百里谓之侯服,岁壹见,其贡祀物;又其外方五百里谓之甸服,二岁壹见,其贡嫔物;又其外方五百里谓之男服,三岁壹见,其贡器物;又其外方五百里谓之采服,四岁壹见,其贡服物;又其外方五百里谓之卫服,五岁壹见,其贡材物;又其外方五百里谓之要服,六岁壹见,其贡货物。"《周礼·夏官·职方氏》则规定了"九服"及其地理范围:"辩九服之邦国:方千里曰王畿,其外方五百里曰侯服,又其外方五百里曰甸服,又其外方五百里曰男服,又其外方五百里曰采服,又其外方五百里曰卫服,又其外方五百里曰蛮服,又其外方五百里曰夷服,又其外方五百里曰镇服,又其外方五百里曰藩服。"

这种模式中的两个区隔机制(资本主义和民族国家)及作为现代性目标的人与自然的区隔,都是由西方首创并像瘟疫一样在整个世界扩散开去的。从人类的可持续生存来看,这堪称现代西方文化对整个人类文明的"原罪"。就像历史学家伊曼纽尔·沃勒斯坦(Immanuel Wallerstein)在指控西方创立资本主义的罪责时指出的:

> 创立资本主义不是一种荣耀,而是一种文化的耻辱。资本主义是一剂危险的麻醉药。在整个历史上,大多数文明,尤其是中国文明,一直在阻止资本主义的发展。而西方的基督教文明,在其最为虚弱的时刻对它屈服了。我们从此都在承受资本主义带来的后果。①

像中国(包括印度)这样拥有轴心文明遗产的非西方国家,进入现代以来在西方文化的强势影响下偏离了自己的文化传统,同样加入了区隔性的逐富游戏中。当下的中国人更像西方人,而不是自己的先祖——近年来流行的"内卷"一词,就生动体现了这种"区隔性逐富游戏"在当下中国的激烈性和残酷性。这无疑是现代化的结果,但也是中国文化"自我他者化"(self-othering)的后果。从文化上看,天下主义才是中国文化的本真传统,"区隔性的逐富"是现代西方文化的精神。面对人类世的"生态大紊乱",中国文化当然就有必要重新审视自己的本土传统,"一旦它们被我们时代的流转性理念和实践重新注入活力时,它们不仅能够,而且已然开始以更惊人方式解决这些问题"②。

第三,生态天下主义是适合现代条件的新天下主义,它是传统天下观与现代世界主义的"新兴组合"。正如下文将要指出的,这种"新兴组合"主要是以激活传统天下观中与世界主义相契合的非主流思想(特别是墨家的天下观)实现的。墨家"兼爱天下"的天下观不仅比儒家"爱有差等"的天下观更具有世界主义精神,而且其对简朴生活的倡导也具有内在的生态天下主义内涵。面对人类世的"生态大紊乱",它是值得挖掘的中国思想遗产。有人可能会担心,墨家在传统中国就不属主流,其对当下的中国人都已太过于陌生和疏离了,更遑论对于其他文明而言。

---

① [美]伊曼纽尔·沃勒斯坦:《现代世界体系》第 1 卷《十六世纪的资本主义农业与欧洲世界经济体的起源》,尤来寅等译,北京:高等教育出版社 1998 年版,第 1 页(中文版序言)。

② 参见 Prasenjit Duara, *The Crisis of Global Modernity: Asian Traditions and a Sustainable Future*, Cambridge: Cambridge University Press, 2015, p.10。

事实上,本文采用的"阐释政治哲学",就是要"调用"(appropriate)那些在中国文化情境中具有时间、情境等"间距"(distance)的思想,使其转化为我们在建构中国现代政治哲学原理时可资利用的思想资源。从这样的视角来看,调用墨家"兼爱天下"的天下观,使之成为我们应对当下可持续发展危机的思想资源,既可以促进中国人在可持续发展方面的集体性自我理解,也可以推动中国文化为人类世的生态危机做出自己的思想贡献。正如保罗·利科指出的,"调用"与"间距"的辩证法构成阐释学的核心,因为"全部阐释学的目标,就是要与文化间距和历史疏离作斗争";"调用意味着要把那些最初'有疏离的'东西'变成自己的东西'。"①

从中国文化传统中挖掘生态天下主义,其实蕴含并期待着中国人对于生态危机的一种"介入性"(engagement)的思想姿态。它不指望生态天下主义成为世界上所有人应对生态危机的思想观念和行动指南,而希望它首先成为现代中国人返本归真的价值观和生活方式,至少是一个备选项。在过去一百多年来尾随西方参与"区隔性的逐富"游戏并取得优异成绩后,面对满目疮痍的世界,面对身心俱疲的自己,当下中国人是时候告别高度"内卷"的逐富游戏,沉静下来,反躬自问:什么是我们应当追求的美好生活?

(二)生态天下主义的基本理念

我想从四个方面简要勾勒一下生态天下主义的基本理念:天下共同体、兼爱天下、天人合一和节用简朴。它们分别对应着生态天下主义的世界观、价值观、生态观和生活观。

1. 天下共同体

天下共同体,是从墨家"人皆天臣""国皆天邑"的思想中推演出来的一种世界主义的世界观。墨子说:"今天下无大小国,皆天之邑也;人无幼长贵贱,皆天之臣也。"②这句话不仅蕴含着丰富的平等思想,还可以推演出一种具有从属性的天下共同体观念,当然也蕴含着一种打破各种区隔(阶级区隔、公民身份区隔)的普遍主义-世界主义观念。

---

① 参见 Paul Ricoeur, *Hermeneutics and the Human Sciences*: *Essays on Language*, *Action and Interpretation*, John B. Thompson(ed. and trans.), Cambridge: Cambridge University Press, 2016, p.147。
② 《墨子·法仪》。

尽管在人间的世俗世界中,人有贵贱贫富之别,国亦有大小强弱之分,但以天观之,人皆天之臣、国皆天之邑而已,所有这些区别都可以忽略不计。相对于"人"和"国"来说,"天"是一种超越性的存在,一种可以激发人们终极感、无限感和神圣感的虔敬对象。用墨子的话来说,相对于父母、为学者和君主此类具有有限性的现世存在来说,"天"方始为人们应该效法和追随的对象。"父母、学、君三者,莫可以为治法。然则奚以为治法而可? 故曰:莫若法天。天之行广而无私,其施厚而不德,其明久而不衰……既以天为法,动作有为,必度于天。天之所欲则为之,天所不欲则止。"①与儒家的天下观相比,墨家的这种"人皆天臣""国皆天邑""以天为法"的天下观,不仅更具有平等精神,而且更能捍卫"天"的超越性地位。平等精神和"天"的超越地位,在逻辑上其实一贯的:"天"要想具有真正的超越地位,它必定"行广而无私";相应地,"以天为法"获得的原则必定不能具有任何偏私性(partiality)——而偏私性或偏爱恰恰是儒家内在的原则。更一般地看,任何具有超越性的虔敬对象都内在地蕴含着对其信众一视同仁的观念。无论是犹太-基督教的"上帝面前人人平等"、伊斯兰教的"真主面前人人平等",还是佛教的"众生平等",皆是如此。在这个意义上,"天"的超越性内在地蕴含着"天下万物皆平等"的观念。实际上,墨子著名的"天志"思想,正是赋予了"天"至高无上的超越地位:天是具有意志的人格神;天无时不在、无时不有、无所不能;天至高、至贵、至智;天是天下的主宰,政治的最高权源;天是义之所出,是人类言行的标准;天是造物主,能赏善罚恶。②

正因"天"是一种超越性的存在,作为"天之臣"的人、作为"天之邑"的国是作为一种共同遵循的天之"法仪",因而以具有从属地位的"天下共同体"而存在的。相对于"天"来说,所有人类(包括作为其社群联合形态的国家)都是位于天之"下"的存在物——"天下"之"下"不仅具有空间上的位置之义,更具有宗教性的位格之义。"天下"预设了"天"的优先性,这是一个分析性的价值判断:无需借助其他条件,它就可以从"天下"这个概念中推演出来。先有"天",再有"天下","天下"不过是"天"的剩余物——就像"外国人"是"本国人"的剩余物、

---

① 《墨子·法仪》。
② 参见周富美:《救世的苦行者:墨子》,北京:中国友谊出版社 2013 年版,第 246 页。

"the non-west"（非西方）是"the west"（西方）的剩余物一样，中外语言中常常都会无意识地隐含着这种轩轾之别。正是在这个意义上，"天下"内在地具有自然主义乃至反人类中心主义的倾向——相反，以"地上"指代"天"才隐含着人类主义（humanism）乃至人类中心主义倾向。是故，"天下共同体"听上去似乎具有号令天下的豪迈气象，但其实表达了存在论上的谦卑姿态。它不是要像儒家人文主义者钟情的"天下乃天下人之天下"那样去进行鞭策天下的政治动员，而具有"天下乃天之下"这种贵天轻人的清醒认识（在这个意义上，将"天下"译为"all-under-heaven"是保留着这种贵天轻人思想的精准翻译）。在人类世的"生态大紊乱"面前，"天下共同体"更像是一个"天下罪人共同体"。如今，是这个罪人共同体集体赎罪的时候了。

2. 兼爱天下

兼爱天下的价值观，既是墨家"人皆天臣""国皆天邑""以天为法"的天下观的应有之义，也是最广为人知的思想。"天"是绝对公正无私的道德完美主义的化身，因此天下人"以天为法"必然得出"兼相爱，交相利"的法则。"爱人利人者，天必福之；恶人贼人者，天必祸之"，因为"天欲人相爱相利，而不欲人相恶相贼也"。①

现代社会由"区隔性的逐富"游戏导致的社会乱象，与墨子所诊断的春秋战国时代的"天下之害"如出一辙："国之与国之相攻，家之与家之相篡，人之与人之相贼……父子不慈孝，兄弟不和调。"②在墨子看来，这都是由"爱有差等"所致，即"以不相爱生"："今诸侯独知爱其国，不爱人之国，是以不惮举其国，以攻人之国。今家主独知爱其家，而不爱人之家，是以不惮举其家，以篡人之家。今人独知爱其身，不爱人之身，是以不惮举其身，以贼人之身。"③既以非之，何以易之？墨子给出的答案是"以兼相爱、交相利之法易之"④。

> 视人之国，若视其国；视人之家，若视其家；视人之身，若视其身。是故诸侯相爱，则不野战；家主相爱，则不相篡；人与人相爱，则不相贼；君臣相爱，则惠忠；父子相爱，则慈孝；兄弟相爱，则和调。天下之人皆相爱，强不执弱，众不劫寡，富不侮贫，贵不敖贱，诈不欺愚。⑤

---

① 《墨子·法仪》。
②③④⑤ 《墨子·兼爱中》。

今人读到墨子的这些论述,仍会为其兼爱天下的胸怀油然而生敬意。

不过,以今人环保主义的眼光来看,墨子眼中的"天下"仍是人类中心主义的"天下",只见人类,不见动植物和微生物等其他生灵。尽管我们不能苛责古人,但要想在人类世时代发扬墨子兼爱天下的观念,我们必须将兼爱天下的对象合乎逻辑地扩展至天下所有圣灵。之所以是"合乎逻辑",乃因为在墨子看来,"凡天下祸篡怨恨其所以起者,以不相爱生也"。①人类世的"生态大紊乱",不过是人与自然(其他生灵)的"不相爱"违背了"天志"导致的表征而已。因此,我们可以模仿墨子的口吻说:今人民主权,然主权者独知爱其国,不爱人之国,是以不惮利其国,以害人之国。今全民皆贾,然事贾者独知利其家,而不利人之家,是以不惮举其家,以篡人之家。国与国交相恶,民与民不相爱,皆逐富以避穷,自利而贼人。是故,今人独知爱其身,不爱天地之身,是以不惮举其身,以贼天地之身。

3. 天人合一

如果要为中国哲学或中国思想找到一个最具标识性和统领性的观念,天人合一可能是不二之选。钱穆先生生平的最后一次彻悟,就是认识到天人合一不仅是"中国文化对人类最大的贡献",而且"实是整个中国传统文化思想之归宿处"。②既然是"中国传统文化思想之归宿处",天人合一就不仅是以儒家为代表的主流学说的要旨所在,更是轴心突破后所有中国思想文化传统的共同精神。实际上,中国文化的天人合一,经历了"由巫到礼"的转进,即从上古时期"'绝地天通'以来少数人垄断的活动(巫),变而为大多数人首先是社会上层所普遍履行的活动(礼)",与之相应的就是"巫史传统"到"礼乐传统"的变化。③这种文化上的转进,与周公"制礼作乐"特别是孔子"释礼归仁"所开辟的"一条个人本位的'仁礼一体'的新路"密不可分。这条新路,使中国人得以"以'心'代'巫',作为超越世界('道')和现实世界('人伦日用')之间的媒介",形成了个人本位的

---

① 《墨子·兼爱中》。
② 参见钱穆:《中国文化对人类未来可有的贡献》,载氏著:《钱穆先生全集·世界局势与中国文化》,北京:九州出版社2011年版,第360、359页。
③ 参见李泽厚:《历史本体论·己卯五说》,北京:生活·读书·新知三联书店2008年版,第374页。

"天人合一"观。正是这种个人本位的"天人合一"观,促进了中国"个人精神的觉醒和解放",完成了中国文化的轴心突破。①

中国自轴心突破后的天人合一观,主要以两种形态呈现出来:一是规范社会成员特别是君子和君主行为的价值观,所谓"夫礼,天之经也,地之义也,民之行也"②。这在儒家思想中表现得尤为突出。二是蕴含着与自然和谐共处的生态观,即所谓"天地与我并生,而万物与我为一"③。这在道家的思想中表现得最为明显。墨家天人合一观念,不仅实现了价值观与生态观之间的统一,而且实现了两者的平衡。墨家的这种天人合一观在先秦诸子中是仅见的,对于我们应对人类世的生态危机有较大的启发意义。其价值观与生态观之间的统一和平衡,大体上遵循着这样的逻辑:天"爱民之厚",可以满足人们生活的基本需要("以磨为日月星辰,以昭道之;制为四时春秋冬夏,以纪纲之;雷降雪霜雨露,以长遂五谷麻丝,使民得而财利之"),但天亦有自己的意志(即"天志"),它赏罚分明("列为山川溪谷,播赋百事,以临司民之善否"),对于超出"天志"的索取,"鬼神"将予以惩戒("鬼神之所赏,无小必赏之;鬼神之所罚,无大必罚之")。④在这里,遵循"天志"而兼爱天下的价值观与尊重自然的生态观实现了完美统一。

4. 节用简朴

墨家对节用简朴生活方式的倡导,既是其思想中最具特色的内容之一,亦可作为人类积极应对人类世时代"生态大紊乱"的必然选择。相比具体内容来说,墨家节用简朴的生活观对于生态天下主义的重要性,更体现在其本身之于应对人类世生态危机的高度契合性。换句话说,这种节用简朴的生活观是谁提出来的、具体有什么内容并不重要,重要的是要想以合乎道德的方式确保人类整体的可持续生存(排除了生态危机极端情况下人类之间的相互杀戮等非道德的方式),我们只能选择这种生活方式。

---

① 参见余英时:《天人之际:中国古代思想起源试探》,北京:中华书局2014年版,第99、205、112页。

② 《左传·昭公二十五年》。

③ 《庄子·内篇·齐物论》。

④ 上引墨子的论述,请分别参见《墨子·天志中》《墨子·明鬼下》。

从人类的角度来看,人类世的生态危机恰恰就是人类的生活方式危机,就是说那种在现代社会盛行的"区隔性逐富"的生活方式已经难以为继,不可持续。但正统的可持续发展理念,仍仅仅关注正义问题,特别是各种资源的分配正义(代际正义和代内正义),刻意回避了"善"(good)——"美好生活"(good life)——层面的问题。正是这种"药方"与"病症"之间的不对称,使得人类无力应对人类世的生态危机。道理很简单:如果可供分配的资源供给都成了问题,何以实现分配的正义? 因此,重塑可持续发展理念,首先就要扭转这种"正当优先于善"的政治哲学原则。

从学理上看,这种"正当优先于善"政治哲学原则,其实是把自由主义的政治哲学原则径直挪用于可持续发展领域的结果,但自由主义的政治哲学从来没有把资源有限作为自己的立论基础——自由主义经济理论倒是常常把"资源稀缺"作为自己的立论前提,但"资源稀缺"不等于"资源有限":前者的重心在于如何利用资源,考虑的是在资源稀缺的约束条件下,如何实现效益的最大化;但后者的要点在于关注资源有限的存在论现实,即可供利用的资源已经有限到危及人类可持续生存的地步。对"正当优先于善"的确立做出重大理论贡献的罗尔斯,对"正义两原则"的推演依赖于他所谓的"无知之幕"(the veil of ignorance),而在罗尔斯构想的"无知之幕"中,一个社会是否面临着资源有限的生存挑战的问题是被完全屏蔽掉的:

> 各方当事人不了解自己社会的具体情况。也就是说,他们不知道它的经济或政治状况,也不知道它已经达到的文明和文化水平。处于原初状态的人们,也不知道自己属于哪一世代……他们必须选择这样一种原则,即无论他们属于哪个世代,他们都准备接受其所带来的后果的那些原则。[①]

罗尔斯当然也考虑到了自然环境的保护问题,但都被他冠以"代际正义"轻描淡写地打发掉了,他绝没有想到人类面临的环境问题会恶化到在地质学上进入人类世的地步(事实上,在罗尔斯出版《正义论》修订版的 1999 年已经达到了这样的程度,只是他和那个时期的人们没有警觉)。我们很难推测,如果罗尔斯面对

---

① John Rawls, *A Theory of Justice*(revised edition), Cambridge, Mass.: the Belknap Press of Harvard University Press, 1999, pp.118—119.

当下人类世的"生态大紊乱",会不会修正其关于"无知之幕"及"正当优先于善"原则的设定,但至少就应对人类世的生态危机来说,它们都是应当否弃的部分。生态天下主义的生活观明确主张"善优先于正当"的原则。这意味着,提倡一种"有节制的美好生活",比追求代际正义和代内正义更重要。

让我们暂时抛弃现代人关于文明生活的傲慢与偏见,重温一下墨子关于"节用简朴"生活观的论述吧。关于节用简朴的原则:"凡足以奉给民用,则止。诸加费不加于民利者,圣王弗为。"①关于衣食住行:"其为衣裘何?以为冬以圉寒,夏以圉暑。凡为衣裳之道,冬加温、夏加清者,芊组;不加者,去之。"②"古者圣王制为饮食之法,曰:足以充虚继气,强股肱,耳目聪明,则止。不极五味之调,芳香之和,不致远国珍怪异物。"③"圣王……为宫室之法,曰:室高足以辟润湿,边足以圉风寒,上足以待雪霜雨露,宫墙之高,足以别男女之礼,谨此则止。"④"车为服重致远,乘之则安,引之则利;安以不伤人,利以速至。此车之利也。古者圣王为大川广谷之不可济,于是利为舟楫,足以将之则止。"⑤尽管今日生活所依赖的文明条件与墨子所处的时代已不可同日而语,但节用简朴的生活理念却是相通的,特别是当我们面对人类世日益严重的生态危机的时候。

最后,请允许我录下赫拉利在《人类简史》结尾中的几句话与各位——人类的一员——一起反躬自省:

> 我们让自己变成了神,而唯一剩下的只有物理法则,我们也不用对任何人负责。正因此,我们对周遭的动物和生态系统掀起一场灾难,只为了寻求自己的舒适和娱乐,但从来无法得到真正的满足。
>
> 拥有神的能力,但是不负责任、贪得无厌,而且连想要什么都不知道。天下危险,恐怕莫此为甚。⑥

---

① ③ ⑤ 《墨子·节用中》。
② 《墨子·节用上》。
④ 《墨子·辞过》。
⑥ [以]尤瓦尔·赫拉利:《人类简史:从动物到上帝》,林俊宏译,北京:中信出版社 2017年版,第 392 页。

可持续发展中人与自然的关系

林　曦*

从定义上来看,可持续发展是将当代人的需求和后代人的需求放在一个平等的位置上来加以考量,尽管后代人可能尚未出生,或者已经出生但是尚未成为可以肩负理性决策、行使完整公民权的个体,但是,我们在发展的规划之中,也需要将他们的需求一并考虑在内,让我们的发展不至于对后代人的需求的满足造成实质性的损害,这个就是世界环境与发展委员会在 1987 年出版的《我们共同的未来》中提出的可持续发展的概念定义。[①]在这本小册子之中,世界环境与发展委员会强调我们要尽量使用可再生能源,或者在使用不可再生能源的时候要秉承节约、不浪费和不污染的原则,让所有个体,包括现在和将来的群体,都能够从这样的一种能源使用之中获益。世界环境与发展委员会的愿景,是尽可能地降低发展中污染对环境造成的影响。

可持续发展是对原有经济发展路径和模式的替代,是希望从一种完全不同的发展观、人与自然的关系出发,来探讨人类社会如何在实现增长和发展的同时又可以和自然、生态保持和谐共处的问题,因此,这里面就包含了从以人类为中心的发展观向以生态为中心的发展观的过渡,其中包含了一系列在道德假设、制度安排、资源禀赋、技术利用等层面的细节。[②]为此,本文希望在可持续发

---

　*　林曦,复旦大学社会科学高等研究院专职研究人员。

　①　参见 The World Commission on Environment and Development, *Our Common Future*, 1987, http://www.un-documents.net/our-common-future.pdf,访问日期:2022 年 10 月 10 日,尤其是第一部分第三节"可持续发展"。

　②　Robert W. Kates, Thomas M. Parris and Anthony A. Leiserowitz, "What Is Sustainable Development? Goals, Indicators, Values and Practice", *Environment: Science and Policy for Sustainable Development*, Vol.47, no.3(2005), p.20.

展的理论框架之下来讨论人与自然的关系。可持续发展的模式以"生态人"为核心假设,强调生态中心主义的视角,主张在人和自然的关系中,人类需要关注和尊重其他非人类生命体、生物多样性以及生态系统,将自然置于发展的核心考量。本文从自然资源、技术、人口和制度等四个发展要素的角度,来考察可持续发展视野下的人和自然的关系。在自然资源的层面,我们需要看到,人的生存和发展都是嵌于自然界和整体生态环境系统之中,并且,自然资源和生物多样性具有绝对稀缺性,已经有一些国家和地区为自然资源和生态系统创设权利,使之成为受法律保护的主体,这可以成为可持续发展的一个实践,在不同国家和地区之间共享。在技术层面,对自然的利用和开发必须着眼于对生态系统影响的最小化以及污染的控制和处理,并开发新的技术手段以推动可持续发展的变革,如借力当下方兴未艾的人工智能和数字革命;在人的层面,我们在探寻人和自然的和谐共处过程中,尤其需要注意到,人在自然之中培养起来的审美判断力可以加强人对自然所肩负的道德责任和保护意识;在制度层面,我们可以在全球、区域、国家、地区等不同层级的行政架构中进行多方考量和制度设计,使得制度能够匹配气候变化或者环境保护的目标和任务,实现可持续发展以及人和自然的和谐共处。

一、可持续发展框架中的人与自然的关系

毛厄尔霍费尔针对可持续发展,提出了一个"三维可持续性"的模型,这样的一个模型包含了环境、社会和经济层面及各个层面之间的相互关系。在毛厄尔霍费尔看来,可持续发展理念所包含的"可持续"显然更关注环境和社会层面,而"发展"则是指向了人的经济活动,因此,"可持续发展"作为必然就包含了一种针对这三个层面的模型,如图1所示。①

这样的一种"三维可持续性",本身包含了环境和自然的承载能力、社会能力以及经济发展的水平,环境、社会和经济构成了支撑这一"三维可持续性"的

---

① 该模型参见 Volker Mauerhofer, "Legal Institutions and Ecological Economics: Their Common Contribution for Achieving a Sustainable Development", *Ecological Economics*, Vol.156(February 2019), p.351,有改动。

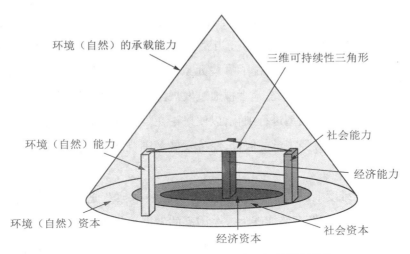

图1　可持续发展框架下的"三维可持续性"模型

支柱,其各自的运转又包含了相应的、不同形式的资本,比如环境中运行的是环境资本,在社会领域流通的是社会资本,而在经济领域则是经济资本。①毛厄尔霍费尔的这个模型,主要是用于对政治决策进行支持,在此基础上,他提出了六个标准,用于评估和衡量可持续发展的水平。这六个标准包括:(1)充足程度,个人自愿决定不产生单位值的温室气体或者不消费单位值的资源;(2)生态效益,即某项行动实现其明确环境目标的能力;(3)生态公平,在罗尔斯"无知之幕"下的同代和代际行动②;(4)社会效益,即某项行动实现其明确社会目标的能力;(5)生态效率,每个时间单位的产品/服务的能源/废物的投入和产出比率;(6)社会效率,个人和群体开展社会行动的投入和产出比。③

①　参见 Volker Mauerhofer, "3-D Sustainability: An Approach for Priority Setting in Situation of Conflicting Interests towards a Sustainable Development", *Ecological Economics*, Vol.63(2008), p.498。

②　对于"无知之幕"的概念,罗尔斯是希望,借由"无知之幕",可以屏蔽人们在知识论层面的不平等,"保证任何人在原则的选择中都不会因自然的机遇或社会环境中的偶然因素得益或受害。由于所有人的处境都是相似的,无人能够设计有利于他的特殊情况的原则。"参见[美]约翰·罗尔斯:《正义论》,何怀宏等译,北京:中国社会科学出版社2009年版,"正义论的主要观念"。

③　参见 Volker Mauerhofer, "3-D Sustainability and Its Contribution to Governance Assessment in Legal Terms: Examples and Perspectives", in Volker Mauerhofer(ed.), *Legal Aspects of Sustainable Development: Horizontal and Sectorial Policy Issues*, Cham, Heidelberg, New York, Dordrecht, London: Springer International Publishing Switzerland, 2016, pp.35—56。

　　毛厄尔霍费尔的这个"三维可持续性"模型尽管涉及了环境-社会-经济这三个层面,但是,具体到各个层面应当要如何来开展行动,或者是"环境-社会-经济"这三个组别,又各自包含了哪些元素或者是层面,毛厄尔霍费尔着墨不多,并未进行详细论述,因此,笔者拟通过发展经济学的经济发展要素理论来对毛厄尔霍费尔的这个模型进行细化,以便讨论在可持续发展的框架之下人与自然的关系。按照发展经济学的假设,经济发展会围绕几个方面展开,包括资源、技术、人口和制度。

　　从资源的维度上讲,一个国家的自然环境、资源禀赋是其经济发展的先天条件,丰富的自然资源环境能够为一个国家的发展提供坚实的基础,当然,如果一个国家过于依赖自然资源,那么很有可能会形成"资源诅咒",即对自然资源的过度依赖造成了其他产业发展不良的局面。①

　　在人口的维度上,发展主要关注的是人口总量和经济增长之间的关系,在这一点上,发展经济学可能与传统的经济学会有所不同。在传统的经济学中,可能大家会关注一个被称为"马尔萨斯陷阱"的现象,即研究人员会假设,过高的人口总量是妨碍经济发展的一个限制因素,因为人口总量高,导致单位土地面积之内的人口密度也高,这会造成人口对资源的争夺②,最常见的一个结果就是经济的"内卷化",即在生产效率水平未得到显著提高的前提下在单位生产面积之内投入更多的劳动量③。但是,发展经济学通过回归分析,得出"人口密度高与经济增长速度成正比"的结论,通过对世界上 159 个国家(地区)在 1950 年至 2000 年的人均国内生产总值平均增长率和人口密度的数据进行线性回归分析,研究人员认为,人口密度每平方公里增加 10 人,则会为国内生产总值增长率贡献 0.1 个百分点的增值。④另外,发展经济学也会关注给定范围内的人口在

----

① Terry Lynn Karl, *The Paradox of Plenty*: *Oil Booms and Petro-States*, Berkeley, CA: University of California Press, 1997.

② Thomas R. Malthus, *An Essay on the Principle of Population*, Philip Appleman(ed.), New York, W. W. Norton and Company, [1798]1976, p.20.

③ 按照黄宗智对"内卷"的描述,在单位面积的农场内,在同一作物上投入了更多的劳动力,而取得的仅仅只是急剧递减的边际报酬,造成这个结果的主要原因是人口压力和分配不均,参见黄宗智:《华北的小农经济与社会变迁》,北京:中华书局 1986 年版,第 305—308 页。

④ 姚洋:《发展经济学》,北京:北京大学出版社 2013 年版,"影响经济发展的因素"。

一系列指标上的表现,比如教育水平、技能、健康,这些统称为人力资本。在发展经济学的研究之中,一个经典的案例就是中国和印度之间的对比,经济学家阿玛蒂亚·森曾经认为,在过去的40年间,中国在改革开放之后实现了高水平的经济增长,远超同时期的印度,主要的原因就是在于中国在改革开放前(即1949—1978年)积累了丰富的人力资本。①在森看来,中国的人口受过良好教育的比例比较高,有一个基本的医疗保健体系,可以覆盖广大的农村地区,并且在土地拥有量之上并没有存在显著的不平等现象,这些都为中国在后来的改革开放过程中充分运用市场机制发展经济打下了坚实的基础。②在1960年,中国农村的婴儿死亡率达到160‰,得益于基本医疗服务的普及,在1980年,这一数字降到了45‰,相比之下,同时期的印度婴儿死亡率是80‰。③森认为,中国在改革开放前在教育和医疗保健之上的投入,比印度要多得多,这让中国在市场转型过程之中协助了经济增长。相比之下,印度则精英主义盛行,过于关注高等教育而忽视了中小学基础教育,并且,在广大农村地区,并未向居民提供足够的基本医疗保健服务,这些人力资本上的缺失导致了印度在后续的经济发展方面缺乏准备,因此在过去几十年间,印度的发展远远落后于中国。④

在技术维度上,发展经济学关注的是技术进步对经济增长的直接贡献。按照诱导性技术变迁理论的观点,对于发展中国家而言,它所采用的技术取决于本国相对其他国家的资本和劳动力资源禀赋水平,技术水平和劳动力资源禀赋水平之间呈负相关的关系。一国如果劳动力资源丰富,那么,相应地,它所采用的技术水平就较低;如果该国劳动力资源紧张,那么,可以采用较高的技术水平。这样的一种"技术-资源禀赋"的看法,还是预设了一条线性发展的路径,就是当一个国家处在后发的位置时,可以利用发达国家淘汰下来的技术,进行赶超;而在发展中国家和发达国家之间,存在一个明显的技术梯队,国家丰裕程度

①④　[印度]阿玛蒂亚·森:《以自由看待发展》,任赜、于真译,北京:中国人民大学出版社2002年版,"不同层面的中国和印度对比"。

②　同上书,"中文版序言"。

③　王丽敏、张晓波、David Coady:《健康不平等及其成因——中国全国儿童健康调查实证研究》,载《经济学》(季刊)2003年第2期,第147—166页。

越高,其技术复杂度越高,相比之下,处于后发位置的发展中国家,其技术水平相对低下。不管如何,技术在发展过程中被赋予了重要的角色,被认为是经济增长的重要因素。①

在制度上,制度主义学派会强调,发展的过程中,制度的因素举足轻重,是一个国家实现稳定而长久的经济增长的关键之所在,德隆·阿西莫格鲁(Daron Acemoglu)和詹姆斯·罗宾逊(James Robinson)认为,一个国家采取了什么样的制度,决定了其增长是否稳定且长期。②道格拉斯·诺斯(Douglass North)和罗伯斯·托马斯(Robert Thomas)在《西方世界的兴起》中,也旗帜鲜明地主张,西方国家在近代崛起,在经济增长上取得了傲人的成就,关键就在于有效率的经济组织形式,而这种有效率的经济组织形式首先是一种制度上的安排,通过法律、市场、政治等安排确立所有权,以便在社会层面形成刺激,调动普通公民个体开展经济活动的积极性,通过这样一种制度上的激励和所有权保护机制,个体经济努力所获得的私人收益率就能无限接近社会收益率。③如果我们顺着这一思路,那么,想要实现可持续发展,在制度上也必须进行"可持续发展之制度"的顶层设计,为可持续发展的各种实践和做法保驾护航。

因此,如果我们来重新梳理一下"可持续发展"框架中的"三维可持续性"模型,那么可以看出,其实各个发展的要素分别对应了可持续发展三大支柱的不同方面。如图2所示,自然资源是属于环境支柱,社会支柱涵盖人口和技术两个方面,经济支柱包含制度层面的设计。本文接下来对可持续发展的讨论也将围绕这四个发展要素展开,来具体探讨可持续发展过程中人与自然的关系。

---

① 参见姚洋:《发展经济学》,北京:北京大学出版社 2013 年版,"影响经济发展的因素";Partha Dasgupta and Geoffrey Heal, "The Optimal Depletion of Exhaustible Resources", *The Review of Economic Studies*, Vol.41(1974), pp.3—28; John M. Hartwick, "Intergenerational Equity and the Investing of Rents from Exhaustible Resources", *The American Economic Review*, Vol.67, no.5(1977), pp.972—974。

② 参见[美]德隆·阿西莫格鲁、詹姆斯·A.罗宾逊:《国家为什么会失败》,李增刚译,长沙:湖南科学技术出版社 2015 年版。

③ 按照诺斯和托马斯的定义,"私人收益率是经济单位从事一种活动所得的净收入款。社会收益率是社会从这一活动所得的总净收益(正的或负的)。它等于私人收益率加这一活动使社会其他每个人的净收益。"参见[美]道格拉斯·诺斯、罗伯斯·托马斯:《西方世界的兴起》,厉以平、蔡磊译,北京:华夏出版社 1997 年版,第一章"问题"。

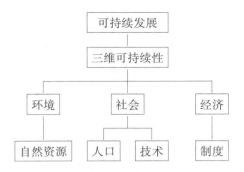

图2 可持续发展框架下"三维可持续性"模型的发展要素

二、可持续发展中人和自然的关系的四个要素

可持续发展关注的人和自然的关系,其实包含了一个思维方式的转换,即从传统的"经济人"预设转变为"生态人"的范式。现代经济学针对人的经济行为,提出了"经济人"(homo economicus)的理论假设,这种假设是在社会科学研究之中,研究者提出的关于人性的某种简化的假设,并获得了其他研究者的认可。①按照这个假设,在经济活动中,个体是自私、理性、追求效用最大化的。②"经济人"作为一个假设,包含了研究者对人类机械行为的经济学分析所提出的关于人性的假设。例如,亚当·斯密在《国富论》之中对这一"经济人"的假设有一个经典的论述,"我们不是从屠夫、酿酒师和面包师的恩惠中得到自己所需的食物,而是从他们的自利打算中得到。我们唤起的是其利己心,而非利他心"③。在这里,斯密强调,人与人之间的经济往来,主要是出于自私自利之心,而不是同情、恩惠、施舍等道德情感。利己主义是整个经济活动的基石,个体是因为出于自利的目的,才参与到经济活动之中去的。这个"经济人"的假设,本身并不

---

① 参见 Herbert A. Simon, *Models of Man*, New York:Wiley, 1957。

② 参见 Kristen R. Monroe and Kristen H. Maher, "Psychology and Rational Actor Theory", *Political Psychology*, Vol.16, no.1(1995), pp.1—21; Amartya K. Sen, "Rational Fools:A Critique of the Behavioral Foundations of Economic Theory", *Philosophy and Public Affairs*, Vol.6, no.4 (1997), pp.317—344。

③ 参见[英]亚当·斯密:《国富论》,胡长明译,北京:人民日报出版社2009年版,第一章"论劳动分工对财富分配和经济发展的影响"。

代表历史上真实出现过的人的类型或者形式,而仅仅是经济学者为了进行理论探讨而进行的理论抽象,用于分析个体在经济活动中的行为模式。①在这个假设之中,自利是个体行为的核心驱动力②,新古典主义经济学会假定能动的主体(一般是指个体)具有给定且稳定的偏好,其行为是理性、效用最大化的,个体可以就自身效用是否最大化做出裁断,并且在追逐私利的个人之间,会采用"个人效用的帕累托标准",即某种变化增加了一个人的效用而没有减少任何其他人的效用。尽管经济学发展出许多分支,但是这样一种个人主义、功利主义的核心却鲜有变化。这样一种方法论层面的个人主义倾向强调了个人自治和自主决策的重要性,并且在设计经济制度和建制安排方面同样考虑了对个人的激励。其假设的出发点就是只有个体自己才是最了解自己偏好的知情人,因此,只有自己才可以成为自己福利的最佳判断者。③

这种"经济人"的假设是从非常狭隘的角度来理解人类动机的,它基本上排除了如下可能性:人类愿意去考虑除了提高个人幸福或者效用之外的其他议题。在追求个人自身效用最大化的过程之中,个体只以自己的偏好为指引,通过理性的计算,希冀通过最小的成本来实现自己的目标,这种"经济人"的假设是基于对人性自私的考虑,研究者倾向于认为,"经济人"遵循的是机会主义和计算的行事原则。④如此一来,在面对可持续发展之中的环保议题之时,如果"经济人"不接受人类活动导致全球变暖的说法,或者,如果我们采取的环保措施,会减少我们的总体效用,那么,福利经济学会认为,"经济人"就不会在环保这个事项上有所作为,因为这与"经济人"自身的利益考量不相吻

① 参见 David Wilson and William Dixon, *A History of Homo Economicus*:*The Nature of the Moral in Economic Theory*, Abingdon:Routledge, 2012, ch.1。

② 参见 Robert H. Frank, Thomas Gilovich, and Dennis T. Regan, "Do Economists Make Bad Citizens?" *Journal of Economic Perspectives*, Vol.10, no.1(1996), p.192; Stephen A. Marglin, *The Dismal Science*:*How Thinking Like an Economist Undermines Community*, Cambridge, MA:Harvard University Press, 2010。

③ 对于新古典主义经济学的评价,参见 Geoffrey Martin Hodgson, *From Pleasure Machines to Moral Communities*:*An Evolutionary Economics without Homo Economicus*, Chicago:The University of Chicago Press, 2013, ch.1。

④ 参见 J. Gray, "The Economic Approach to Human Behavior:Its Prospects and Limitations", in Gerard Radnitzky and Peter Bernholz(eds.), *Economic Imperialism. The Economic Method Applied Outside the Field of Economics*, New York:Paragon House Publishers, 1987, pp.33—49。

合。①"经济人"的假设体现的是人类中心主义的本体论预设,将人类的诉求置于整个发展的核心,并且,经济体制的建立、制度的设计,也是以个人的主观偏好、货币化的激励方案为导向。以人类中心主义为基点而构成的理论体系,会从一个狭隘的角度去理解人与自然的关系,它助长了人们对短期个人利益的追求,而让社会、个体及共同体忽视了利他主义以及对他者和后代人的责任,因此,这样的一种"经济人"假设,通常会与可持续发展的社会、生态目标相对立。②因此,有学者对这种"经济人"的假设提出诸多批评,尤其是在涉及环保和生态问题之时,因为"经济人"假设无法支持全球范围的个体对环境这一涉及所有人的公共领域担负起责任,它会直接或者间接地鼓励我们去利用无法通过市场交易来定价的环境产品,在全球发展的背景下估计个体和共同体收益,并通过搭便车而免于承担相应的责任。③在这种"经济人"的假设之下,人与自然的关系就会围绕人类的需求而运作,人类对自然的态度就变成是以人类需求来衡量自然的价值,把自然化约为满足人类偏好的某种货物或者公共产品。④

而可持续发展,则是想要破除这样的一种人类中心主义的"经济人"假设,代之以一种新的理念,我们可以称之为"生态人"(homo ecologicus)或者"可持续人"(homo sustinens)。所谓"生态人",指的是人类作为生物性的存在,与其他的生物一道,必须依赖自然才能得以生存和发展。⑤之前曾有学者称之为"生物

---

① 比如,在福利经济学和环境经济学的模型和定理之中,这种"经济人"的假设仍然如幽灵一样困扰着经济学的研究范式,根据该假设,只有当人们的行为像"经济人"一样时,市场交换才能实现福利最优,参见 Gerard Debreu, *Theory of Value*, New York:Wiley, 1959;相关评论见:Jordan Levine, Kai M. A. Chan and Terre Satterfield, "From Rational Actor to Efficient Complexity Manager:Exorcising the Ghost of Homo Economicus with A Unified Synthesis of Cognition Research", *Ecological Economics*, Vol.114(June 2015), pp.22—32。

② 参见 Mohan Munasinghe and Jeffrey McNeely, "Key Concepts and Terminology of Sustainable Development", in M. Munasinghe and Walter Shearer, *Defining and Measuring Sustainability*:*The Biogeophysical Foundations*, Washington D.C, UN University, The World Bank, 1995, pp.19—56。

③ 参见 Bernd Siebenhüner, "Homo Sustinens—Towards a New Conception of Humans for the Science of Sustainability", *Ecological Economics*, Vol.32(2000), pp.15—25。

④ 参见 Stefan Baumgärtner, Christian Becker, Malte Faber and Reiner Manstetten, "Relative and Absolute Scarcity of Nature:Assessing the Roles of Ecology and Economics for Biodiversity Conservation", *Ecological Economics*, Vol.59, no.4(2006), pp.487—498。

⑤ 参见 Christian Becker, "The Human Actor in Ecological Economics:Philosophical Approach and Research Perspectives", *Ecological Economics*, Vol.60, no.1(2006), pp.17—23。

人"(homo biologicus)①,即人作为一个生命体(Lebenwesen),和其他的生物共享着一些生物性存在的能力和驱动力,主要指的是人的自然需求本身,其概念内涵比较狭窄。自然对人类行为施加了生物性存在的绝对限制②,使得人类的活动无法在不受限制的前提下恣意妄为,这个观点主要强调的是人在本质上与自然界中其他非人类生命体的相似性。③相比之下,"生态人"的概念内涵则要丰富很多,它主要是强调,无论是人类还是其他非人类的生命体,都存在于一个共同的生态环境中,是以人类和自然的关系为核心来构建自己的理论大厦,它超越了单纯的生物领域的讨论,或者是以往经济学中狭隘的"经济人"假设、自我利益的领域。按照克里斯蒂安·贝克的说法,生态人从定义上讲包含如下三个方面的内容:(1)人与自然的关系的基础是同情和尊重;(2)人类的创造性必需以自然为基础;(3)人与自然的关系包含一种审美情趣和感性层面的接触,强调个人经验中个体与自然的接触,这种审美体验定义了我们对美好生活的构想和人类卓越的内在时刻。④而"可持续的人",则被想象成一个可以按照可持续发展的要求来规划自己生活和言行的人。按照贝恩德·西本许纳的定义,"可持续的人"主要关注的是人类对实现可持续发展的目标而言的那些必备的能力和特征,从人类与自然、生态理性、人类的合作和交流等方面去规定人类在可持续发展方面所应当进行的学习、创造和肩负的道德责任。⑤其实,无论是"生态人"还是"可持续人"这样的概念和模型,无非强调,我们必须从人类中心主义的窠臼中走出来,采用生态中心主义模型或者思维方式,强调人与自然的关系。下文就将从资源、技术、人口、制度这四个方面来探讨可持续发

---

① 参见 Reiner Manstetten, Olaf Hottinger und Malte Faber, "Zur Aktualität von Adam Smith: Homo oeconomicus und ganzheitliches Menschenbild", *Homo Oeconomicus*, XV(2)(1998), ss.127—168。

② 参见 Herman Daly, "Introduction", in Herman Daly(ed.), *Economics, Ecology, Ethics: Essays toward a Steady-State Economy*, San Francisco, CA: Freeman, 1980, p.8。

③ 参见注①, s.134,尤其是第 4.1 节的讨论。

④ 参见 Christian Becker, "The Human Actor in Ecological Economics: Philosophical Approach and Research Perspectives", *Ecological Economics*, Vol.60, no.1(2006),在第 5 节关于"生态人"的讨论。

⑤ 参见 Bernd Siebenhüner, "Homo Sustinens—Towards a New Conception of Humans for the Science of Sustainability", *Ecological Economics*, Vol.32(2000), pp.15—25。

展过程中从"经济人"过渡到"生态人"需要的一些转变,借此来改善人与自然的关系。

(一) 可持续发展视野中的自然资源

莫里斯·梅洛-庞蒂(Maurice Merleau-Ponty)在讨论文化物体和大自然之间的关系时,认为:"每一个文化物体确实都要回到它得以显现、也可能是含糊的和遥远的一个自然背景上。我们的知觉把画布的直接呈现压在绘画之下,把正在风化的水泥的直接呈现压在纪念性建筑物之下,把疲惫的作者的直接呈现压在人物之下。然而,经验主义所谈论的大自然是刺激和性质的总和。关于这样的大自然,声称它即使仅仅在意向中是我们的知觉的第一对象,也是荒谬的:它后于文化物体的体验,更确切地说,它是文化物体中的一个。因此,我们也需要重新发现自然世界及其有别于科学对象的存在方式的存在方式。"①在此处,梅洛-庞蒂是在批评经验主义把大自然当成刺激和性质的总和,这种批评其实对于我们理解之前的"经济人"范式之下的发展理念也有所助益。大自然在"经济人"范式之下,被化约为仅仅提供了一些我们知觉的原材料,仅仅作为我们的知觉对象而存在。大自然自身的性质被我们的人类世界的各种造物给遮蔽了,完全被隐藏起来。因此,梅洛-庞蒂在此处呼吁,我们要重新发现自然世界其自身的存在方式,这种存在方式是有别于科学对象的,和我们的人类世界保持了一定的距离。梅洛-庞蒂强调了自然先于认识主体而存在的特性,自然本身并不需要因为我们的感知而存在,它自己的存在本身是先于我们的知觉和认识的。"如果我们针对空间或被感知物体,就不容易重新发现具体化的主体与他的世界的关系,因为在认识的主体和客体的纯粹联系中,主体本身发生了变化。事实上,自然世界在它为我的存在之外,表现为自在的存在,主体得以向世界开放的超验性活动本身已被夺走。我们面对一个不需要为存在而被感知的自然。"②在这里,梅洛-庞蒂强调,我们深陷在人类中心主义的视角之中时,即他所讨论的"有肉身、具体化的主体"(le sujet incarné)和他的世界的关系就表现为,这个

---

① 参见[法]莫里斯·梅洛-庞蒂:《知觉现象学》,姜志辉译,北京:商务印书馆2001年版,第49页。

② 同上书,第204页。

自然世界被吸纳进这个知觉主体的意向世界中,成为后者的一个对象(l'objet)。但是,如果我们跳出这种人类中心主义的视角,转而采取生态中心主义的视角,就可以看到,其实自然世界本身是作为一种"自在的存在"(existant en soi),外在、独立于我们的知觉和感知系统。这就是为什么梅洛-庞蒂强调,自然世界作为自在的存在,本身不是因为知觉主体的感知而存在;换言之,自然不是为了满足人类的需求或者作为人类感知的对象而存在,自然就是自在、自为的存在本身。而发现这样一种自在存在的自然,本身需要我们去超越人类中心主义的视角,我们需要一种"超验的行为或者活动"(l'acte de transcendance)①来协助我们作为知识论主体对自然世界开放,借由这种开放,我们才能深刻地意识到,自然就是因为它自身而存在,而不以人类的利益和意志为导向。显然,梅洛-庞蒂所说的"超验性活动",即一种超越了人类中心主义的行为或者活动,指向了以生态为中心的人与自然的关系观。

李嘉图提醒我们在经济发展的过程之中可能导致的自然界稀缺性的结果,土地是经济活动之中重要的生产资料和自然资源,我们可以对其进行开发和利用,但是随着时间的推移,土地的质量和产出却是在下降的。因此,自然界的稀缺性就是通过边际产出不断下降的土地而得以集中体现。②这种稀缺性也体现在基于"经济人"假设对商品生产过程的描述中。一般而言,稀缺性的定义是,如果人们对某种物品的占有欲超过了该物品现有的数量,那么该物品就是稀缺的,从这个定义而言,稀缺性描述的是人的主观需求和能够满足该需求的物品数量之间的特定关系。③如果我们接受人类的需求为特定的目的,那么,用于满足这些需求的物品,就是实现该目的的手段,手段具有稀缺性,但是同时,这种稀缺性有可能是相对的,因为我们可以通过其他的替代手段来实现同样的目的。④我们会假设,消费的客观可能性是存在的,即我们可以通过某种

---

① 参见 Maurice Merleau-Ponty, *Phénoménologie de la Perception*, Paris: Gallimard, 1945, p.180。

② 参见 David Ricardo, *On the Principles of Political Economy and Taxation*, Pierro Sraffa (ed.), Cambridge: Cambridge University Press, [1817]1951。

③ 参见 N.Gregory Mankiw, *Principles of Economics*(2nd ed.), Stamford, CT: Cengage Learning, 2015, p.4。

④ 参见 Lionel Robbins, *An Essay on the Nature and Significance of Economic Science*, London: Macmillan, 1932, p.15。

方式来实现特定的目的、满足我们的需求,这种可能性是存在的,而不是某种不可能实现的任务;并且,对于这些实现的可能性,人们在主观上会产生偏好,即人们可以在不同的实现路径、满足模式中选择,找到符合自己偏好的那一种方式,换言之,不同的满足方式或者可能性之间存在可替代性。从这种视角出发,不但人类的偏好多种多样,同时,现实中能够生产出来的物品,包括大自然产出的物品,也都是多种多样的,具有相互之间可替代的特点。个人行为主体被视为一个理性的决策者,根据自己对各种物品的偏好来进行选择,而这些物品之间是可替换的,包括大自然产出的物品。①在这种视角的观照之下,自然就被化约为满足人类需求的手段,其组成是各种各样可替代、可复制、可批量生产的自然物品,用以满足人类的需求。大自然就被降格成为一堆商品和服务的总和,就像其他的工业商品和服务一样,具备可替代性、可复制性、可批量生产的特性,作为理性、自利、效用最大化的"经济人"个体,则依据其自身的偏好,来对这些商品进行选择和消费,这构成了"经济人"范式之下人与自然的关系观。②

相比之下,可持续发展强调的是自然资源的绝对稀缺性。与以上的相对稀缺性的视角不同,绝对稀缺性指的是自然资源的不可再生、生物多样性的绝对重要意味。假如某个物种是另外一个物种的基本资源,并且不能被替代,那么,该物种的灭绝就会导致与其息息相关的那个物种也会同样招致灭顶之灾;同时,大自然的许多生态系统,比如海洋、森林或草原,这些生态系统一直处于某种动态变化的过程之中,影响其变化的因素会包括物种需要存活下来的最小种群规模、规模效应、蝴蝶效应等。③此外,大自然还会提供矿物及化石能源,这其

---

① 参见 R. Kerry Turner, "Environmental and Ecological Economics Perspectives", in Jeroen C. J. M. van den Bergh (ed.), *Handbook of Environmental and Resource Economics*, Cheltenham: Edward Elgar, 1999, pp.1001—1033。

② 相关评论参见 Stefan Baumgärtner, Christian Becker, Malte Faber and Reiner Manstetten, "Relative and Absolute Scarcity of Nature: Assessing the Roles of Ecology and Economics for Biodiversity Conservation", *Ecological Economics*, Vol.59, no.4(2006), pp.487—498, "3.3. The Economic View of the Relationship between Humans and Nature"。

③ 参见 Michael Begon, John L. Harper, Colin R. Townsend, *Ecology: Individuals, Populations and Communities*(3rd ed.), Oxford: Blackwell, 1998; Robert E. Ricklefs and Gary L. Miller, *Ecology* (4th ed.), San Francisco, CA, W.H. Freeman, 1999。

中的许多元素是不可替代的,并且对这些能源的开采或者使用有可能会使得相应的资源耗尽并枯竭。因此,我们在生产生活过程中,可持续发展会要求我们关注大自然提供的生物资源、矿物或者化石能源,是否可替代、可再生、可循环利用。对于这些特性的关注要求我们不能将自然界提供的物资当作普通的经济商品、服务或者生产要素来进行处理,而是要看到自然界具有的绝对稀缺性。①

　　如果我们接受"人作为生物性存在也和其他物种一起嵌入自然界和生态环境"的观点②,那么,大自然提供的资源对于人类的发展就变得不可或缺。从这个意义上讲,大自然对于人类也具有绝对稀缺性,人类的可持续发展离不开生物多样性③,人类的一些基本和不可替代的需求(比如水、食物、新鲜空气、阳光)只有在具备生物多样性的自然生态系统中才能得到满足。④埃里克·诺伊迈尔提出了"弱可持续性"和"强可持续性"的区分,前者强调维持总的资本存量,里面包括自然的资本存量和人为或曰人造的资本存量,其关注点并不在于自然资本本身,而是维持总存量的平衡。按照这种观点,某一代人是否使用不可再生的资源或污染环境,这并不重要;重要的是,我们能够以人造的资本去替代所消耗掉的自然资本,只要我们能够用足够的机器、道路、港口、学校来替代我们所使用的自然资本,并维持总的存量不变,那么,这就是可持续的。相比之下,"强可持续性"则强调自然资本是不可替代的,要求我们单独维持自然的资本存量和人造的资本存量,我们有充分的理由,号召所有人采取相应的行动去保护全球生命支持资源,这其中包括但不限于生物多样性、臭氧层和全球气候,以及

---

　　① 参见 Stefan Baumgärtner, Christian Becker, Malte Faber and Reiner Manstetten, "Relative and Absolute Scarcity of Nature: Assessing the Roles of Ecology and Economics for Biodiversity Conservation", *Ecological Economics*, Vol.59, no.4(2006), pp.487—498。

　　② 参见此前关于"生物人"的相关论述,Reiner Manstetten, Olaf Hottinger und Malte Faber, "Zur Aktualität von Adam Smith: Homo Oeconomicus und Ganzheitliches Menschenbild", *Homo Oeconomicus*, XV(2)(1998), ss.127—168。

　　③ 参见 Alasdair MacIntyre, *Dependent Rational Animals: Why Human Beings Need the Virtues*, London: Duckworth, 1999。

　　④ 参见 Christian Becker, *Ökonomie und Natur in der Romantik: Das Denken von Novalis, Wordsworth und Thoreau als Grundlegung der Ökologischen Ökonomik*, Marburg: Metropolis, 2003, ss. 48—70。

限制污染物的积累和土壤侵蚀等。①

此前人类中心主义的发展模式,强调的是一切都以满足人类的需求、实现人类的功能为导向和核心,自然及其提供的生物、矿物、生态环境等资源会被客体化,仅仅被视为用于适应这种人类中心主义需求观的对象。但是,生态中心主义的视角则会要求我们从这种狭隘的客体化中跳出来,让自然界及各种生物和非生物的资源获得某种承认,脱离其被"资源化"的窒息性控制。利维奥·佩拉的研究表明,有不少国家和地区已经在法律和制度上赋予自然界及其组成部分以"权利"的资格,通过法律拟制的方式,让自然界及其组成部分以权利主体的形象出现在世人面前。此时,自然成为权利的主体,山川、河流、非人类生命体或者其他资源不但被视为有权利的实体,同时还能通过诉讼手段来伸张其权利。在这种情况下,自然界就不再局限于被对象化的图圈,或者仅仅作为一堆"资源"的集合,而是和人类一道,成为共同受到法律保护的权利主体,拥有自己的法律人格。通过这种方式,自然界不仅获得了法律的承认,同时获得了一种新的尊严,而人类个体则被放置于一个更加广泛的背景和生态系统中,与其他的自然实体组成一个循环往复的生态整体。这样的生态整体观强调,不能牺牲某个部分实体的福祉,用于促进另外一个部分实体的福祉,或者牺牲大部分实体的福祉,用于促进仅仅占比很少一部分实体的福祉。整体福祉的实现取决于每一个部分的实体都得到法律同等的尊重和保护。佩拉强调,通过这种法律为自然界创设的权利尝试,不但能够改变人类此前仅仅视自然界为一个予取予求的资源库的思维方式,更重要的是,它能够切实地通过法律手段,来改变人类对待自然以及和自然界其他实体相处的方式。②

---

① 参见 Eric Neumayer, *Weak Versus Strong Sustainability*: *Exploring the Limits of Two Opposing Paradigms*, Cheltenham: Edward Elgar, 2013, Introduction and ch.4; David W. Pearce and Edward B. Barbier, *Blueprint for a Sustainable Economy*, London: Earthscan, 2000, ch.2; Edward B. Barbier, Joanne C. Burgess and Carl Folke, *Paradise Lost*? *The Ecological Economics of Biodiversity*, London: Earthscan, 1994, pp.51—56。

② 参见 Livio Perra, "Protezione Ambientale: Abbandono dell'Antropocentrismo Giuridico e Evoluzione del Diritto", *Revista Brasileira De Estudos Politicos*, V.121(2020), pp.455—475。

(二) 可持续发展视野中的技术因素

原来的"经济人"假设之中的技术观,基本上还是以人类中心主义为出发点来看待技术,这样的一种出发点,就是将人类的利益和诉求放在技术发展、技术进步、技术框架的核心位置。人类通过技术去改造自然的过程,就是将自然不断地纳入这个人类中心主义的秩序的过程,人类的利益和诉求始终是这个秩序最优先的考量,在面对自然之时,人类予取予求,将自己置于所有创造物的顶点。在人与自然的关系中,人类始终是把自然放在一个靠后的道德排序的位置上,自然必须服务人类,满足人类的各种需求,技术的创造以及技术的运用,都是围绕人类的需求来进行。①

在启蒙时代,技术的进步被赋予了玫瑰色的想象,启蒙时代的科学家和思想家都认为,技术能有效地帮助人类驯化自然,将人类从自然的"淫威"中解放出来,不再受制于自然的力量,转而促进人类的福祉。不少启蒙时代的思想家认为,人类在自然状态中饥寒交迫,比如,霍布斯对自然状态的描述:孤独、贫穷、肮脏、野蛮,在他的笔下,"恶劣气候的本质并不在于一两场阵雨,而在于连续许多天都有下雨的倾向……(在自然状态之中)没有工业发展的空间,因为成果属于谁不能确定;没有土地的培植,没有航海,也无法享用通过航海进口所获得的商品;没有宽敞的房屋,没有移动物体的工具以致移动物体需要花费更大的体力;没有地理知识,没有历史记载,没有艺术,没有文字,没有社会。而这当中最糟糕的莫过于人们不断处于暴力死亡的恐惧和威胁之中。人的生活因此而变得孤独、穷困、污秽、野蛮愚昧和短寿"②。很显然,霍布斯笔下的人与自然的关系处在一种时刻具有冲突张力的状态中,人的需求在自然状态中无法得到充分满足,稀缺性无处不在,为此人与人之间会爆发针对资源获取的冲突和斗争。霍布斯将自然状态与已经工业化的人类社会相对比,指出了在自然状态中自然给人类带来各种死亡的恐惧和威胁。这样一种对人与自然的关系的描述,为后来的思想家(比如培根)提出"知识-权力通约论"提供了道德上的铺垫,如

---

① 参见生态诗人洛伦·艾斯利所撰写的文字,Loren Eiseley, *The Firmament of Time*, New York: Atheneum, 1960, pp.123—124。

② [英]霍布斯:《利维坦》,刘胜军等译,北京:中国社会科学出版社 2007 年版,第十三章"论有关人类幸福和苦难的自然状况"。

果科学能够带来技术的进步和知识的积累,并且技术和知识能够用于改造自然,那么,技术的合理性就可以得到在知识论和本体论层面的证成,而在这一过程中,没人会注意到,自然已经被降格到仅仅为了满足人类的需求、提供人类生存的福祉这样的地位。

奥斯瓦尔德·斯宾格勒曾主张,人类不仅仅是想要掠夺大自然的各种资源和材料,同时还想着要奴役和驾驭她的力量,用来增加自己的能力,所以,技术构造就围绕如何掠夺自然和奴役自然来进行。此时,成功的标准就是我们对"自然"的胜利,在地球这个生态环境里,人类通过技术,把自己抬高到神灵的位置。和普罗米修斯盗取火种不一样的地方在于,人类已经不满足只是盗取这个世界的这一点或那一点,而是想把整个世界本身,连同它的力量,全部作为战利品而收走。①以"经济人"的人类中心主义视角来看待自然,很容易就会把地球及其所包含的动物和植物的版图纳入人类社会的发展轨道,按照人类需求来对世界进行机械化的改造,森林的树木变成了纸张和印刷品,许多动植物因为气候的变化而灭绝或濒临灭绝,人造的世界通过技术和机械来渗透和毒化自然。②"我们现在只用马力来思考问题;我们不能看着瀑布而不去想把它变成电力;我们不能看着满是牧牛的乡村而不去想把它作为肉类供应的来源来利用;我们不能看着未受破坏的原始人的美丽的古老手工艺品而不希望用现代技术工艺来取代它。"③斯宾格勒这里对技术的批评主要指向了在人类中心主义的指导下技术对生态的破坏。郑和烈认为我们不能天真地假定技术是一种道德上中立的工具,尤其是当我们没有对技术背后所代表的工具理性进行反思的情况下。我们当下的世界被技术所主宰,通过人类中心主义去运用技术而无视其对生态造成的影响,这其实会造成我们在道德思维层面的贫困,从而否定我们把自己当作负责任的能动主体的真实能力。④

---

① 参见 Oswald Spengler, *Der Mensch und die Technik: Beitrag zu einer Philosophie des Lebens*, München, C.H. Beck'sche Verlagsbuchhandlun, 1931, ss.68—69。

② Ibid., ss.77—78.

③ Ibid., s.79.

④ 相关评论,参见 Hwa Yol Jung, "The Way of Ecopiety: An Essay in Deep Ecology from a Sinitic Perspective", *Asian Philosophy*, Vol.1, no.2(1991), pp.127—140, "III. The Way of Ecopiety as a Critique of Modern Technomorphic Civilisation"。

生态中心主义的视角,则要求技术对自然的利用和开发首先必须着眼于对生态系统影响的最小化以及污染的控制和处理。现在蓬勃发展的人工智能被运用于人类生产和生活的方方面面,研究者也有意识地使用人工智能技术对人类活动进行可持续管理。人工智能在诸多环保领域得到了应用,旨在帮助我们减少碳足迹,并促进可持续的生产方式。从优化水过滤系统到调节智能建筑的能源消耗,人工智能在农业和工业多个领域的应用可以帮助我们节省对自然资源的使用,减少温室气体的排放,并保护生物多样性。①在农业方面,利用人工智能中的深度学习这种强大的图像处理和数据分析技术,人们可以升级农业生产的基础设施,积极应对农业企业在农业生产效率、环境影响、食品安全和可持续性等方面的挑战,以此为基础来构建智慧农业。对于当下人口持续增长的世界而言,粮食产量的大幅度增长势在必行,我们只有通过使用可持续的耕作方法,才能一举两得,一方面解决日益增长的全球人口所需的粮食供应和营养,另一方面也能达到保护自然生态系统的目的。在这个过程中,自然生态系统无时无刻不处在变化之中,且拥有诸多变量,如何通过技术手段来不断跟踪、测量和分析各种物理现象,就成为摆在当下农业从业者面前亟待解决的问题。人工智能通过新兴的信息和通信技术将大量的数据反馈给系统,可以分析大规模的农业数据,这样既能帮助从业者进行农作物或者农场的管理,同时,也能帮助科研人员观察大规模的生态系统,决策机构也能通过这些数据的收集和分析,改善现有的管理和决策行为。利用人工智能深度学习的技术,借助卫星、飞机和无人驾驶飞行器的遥感作业,可以对农业环境进行大规模的观测和图像处理。在这些新兴技术手段的辅助下,人们可以在广泛的地理区域范围内系统地、无破坏地收集地球特征信息,解决农业方面遇到的诸多挑战。②

---

① 参见 Abdelkader Hadidi, Djamel Saba and Youcef Sahli, "The Role of Artificial Neuron Networks in Intelligent Agriculture(Case Study:Greenhouse)", in Aboul Ella Hassanien, Roheet Bhatnagar and Ashraf Darwish(eds.) *Artificial Intelligence for Sustainable Development:Theory, Practice and Future Applications*, Cham:Springer, 2021, p.50。

② 参见 Deepti Deshwal and Pardeep Sangwan, "A Comprehensive Study of Deep Neural Networks for Unsupervised Deep Learning", in Aboul Ella Hassanien, Roheet Bhatnagar and Ashraf Darwish(eds.) *Artificial Intelligence for Sustainable Development:Theory, Practice and Future Applications*, Cham:Springer, 2021, pp.121—122。

比如,有研究表明,使用人工智能来对土壤进行滴灌,不但可以做到节约用水,同时,还能够对土壤的含水量进行检测,并对植物的生长状况进行控制。通过人工智能和算法来控制的滴灌系统优化了水资源的利用和浇灌制度,可以帮助农业节约用水和人力的投入。①同时,人工智能也可以用于对水果和蔬菜进行分类,进而评估和引导人们对食品的生产和消费。当然,食品的概念内涵广泛,不但包含了蔬菜和水果,同时也与动物养殖、渔业捕捞有关。人类对食品的消耗给自然环境造成很大的负担,并且,在食品工业化的过程中,还涉及食品的加工、储存、运输和分配直至废物处理,这一系列过程都会产生大量的温室气体。因此,在食品的生产和消费中引入人工智能进行管理,也是让人类的饮食符合可持续发展的要求,让食品和饮食也能够被纳入可持续发展的轨道上来,变成"可持续食品"或者"可持续饮食"。按照定义,这样的一种可持续的食品体系,旨在保证粮食安全和为人类提供足够营养的食品系统,并保证子孙后代的粮食安全和营养不受到损害②;而要实现可持续的饮食,则要兼顾诸多原则,包括:保护和尊重生物多样性和生态系统,在文化上是可接受的,在经济上是公平且可负担的,在营养层面是充足、安全和健康的,在资源利用上能够优化自然和人力资源。③建立可持续的食品体系,尤其加大对蔬菜和水果的投资和生产,有助于减少在动物和鱼类养殖方面的土地使用,如此就能降低对环境的不良影响;在健康方面,它强调提升在生产、准备和食用食物的过程之中人的健康、权利和经济安全,比如降低体重增加、超重和肥胖的风险;在社会方面,它可以为从业人员提供更加公平公正的薪资,促进消费者平等,满足不同社会阶层的营养需求;在经济上,在保证食品安全的同时,它能平抑价格并创造更多的就业机会;在动

---

① 参见 Dmitriy Klyushin and Andrii Tymoshenko,"Artificial Intelligence in Sustainability Agricultures:Optimization of Drip Irrigation Systems Using Artificial Intelligence Methods for Sustainable Agriculture and Environment",in Aboul Ella Hassanien,Roheet Bhatnagar and Ashraf Darwish(eds.)*Artificial Intelligence for Sustainable Development:Theory,Practice and Future Applications*,Cham:Springer,2021,pp.3—18。

② 参见 Patrick Caron et al.,"Food Systems for Sustainable Development:Proposals for a Profound Four-part Transformation",*Agronomy for Sustainable Development*,Vol.38,no.4(2018)。

③ 参见 Alon Shepon,Patrick J.G. Henriksson and Wu Tong,"Conceptualizing a Sustainable Food System in an Automated World:Toward a 'Eudaimonia' Future",*Frontiers in Nutrition*,Vol.5,no.104(2018)。

物权利方面,通过减少对肉类的需求,它能保证对牲畜的人道待遇,增加食品消费者和生产者之间的信任。①

(三) 可持续发展视野中的人口因素

梅洛-庞蒂曾批评说:"在我们中间的大多数人看来,大自然只不过是一种含糊的和遥远的存在,受到城市、街道、房屋,特别是受到其他人的存在的抑制。"②梅洛-庞蒂在此处的评论主要是针对我们的分析意识被所谓的人类世界给遮蔽,完全看不到我们人作为生物性存在是嵌在自然世界中的这一事实。贾雷德·戴蒙德也同样强调了这一事实。在他看来,"许多人渴望相信人类精神、自由意志和个人能动性是人类最崇高的表现形式,具有广泛的价值。但即使是那些崇高的东西也有限制。如果你几乎赤身裸体,人类精神不会让你在冬天在北极圈内保持温暖。人类的精神也不会让你放牧袋鼠,袋鼠的社会结构与旧大陆的十几种可放牧的大型家养哺乳动物不同……解释与袋鼠行为生物学的细节有关,与人类精神无关"③。当然,我们不能只是简单地把人划入"自然性、生物性存在"的这一范畴之中。梅洛-庞蒂同样警告说:"如果我们把人当作受自然规律支配的一架机器,或当作'一堆本能',那么应当承认害羞、欲望和爱情是不可理解的,应当承认它们与作为意识和作为自由的人有关。"④梅洛-庞蒂在此处的分析,主要主张人类情感具有的形而上学的意义,是无法纯粹通过自然规律来进行解释的。因此,梅洛-庞蒂的意图是指出人存在的复合状态或者复合性,包含自然本能和社会性的不同方面。当然,这两个方面是处在一种动态的

① 参见 Nour Eldeen M. Khalifa, Mohamed Hamed N. Taha, Mourad Raafat Mouhamed and Aboul Ella Hassanien, "Robust Deep Transfer Models for Fruit and Vegetable Classification: A Step Towards a Sustainable Dietary", in Aboul Ella Hassanien, Roheet Bhatnagar and Ashraf Darwish (eds.), *Artificial Intelligence for Sustainable Development: Theory, Practice and Future Applications*, Cham: Springer, 2021, p.33。

② 参见[法]莫里斯·梅洛-庞蒂:《知觉现象学》,姜志辉译,北京:商务印书馆2001年版,第47页。

③ 原文参见 Jared Diamond, "Geographical Determinism", http://www.jareddiamond.org/Jared_Diamond/Geographic_determinism.html,访问日期:2023年2月18日;译文参考邢海洋:《在汾渭盆地,寻找文明产生的桃花源》,载《三联生活周刊》2023年1月2日,第63页。

④ [法]莫里斯·梅洛-庞蒂:《知觉现象学》,姜志辉译,北京:商务印书馆2001年版,第219页。

关系之中,在人的身上,社会性与生物性在相互作用,而人处在自然之中,人的身体系统也和外在的自然系统进行互动和交换,产生相互的影响。①

　　人和自然的关系,也因为工业革命的发生而得以重构。马尔萨斯的"人口陷阱"理论提醒我们,在工业革命之前,农业产出的增长一直是制约着人口增长的一个重要因素。在马尔萨斯看来,我们可以观察到的一个现象,就是人口增长总是大大快于农业产出的增长,这意味着对于所有人而言,会产生一个切实的问题,那就是生存的日渐困难以及为了获取有限资源而导致的生存竞争加剧,在工业革命之前,农业的产出是对人口增长的一个非常强有力、持续的制约。②到了工业革命之后,生产效率大大提高,农业的产出也得到了大幅度增长,但是,人在劳动的过程之中,却和自己的劳动、生产资料以及劳动产品相分离,人与自然的关系出现了异化的倾向。对此,马克思在《1844 年经济学哲学手稿》中有过论述。马克思认为,自然界首先是给工人提供了生产资料,即工人通过自己的劳动加工成商品的材料。"没有**自然界**,没有**感性的外部世界**,工人什么也不能创造。自然界是工人的劳动得以实现、工人的劳动在其中活动、工人的劳动从中生产出和借以生产出自己的产品的材料。"③自然界显然是工人劳动的一个重要的对象和材料的来源,对于工人而言,自然界的意义不仅仅在于给工人提供原材料,同时它还提供了生活资料,维持工人的生存。"自然界一方面在这样的意义上给劳动提供**生活资料**,即没有劳动加工的对象,劳动就不能**存在**,另一方面,也在更狭隘的意义上提供**生活资料**,即维持**工人**本身的肉体生存的手段。"④但是,在这个过程中,却出现了一个悖论,即工人越是劳动,越是占有自然界,就越是和自然界相疏离和异化。马克思描述说:"工人越是通过自己的劳动**占有**外部世界、感性自然界,他就越是在两个方面失去**生活资料**:第一,感性的外部世界越来越不成为属于他的劳动的对象,不成为他的劳动的**生活资**

---

　　① 中国传统哲学的相关评论参见 Herrlee Glessner Creel, *Sinism*: *A Study of the Evolution of the Chinese World View*, Chicago: Open Court, 1929 [Literary Licensing, LLC(February 23, 2013) reprint], p.36。

　　② 参见 Thomas R. Malthus, *An Essay on the Principle of Population*, Philip Appleman(ed.), New York: W.W. Norton and Company, [1798]1976, p.20。

　　③④ [德]马克思:《1844 年经济学哲学手稿》,中央编译局编译,北京:人民出版社 2014 年版,第 48 页。

料;第二,感性的外部世界越来越不给他提供直接意义的**生活资料**,即维持工人的肉体生存的手段。"①造成这样一个结果的原因,就在于整个资本主义生产过程中发生的异化,工人的劳动、劳动对象和劳动产品都和工人发生了异化,甚至工人的人的本质也在这个过程中被异化了。因此,工人虽然参与了劳动的过程,但是他是在资本主义生产机制之下的一个元素,和他自身的劳动、劳动对象和劳动产品都是相互分离的。马克思论述说:"异化劳动,由于(1)使自然界同人相异化,(2)使人本身,使他自己的活动机能,使他的生命活动同人相异化。"②表面上看,工人越来越占有感性自然界,但是其实,他只是在服从资本主义生产机制对自己的掌控和奴役,从这个意义上讲,他距离感性自然界越来越远,产生了更大程度上的异化。马克思对资本主义生产机制的批判,其实彰显了从亚当·斯密开始的"经济人"范式对人与自然的关系的异化过程。我们虽然表面上是遵循了理性计算、效用最大化,并且通过机器和工业手段生产出越来越多的商品,但是,人和自然的关系却在这个过程中变得越来越疏离。我们越是占有感性自然界,从中创造出财富和商品,就越是会破坏自然,就越是异化自然。③

　　实际上,马克思非常强调,人作为自然界的一部分,其存在与自然界有着千丝万缕的联系。自然界对于人的存在而言,首先是因为它为我们提供了生活资料。在马克思看来,"人在肉体上只有靠这些自然产品才能生活,不管这些产品是以食物、燃料、衣着的形式还是以住房等等的形式表现出来。在实践上,人的普遍性正是表现为这样的普遍性,它把整个自然界——首先作为人的直接的生活资料,其次作为人的生命活动的对象(材料)和工具——变成人的**无机的身体**。自然界,就它自身不是人的身体 而言,是人的**无机的身体**。人靠自然界生活。这就是说,自然界是人为了不致死亡而必须与之处于持续不断的交互作用过程的、**人的身体**"④。

---

　　① ［德］马克思:《1844 年经济学哲学手稿》,中央编译局编译,北京:人民出版社 2014 年版,第 49 页。

　　②④ 同上书,第 52 页。

　　③ 参见常颖:《〈1844 年经济学哲学手稿〉中人与自然关系的异化与和解》,济南市委党校网:http://www.jndx.gov.cn/Info/T20210429/Front/Science/Content.aspx?Id=5076&ChannelId=11,访问日期:2023 年 2 月 20 日。

　　其次,自然界也同样给我们的审美领域提供了重要的养分,是作为艺术的对象而成为人类精神意识的一部分,"人(和动物一样)靠无机界生活,而人和动物相比越有普遍性,人赖以生活的无机界的范围就越广阔。从理论领域来说,植物、动物、石头、空气、光等等,一方面作为自然科学的对象,一方面作为艺术的对象,都是人的意识的一部分,是人的精神的无机界,是人必须事先进行加工以便享用和消化的精神食粮;同样,从实践领域来说,这些东西也是人的生活和人的活动的一部分"①。这种审美领域的作用,自然界显然提供了我们精神活动用以加工、享用和消化的"精神食粮",构成了人的创造性和审美情操的重要基础。对于审美领域之中人和自然的关系这个问题,康德也曾经有过论述。在康德看来,"惟有审美的判断力才包含着判断力完全先天地作为它对自然进行反思的基础的那个原则,亦即自然按照其特殊的(经验性的)法则对我们认识能力的一种形式的合目的性的原则,没有这种合目的性,知性就会在自然中找不到路径;与此不同,对于必须存在着自然的客观目的,亦即必须存在着惟有作为自然目的才有可能的事物,根本不能指出任何先天根据,甚至就连其可能性也不是由既作为普遍经验对象也作为特殊经验对象的自然的概念出发来说明的;而是仅仅判断力,无须先天地在自身包含着这方面的原则,在出现(某些产品的)场合时,在那个先验原则已经使知性做好准备把一个目的的概念(至少是按照形式)运用于自然上面之后,就包含着这种规则,以便为了理性而使用目的的概念"②。在这一段话中,康德说明了自然在激发人的审美判断力和目的论判断力中间所发挥的作用,正是通过我们对自然的反思,我们发展出了先天的审美判断力,通过愉快或者不快的情感体验来评判自然的主观或者形式合目的性,而目的论判断力则是通过知性和理性来评判自然的客观或者实在合目的性。③在这两者判断力之中,自然都不可或缺。当然,这样的一种合目的性,并非自然的原本属性,不是用来对自然对象进行规定的,而是和人类主体的认识能力相关,

---

　　①　[德]马克思:《1844年经济学哲学手稿》,中央编译局编译,北京:人民出版社2014年版,第52页。

　　②　[德]康德:《判断力批判》(注释版),李秋零译注,北京:中国人民大学出版社2011年版,第25—26页。

　　③　同上书,第25页。

主要涉及的是人类主体的情感能力。①但是，自然是否只为帮助我们发展我们的判断力这样的一个目的而存在，或者，如果我们不以单纯的目的论来看待自然，那我们又能如何去调和自然在我们身上所激发的这两种判断力？李泽厚对此的一个解释是，自然是把我们的审美体验和道德情操联系起来的那个衔接点，自然之美需要过渡到"道德的象征"，因此，自然其实肩负了一个目的，那就是让人趋向于成为一个道德存在，道德的人是自然和人的关系演化的最终目标。②邓晓芒也有过类似的论述，他在解释康德的《判断力批判》时认为，"我们在对自然界进行一种合目的性的判断的时候，我们也会有一种情感的关系在里头，但它不是'直接的'。当你把整个自然界看作是一个巨大的目的系统的时候，你也会引起一种崇高感，引起一种对于天意的感恩的激情。天意把壮丽的自然界给了我们，为我们提供了这样好的生存环境，让我们发展，按照康德的说法，就是最后让我们发展出人类的道德来，我们应该懂得感激，应该懂得欣赏。你欣赏这么一个自然界，如此壮丽的景色，最后都是为了促成人的道德，那道德肯定比它更加壮丽。所以，它最后还是有一种美感。"③尽管李泽厚的解释并没有非常令人信服地解释为何康德只是在把自然和人的自由意志进行类比而并没有将两者等同起来，而且，是不是能够直接将自然和道德捆绑在一起来进行讨论，仍然是一个有争议的话题，但是，从李泽厚和邓晓芒等人对康德的阐释之中，我们仍然可以看出，康德对自然抱有的期待。④

故此，自然既为我们的肉身存在提供了一个栖身之所，同时，也在培养我们的审美判断力方面起到了至关重要的作用。也正是在这样的意义上，马克思强调："所谓人的肉体生活和精神生活同自然界相联系，不外是说自然界同自身相联系，因为人是自然界的一部分。"⑤按照这种观点来看，人同自然界的关系，绝

① 参见邓晓芒：《康德〈判断力批判〉释义》，北京：生活·读书·新知三联书店 2008 年版，第 54 页。

② 参见李泽厚：《李泽厚十年集》（第 2 卷），合肥：安徽文艺出版社 1994 年版，第 412 页。

③ 参见注①，第 73 页。

④ 相关评论参见胡友峰：《康德美学中自然与自由观念研究》，浙江大学文艺学院 2007 年博士学位论文，第 46—49 页。

⑤ ［德］马克思：《1844 年经济学哲学手稿》，中央编译局编译，北京：人民出版社 2014 年版，第 52 页。

不只是单向、单维度的联系,好像我们只是在肉体、物质、原料的层面才和自然界发生交集;实际的情况远非如此,我们的精神生活也同样深深地扎根在自然界中,只不过可能是我们日用而不知而已。①并且,除了审美判断力,人与自然的关系中还包含着创造力的层面。按照贝克的观点,发展不仅仅涉及理性的决策、理性的计算,同时也伴随着巨大的创造力。而创造力其实是人与自然共享的一个特质。一方面,在进化过程中,大自然带来了无穷的新生命,助力各种新的形式出现并在彼此的基础上进行迭代,而人的创造力则是扎根于、源于大自然,人类的创造力需要有一个锚点,而大自然无疑提供这样的一种定向和锚定作用。②贝克援引浪漫主义学派的观点,强调创造力在某种程度上构成人类和自然的同一性,并在两者之间建立关系;与此同时,创造力也构成一个他者化的时刻,在这个过程之中,人类的创造力可以被认为是自然界创造力的具体发展或实现。因此,人与自然的关系,其实就是让我们深刻地意识到,我们和他者之间唇亡齿寒、相互依赖的关系。③

对自然重要性的强调,并不意味着我们依然用效用最大化的思维方式来思考如何去改善人和自然的关系,而是要求我们看到,在生态中心主义的视角背后,是我们对自然肩负的道德责任。看到人类和其他非人类生命体以及整个生态环境之间的相互依赖关系,这能促使个体和群体从自主行为的角度去承担环境保护的职责和义务。对环境负责的行为想要持久地延续下去,依赖的是个体内在的动机和自我的决定,而绝对不是外在的经济、金钱或者物质奖励和刺激。④如此,人类应与支持自己生存的环境建立起牢固的情感纽带并获得相应的

---

① 相关评论参见王贵贤、田毅松编:《〈1844年经济学哲学手稿〉导读》,北京:中国民主法制出版社2011年版,第二章第二节"马克思的自然观——人化自然"部分。

② 参见 Christian Becker, "The Human Actor in Ecological Economics: Philosophical Approach and Research Perspectives", *Ecological Economics*, Vol.60, no.1(2006), pp.17—23。

③ 参见 Christian Becker, *Sustainability Ethics and Sustainability Research*, Dordrecht, Heidelberg, London, New York: Springer, 2012, p.69; Christian Becker, Malte Faber, Kristen Hertel and Reiner Manstetten, "Malthus vs Wordsworth: Perspectives on Humankind, Nature and Economy. A Contribution to the History and Foundations of Ecological Economics", *Ecological Economics*, Vol.53 (2005), pp.299—310。

④ 相关评论参见 Bernd Siebenhüner, "Homo Sustinens—Towards a New Conception of Humans for the Science of Sustainability", *Ecological Economics*, Vol.32(2000), pp.15—25。

道德能力,作为维持其持续性的环境保护行动的基础。这样的潜力被激发出来,就有可能帮助我们去对抗短视的经济行为、技术开发手段和政策。[1]

(四) 可持续发展视野下的制度因素

从制度层面来讲,可持续发展包含的"生态中心主义"视角必然要求我们在制度上强化国家的监管和引导功能,萨德海尔·阿南德和阿玛蒂亚·森就强调,可持续发展的这一任务,不能留待给市场去解决,实际上,市场也有自己的盲区,而这种盲区就是对未来的考量。如若我们纯粹依赖市场机制,那么,很有可能会因为"经济人"的短视和追求短期利益的市场行为而导致未来的缺位。我们很难有足够的信心去期待,普通的市场行为会将我们所肩负的对未来的责任考虑在内。在这种市场机制不足或者缺失的地方,就需要国家来填补,国家应当作为人类后代子孙利益之托管人的面目而出场,推动可持续发展在制度和实践层面的落实。[2]

在全球化的时代,我们的制度设计也必须将地球生物圈和生态系统作为一个整体考虑,气候变化本身是一个整体性的存在,影响的是全人类、所有政治共同体的利益。因此,在制度设计上,就有必要加入全球层面、区域层面和国家层面的考量,使得制度能够匹配气候变化或者环境保护的目标和任务;否则,对可持续发展的制度性阻碍因素可能会出现,例如,国家政府部门或者环保机构只享有特定地理范围的司法管辖权,而无法对涵盖整个地理范围的相关环境事项进行监管,这种司法管辖权和环保目标在地理范围和机构规模上的不匹配,通常会成为环境保护过程中的一个棘手难题。[3]在菲律宾,尽管国家法律规定河流

---

[1] 参见 Peter Soderbaum, "Values, Ideology and Politics in Ecological Economics", *Ecological Economics*, Vol.28, no.2(1999), pp.161—170。

[2] 参见 Sudhir Anand and Amartya Sen, "Human Development and Economic Sustainability", *World Development*, Vol.28, no.12(2000), p.2034。

[3] 参见 Oran R. Young, "The Problem of Scale in Human-environment Relations", *Journal of Theoretical Politics*, Vol.6(1994), pp.429—447; Krestine Maciejewski, Alta De Vos, Graeme S. Cumming, Christine Moore and Duan Biggs, "Cross-scale Feedbacks and Scale Mismatches as Influences on Cultural Services and the Resilience of Protected Areas", *Ecological Applications*, Vol.25, no.1(2015), pp.11—23; Jesse S. Sayles and Jacopo A. Baggio, "Social-ecological Network Analysis of Scale Mismatches in Estuary Watershed Restoration", *The Proceedings of the National Academy of Sciences*, Vol.114(2017), pp.E1776—E1785。

的整个流域都会由相关的环保部门负责,但是,由于河流会流经不同的区域,河流的上游和下游分别由不同的环保部门和执法机构监管。这些机构从层级的角度而言是平级的,由于缺乏有效的协调机制,这种分而治之的环境治理模式就遭遇到比较大的挑战,难以完成可持续发展的任务。①

在全球层面,有《联合国气候变化框架公约》《〈联合国气候变化框架公约〉京都议定书》《生物多样性公约》等一系列有关气候变化的国际公约,这些国际公约被称为"多边环境协定"(MEA)。上文提到的跨国流域的管理、海洋的污染和治理,还有涉及多个国家的空气污染,这些跨越国境的环境问题需要不同国家的政府采取联合行动才能实现有效的治理,多边环境协定就是针对这种跨国问题而达成的协议,里面会规定每个国家所应承担的具体事项和职责。这些多边环境协定会设置一些不同层级的目标,比如针对某一个或者多个具有明确界定的跨国环境议题,同时,这些协定都受国际法的约束。②尽管这些公约在具体执行过程中仍然有赖于各国政治机构的批准以及政府来兑现其承诺并展开广泛的社会动员来实现其目标,但是,从全球的层面来讲,这些国际公约就一系列气候变化的重要事项达成阶段性的共识,提出了针对温室气体减排的一些具体举措,以期减少工业化进程对全球生态环境的不良影响。而多边环境协定和全球贸易制度之间的遭遇和相互作用,则很好地体现了从"经济人"过渡到"生态人"的可持续发展理念。这里面涉及使用贸易限制作为政策工具,来推动相关环境议题的解决、行动的展开和任务的落实。通过这种制度安排,可以让不同国家在处理濒危物种、危险废物、保护平流层臭氧等环境议题上有约束和激励的机制。③此前的全球贸易制度可能更多关注的是如何实现利益和效用的最大化,但是,现在增加了多边环境协定之后,可以通过全球贸易这种经济的手段,来对环境保护进行

---

① 相关评论见 Volker Mauerhofer, "Legal Institutions and Ecological Economics: Their Common Contribution for Achieving a Sustainable Development", *Ecological Economics*, Vol.156(February 2019)。

② 参见联合国粮食及农业组织(FAO)对 MEAs 的说明,联合国及农业组织网站:https://www.fao.org/in-action/building-capacity-environmental-agreements/overview/what-are-meas/en/,访问日期:2023 年 2 月 22 日。

③ Sikina Jinnah, "Overlap Management in the World Trade Organization: Secretariat Influence on Trade-Environment Politics", *Global Environmental Politics*, Vol.10, no.2(2010), pp.54—79。

相应的激励和约束,这有助于增进人与自然的关系,至少有助于摆脱唯经济论、唯效益论和唯利益论的桎梏,转而对人与自然的关系投以更多的关注。

在区域层面,欧盟在环保制度上有颇多建树。比如,欧盟设立了一个名为"NATURA2000"的保护区网络,该网络以生物地理区域为基准来选择相应的执法机构、方式和手段。它是在区域层面上以生态系统为中心的一种环保制度建设的尝试。①相似地,欧盟的"水框架指令"(water framework directive)要求成员国之间相互协作,以河流流域的生态系统为中心,来考虑合作及执法措施。由于河流通常会流经并涵盖两个或两个以上的成员国,因此,从司法和执法的角度而言,针对该河流的保护就必须由一个跨越国境的单一司法机构来进行管理,该司法机构可以是所有相关成员国合作选择的结果。②其他的一些环境治理案例包括欧洲远距离跨国界空气污染治理、平流层臭氧耗损的治理、北海污染治理以及巴伦支海域的商业性捕捞管理。③

---

① 参见 European Communities, "Natura 2000—Conservation in Partnership", Office for Official Publications of the European Communities, Luxembourg(2005), http://ec.europa.eu/environment/nature/info/pubs/docs/nat2000/conservation_in_partnership.pdf,访问日期:2022 年 10 月 25 日;Volker Mauerhofer, "Conservation of Wildlife in the European Union with a Focus on Austria", in Raj Panjwani(Ed.), *Wildlife Law: A Global Perspective*, Cleveland: American Bar Association(ABA) Publishing, 2008, pp.1—55。

② 参见 Nikolaos Voulvoulis, Karl D. Arpon and Theodoros Giakoumis, "The EU Water Framework Directive: from Great Expectations to Problems with Implementation", *Science of The Total Environment*, Vol.575(2017), pp.358—366;Volker Mauerhofer, "A Legislation Check Based On '3-D Sustainability'—Addressing Global Precautionary Land Governance Change", *Land Use Policy*, Vol.29 (2012), pp.652—660;Werner Brack et al., "Towards the Review of the European Union Water Framework Directive: Recommendations for More Efficient Assessment and Management of Chemical Contamination in European Surface Water Resources", *Science of The Total Environment*, Vol.576 (2017), pp.720—737。

③ 参见 Peter M. Haas, Robert O. Keohane and Marc A. Levy(eds.) *Institutions for the Earth: Sources of Effective International Environmental Protection*, Cambridge, MA: MIT Press, 1993;Jørgen Wettestad, *Clearing the Air—European Advances in Tackling Acid Rain and Atmospheric Pollution*, Aldershot: Ashgate, 2002;Edward A. Parson, *Protecting the Ozone Layer: Science and Strategy*, New York: Oxford University Press, 2003;Olav Schram Stokke, *Disaggregating International Regimes: A New Approach to Evaluation and Comparison*, Cambridge, MA: MIT Press, 2012。此外,还可以参见以下两本著作之中更多的相关案例:Edward L. Miles et al. *International Regime Effectiveness: Confronting Theory with Evidence*, Cambridge, MA: MIT Press, 2002;Helmut Breitmeier, Oran R. Young and Micheal Zürn, *Analyzing International Regimes: From Case Study to Database*, Cambridge, MA: MIT Press, 2006。

在奥兰·扬看来,全球和国际环境治理制度主要起到了两方面的作用。一方面,它们可以履行一些程序性的功能,比如,可以设定每年渔业在某个海域进行捕鱼打捞的总可捕量,或者温室气体排放的总量,并且,它们也可以行使比较重要的日常监督和监管职能,比如针对湖泊、河流或者海洋所经受的系统性污染影响开展清理和治污计划。另外一方面,也能够在社会层面推广和环境有关的知识,增强公民的环保意识,并促进社会参与各方对环境相关议题的理解和共同行动的共识。[①]并且在治理制度的设计和安排方面,加大非政府主体的参与力度也是一个很重要的维度。环境治理方面,既包括纯粹政府行为的行政-司法治理,也包括由非政府主体主导和参与的私人治理。同时,还有第三种类型,那就是公私混合的治理模式。跨国公司、非政府环境组织有可能在国际层面积极地参与环境治理的实践,不同国家的民众和个体也会参与这些实践,这些个人、团体或者组织构成了民族国家之外的其他活跃行为主体。这些现象本身就为我们发展公私混合治理体系提供了一个机会,这样可以避免因过度依赖民族国家而导致全球或者区域治理方案被搁浅的场景。[②]

三、结　语

本文探讨的可持续发展视野下的人和自然的关系,主要是围绕着四个发展要素:自然资源、技术、人口和制度来展开。这样的一个发展模式和路径,和传统经济学之中"经济人"的核心假设并不一样,强调的是"生态人"的预设和生态

---

① 参见 Oran R. Young, "Effectiveness of International Environmental Regimes: Existing Knowledge, Cutting-edge Themes, and Research Strategies", *The Proceedings of the National Academy of Sciences*, Vol.108(2011), p.19856; 另外可参阅 Helmut Breitmeier, Oran R. Young and Micheal Zürn, *Analyzing International Regimes: From Case Study to Database*, Cambridge, MA: MIT Press, 2006。

② 比如,扬认为,许多全球和国际的环境制度失效,究其原因,乃是因为国际社会盛行的无政府主义现状,参见 Oran R. Young, "Effectiveness of International Environmental Regimes: Existing Knowledge, Cutting-edge Themes, and Research Strategies", *The Proceedings of the National Academy of Sciences*, Vol.108(2011), p.19853。另外可参阅 Michele Betsill and Elisabeth Corell(eds.), *NGO Diplomacy: The Influence of Nongovernmental Organizations in International Environmental Negotiations*, Cambridge, MA: MIT Press, 2007; Dan Guttman, Jing Yijia and Oran R. Young(eds.), *Non-state Actors in China and Global Environmental Governance*, London: Palgrave Macmillan, 2021。

中心主义的视角①,"生态人"所包含的人与自然关系,跳出了人类中心主义的范畴,将自然置于与人同等重要的位置上来加以道德和经济的考量,把其他的非人类生命体以及自然界的各种生态系统都当作活生生的有机体来加以对待。②而这四个发展要素的相应内容,可以通过下面这个表格来进行归纳。

表 1　可持续发展视野下的人和自然的关系

三　维	四要素	人和自然的关系
环　境	自然资源	人的生存和发展都嵌于自然界和整体生态环境系统之中;自然资源和生物多样性的绝对稀缺性;为自然资源和生态系统创设权利、使之成为受法律保护的主体
社　会	技　术	技术对自然的利用和开发首先必须着眼于对生态系统影响的最小化以及污染的控制和处理;可以借助当下的人工智能和数字革命赋能可持续发展的变革
	人　口	人在自然之中培养起来的审美判断力可以加强人对自然所肩负的道德责任和保护意识
经　济	制　度	在全球、区域、国家等不同层面进行多方考量和制度设计,使得制度能够匹配气候变化或者环境保护的目标和任务

---

① 参见 Arne Naess, "The Shallow and the Deep, Long-Range Ecology Movement：A Summary", *Inquiry*, Vol.16(1973), pp.95—100。

② 参见 James Lovelock, *The Ages of Gaia*, New York：W.W. Norton, 1988；*Gaia：A New Look at Life on Earth*, New York：Oxford University Press, 2000。

可持续发展理论与公平性问题

法　卉[*]

1987年,世界环境与发展委员会(WCED)发表的报告《我们共同的未来》,被认为是可持续发展概念的起点。该报告中不但首次对"可持续发展"这一概念进行了定义,还提出了公平性原则(fairness)、持续性原则(sustainable)以及共同性原则(common)。公平性原则的核心在于使自然资源的拥有量相对稳定在某一水平上,使得当代人和后代人在享有地球资源上拥有平等权利;持续性原则的核心是指人类的经济和社会发展必须有所限制,不能超越资源和环境的承受能力;共同性原则强调的是人类应当达成共识,以可持续发展作为全球发展的总目标并采取共同的行动。[①]在以上三个原则中,公平性原则是首要原则,是其他两个原则得以成立的前提和基础。因此,从本质上说,可持续发展实际上是一个公平问题。

然而,尽管可持续发展早已取得国际社会的共识,但当今世界仍旧面临着环境污染、粮食短缺、能源紧张和资源破坏等问题,人与人、人与自然之间的关系依然没有得到很好的平衡。因此,可持续发展也被部分学者认为是一个脱离实践的、乌托邦式的目标,其可行性受到质疑。但是,我们必须明确的是,可持续发展概念是充满活力的,它仍然在不断被改写与重铸,作为其核心的公平性问题也随着可持续发展概念的进化而不断被深化和细化。因此,想要使可持续发展从一个空洞的口号落实为能够真正指导人类社会发展的具体战略,就必须对公平问题的概念内涵、实现障碍以及克服途径进行深入且细致的研究。

---

　*　法卉,大阪大学社会心理学博士,复旦大学社会科学高等研究院博士后。

　①　罗慧、霍有光、胡彦华、庞文保:《可持续发展理论综述》,载《西北农林科技大学学报(社会科学版)》2004年第4期。

　　基于上述,本文将围绕以下三个方面进行综述:第一,可持续发展理论的演变、所涉及公平议题的内涵及关系。第二,可持续发展视野下解决公平性问题的实践中面临的现实障碍。第三,经济学、社会学和生态伦理学学科下分别关注的公平性问题、解决思路和努力方向。

一、可持续发展理论中的公平概念

(一) 可持续发展理论的演变及其重要的公平议题

　　1978 年,世界环境与发展委员会首次在文件中提到了可持续发展这一概念。1987 年,世界环境与发展委员会发表名为《我们共同的未来》的报告,并在其中将可持续发展定义为:既满足当代人需求,又不损害后代人满足其自身能力需求的发展。自此,可持续发展迅速成为国际社会关注的焦点,对世界发展政策走向产生重大影响。但正如鲍勃·吉丁斯指出的那样,可持续发展是一个较为笼统且抽象的概念,不同的政府机构或是企业都可以从各自立场出发,对这一概念做出不同解读。①同时,随社会环境的变化,可持续发展的概念和具体内涵也在不断演变与发展(见图 1)。

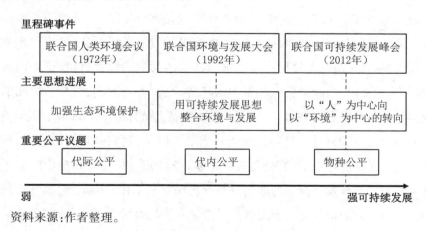

图 1　可持续发展理论概念演变过程

资料来源:作者整理。

① Bob Giddings, Bill Hopwood and Geoff O'Brien, "Environment, Economy and Society: Fitting Them Together into Sustainable Development", *Sustainable Development*, Vol.10, no.4(2002), pp.187—196.

早在 18 世纪,英国经济学家托马斯·罗伯特·马尔萨斯(Thomas Robert Malthus)和大卫·李嘉图(David Ricardo)就已经关注到资源短缺会导致社会发展的"不可持续"。马尔萨斯认为,由于土地是一种绝对资源,其能提供的粮食总产量是有上限的;在这一前提下,人口增长就意味着人均粮食产量的下降,当其持续下降至无法维持个人基本生存需要时,人口或将停止增长。①同时,李嘉图则认为当产量最优的土地资源被尽数占用后,人们被迫迁移至产量更低的土地;而这一过程将会阻碍经济发展。②虽然上述思想并不成熟,但其对于资源和发展两者关系的新洞见有足够的理由被认为是可持续发展理论的前身。③

虽然马尔萨斯和李嘉图早已敲响警钟,但是在两次工业革命浪潮的推动下,劳动生产率爆发性增长,在两百余年的时间内人们毫无顾忌地开采自然资源,创造、积累下了前所未有的物质财富。直至 20 世纪六七十年代,这一系列工业化发展背后所隐藏着的高昂代价与深刻忧患才逐渐显露:世界煤炭、石油、天然气总储量飞速下降;二氧化碳、氟利昂、一氧化碳排放量急剧增加导致臭氧层锐减、温室效应显现;杀虫剂等有害化学物质的大量使用致使鸟类及其他动物群体受到不良影响,生物链遭到严重破坏。1972 年在斯德哥尔摩举行的联合国人类环境会议上,人们终于意识到以消耗资源和破坏生态环境为代价的发展模式不但无法长期持续,还会给自身生存环境造成严重威胁。这一认知促成"生态发展"一词于 1978 年在联合国环境规划署审查报告中首次出现。自此,如何在不超越环境系统再生能力的前提下寻求可持续的经济发展成了生态学家和经济学家的新课题。

尽管人们已经意识到必须对不合理的资源使用加以纠正、限制,但是,在规模总量庞大且不均匀分布的自然资源面前,判断其使用合理与否的标准应当由谁确定以及如何确定? 同时,与人造资源不同,自然资源的再生和重建都是需要耗费大量时间的。也就是说,破坏生态环境的"始作俑者"并不一定需要承担

---

① [英]马尔萨斯:《人口原理》,朱泱、胡企林、朱和中译,北京:商务印书馆 1992 年版。
② [英]大卫·李嘉图:《政治经济学以及赋税原理》,郭大力、王亚南译,北京:商务印书馆 2021 年版。
③ 张晓玲:《可持续发展理论:概念演变、维度与展望》,载《中国科学院院刊》2018 年第 1 期。

相应的责任和后果。譬如臭氧层的破坏就是一个很典型的例子。20 世纪 30 年代初,氯氟烃(Chlorofluorocarbons, CFC)——一种含有氯、氟元素的人造化学物质问世,这种化学性质稳定的物质作为制冷剂、泡沫塑料等的主要原料,在短时间内被大量运用于人们的生产以及日常生活。直至 1974 年,美国科学工作者舍伍德·罗兰(Sherwood Rowland)提出氯氟烃破坏臭氧层的理论,引发国际社会警觉。1985 年,科学家在南极上空观测到臭氧层空洞,验证了罗兰提出的理论。虽然各国联手开展了拯救臭氧层的各类行动,但哪怕到今天,受到破坏的地球臭氧层仍然未能得到完全恢复。

过度使用资源产生的损害性后果的显现具有迟延性,这导致下一代不仅要忍受糟糕的生存环境,还必须为当今一代的经济行为"买单"。毫无疑问,这对于下一代来说是不公平的。至此,可持续发展的核心问题得以显现:人们应该如何在经济发展、满足自身需要的同时保证下一代生存和发展的权益?而正如世界环境与发展委员会在《我们共同的未来》报告中所提到的那样,解决这一问题的关键在于维护"代际公平"(intergeneration equlity),即必须保证使现一代人福利增加的发展方式不会损害下一代人的福利。而这一目标的实现则要求人们站在未来世代的立场,对当今一代人分配自然资源的决策做出合理与否的判断。在加入了"代际"这一时间维度的考量之后,可持续发展理论从原本"环境"与"发展"的两维度构造向纵深发展,趋于成熟。公平性也就此成了可持续发展概念的核心。

自 1987 年世界环境与发展委员会对可持续发展进行明确定义以来,学术界围绕这一概念的探讨与辩论络绎不绝。1992 年举行的联合国环境与发展大会(又称"里约会议")通过了《21 世纪议程》,并发表《里约环境与发展宣言》,标志着全球各国及地区政府在促使人类经济朝着可持续发展的方向转变一事上达成共识。但在该次会议上,发达国家和发展中国家在环境责任承担以及可持续发展的实现方式等关键问题上显露出明确的对立意见:发达国家认为发展中国家不应当通过浪费资源、损害环境的方法谋求发展,而发展中国家则强调贫困和不发达是自身无力有效保护环境的根本原因,且发达国家应当对当前的全球环境恶化负主要责任。由此,跨国、跨区域的"代内公平"(intrageneration equlity)的实现是代际公平的前提和保障,也只有符合跨国公平的发展才是真正的可持续发展。

里约会议的成功举办鼓励各国政府进一步加强全球南北合作与沟通,朝着可持续发展方向共同努力。而另一方面,可持续发展的理论深化也并未止步于此。2012 年联合国可持续发展峰会的召开促使可持续发展理论完成了从以人为中心的、弱可持续性向以环境为中心的、强持续性的升华。人们意识到具有补偿性质的"人造资本"永远不可能完全替代"自然资本",而人类也不具有剥削自然的固有权力。①因此,继代际公平与代内公平之后,如何实现"物种公平"(species justice),即实现人与自然,尤其是人与非人生物、非人物种之间的公平,也被纳入了可持续发展理论考量之中。②

(二)可持续发展理论中公平的内涵

过去 50 年来,因参与者和社会背景的不同,可持续发展理论的概念和思想不断被修改与深化。而公平性作为概念的核心,其内涵也在持续扩大与延伸,但究其根本,始终离不开"人"。马克思价值论认为"现实的人"由个体、群体和类主体这三种存在形态所构成。③而可持续发展理论中的公平性问题正是由人的三种存在所延伸出来的:当以个体为中心进行考量时,可持续发展要解决的是代内(社会)公平问题;当以群体为中心进行考量时,可持续发展所面临的是代际公平问题;而当以类主体为中心进行考量时,可持续发展要应对的则是物种公平问题。

1. 代内公平

代内公平以保障个体的平等自由权利为出发点,根据利益主体范围大小的不同,可以进一步分为国内(社会)公平问题和国际公平问题。

社会公平是迄今为止关于公平的最主要议题,关注的是个体生命轨迹内所体验到的"纵向公平"以及人与人之间的"横向公平"。

---

① Margaret S. Devall, "Cat Island Swamp: Window to a Fading Louisiana Ecology", *Forest Ecology and Management*, Vol.33(1990), pp.303—314.

② Angus Nurse, "Species Justice: The Future Protection of Wildlife and the Reform of Wildlife Laws", *The Green Criminology Monthly*, Vol.6(2013), pp.1—11.

③ 贾英健:《现代性视域下的多重风险认同——从人的三种存在形态的角度看》,载《湖南师范大学社会科学学报》2014 年第 3 期。

纵向个人公平是指个体在相同或相近的事情上,将现在与自己过去的结果与投入之比进行比较,若获得结果相同,但付出增加,即"结果/投入"现在的比值小于过去的比值时,个体会产生相应的不公平感。①同时,可持续发展也尤其关注个体的自由和全面发展,强调人的一生中奋斗与享受的时间的合理分配与安排,并在身心健康、知识技能、道德伦理、审美素质和价值实现五个方面得以均衡、协调的发展。②

人与人的横向公平则体现在社会对其成员的行为规范要求以及资源分配标准的同一性。无论成员出生地域、阶层或是性别为何,社会为其提供的权利、机会以及资源的差异性越小,同一性程度越高,社会就越公平。尽管人们会对同一性的程度做出不同的反映或评价,但同一性是客观存在的。③同时,横向社会公平还具有历史性,即公平的标准会随时代和社会条件的变化而变化,但其追求机会公平和结果公平的内涵是大致相同的。根据罗尔斯的正义两原则,机会公平强调的是社会公民能够普遍享有获得教育、医疗以及就业等稀缺性资源的机会,以确保竞争起点的公平。④而结果公平关注的则是分配结果,要求不存在严重分化的分配结果,保障每个公民——尤其是最少受惠者(最弱者)——都能获得合理的资源分配。⑤

国际公平关注更多的则是发达国家与发展中国家在自然资源和环境分配、相应责任和义务承担上是否做到了平等。发达国家在长期的工业化过程中不加限制地消耗自然资源、大量排放污染物,导致今天全球面临环境危机的局面。与此同时,发达国家还利用发展中国家发展经济的急迫心理,借援助开发和投资之名,将危害环境和人体健康的生产行业转移到发展中国家。但是,就像破坏亚马孙热带雨林会加速气候变化、间接影响周边地区乃至墨西哥和美国的降水一样,发展中国家为了发展而采取的环境破坏行为即便不会对当地产生影

---

① 郝玉芹:《"公平理论"中横、纵向公平的几何分析》,载《经济师》2001 年第 9 期。
② 谭宇:《略论可持续发展的公平观》,载《云南社会科学》2005 年第 4 期。
③ 刘长兴:《社会公平的内涵及其评价尺度新探》,载《长白学刊》1996 年第 5 期。
④ 〔美〕约翰·罗尔斯:《正义论》,何怀宏、何包钢、廖申白译,北京:中国社会科学出版社 2009 年版,第 60—65 页。
⑤ 蒋炜、刘长兴:《公平的三维图景——可持续发展视野下的公平内涵分析》,载《惠州学院学报》2008 年第 5 期。

响,也会造成全球性基础资源的减少或造成包括发达国家在内的社会经济损失。①而发展中国家可能又会因此受到发达国家的责难,并被要求承担环保义务,最终落入贫困和生态恶化的两难境地。因此,不符合国际公平的发展不能被称为可持续发展。

在可持续发展视野下,代内公平强调的是所有人皆享有利用环境资源和享受美好生态环境的平等权利,而为了达成这一目标,人们应当努力践行以下基本行为准则:(1)权利平等原则。世界各国、各区域在符合国际公约和全球利益的基础上,在开发和利用自然资源、获取应有环境利益以满足自身发展以及社会需要方面,享有平等的权利。(2)公正补偿原则。对环境造成污染、破坏生态的国家或区域应当承担责任并赔偿损失。(3)合作互助原则。世界各国、各区域在环境治理和保护方面,应当加强沟通、通力合作,共同解决当前人类所面临的全球性环境问题。②

2. 代际公平

代际公平以保障每代人公平享有资源环境、具有同等发展能力的权利为出发点,是实现可持续发展的必然需求。

"代际公平"这一概念由塔尔博特·佩奇首先提出,他认为,代际公平问题就是当今一代人所作出的决策后果会影响到数代人时,如何将这一后果在后代人之间进行公平分配的问题。为了解决这一问题,他提出了代际多数原则,即当一个决策后果涉及多代人利益的时候,应当由多代人中的多数作出决策。③而由于后代人主体的缺席,佩奇替多数后代人作出了选择,即当代人应当保持资源基础(主要是自然资源,还应当包含科学技术知识、社会资源、人力资源等人工资源④)的完整无损。

---

① Wen-Yuan Niu, Jonathan J. Lu and Abdullah A. Kham, "Spatial Systems Approach to Sustainable Development: A Conceptual Framework", *Environmental Management*, Vol. 17 (1993), pp.179—186.

② 曹海英:《公平原则的环境伦理学阐释》,载《北京林业大学学报》(社会科学版)2002 年第 1 期。

③ Talbot Page, "On the Problem of Achieving Efficiency and Equity, Intergenerationally", *Land Economics*, Vol.73, no.4(1997), pp.580—596.

④ 段显明、林永兰、黄福平:《可持续发展理论中代际公平研究的述评》,载《林业经济问题》2001 年第 1 期。

社会发展具有继承性,后代人无条件地接受前代人的发展结果,并在此基础上继续发展。因此,确保未来世代有合适的生存发展环境和空间,是当代人不可推卸的义务和责任。

3. 物种公平

物种公平则以保障包括人类在内的各物种生存的权利公平为出发点,强调自然本身的内在价值而非工具价值,促使人们重构人与自然的和谐关系。地球只有一个,但在地球上生存的物种远不止人类一种。人类依赖自然所提供的资源来维持自己的生存。但当人们为了自己的生存和繁荣而奋斗时,很少考虑到自身行为对其他物种可能产生的影响。但其他物种并没有人类一般的能动性和改造自然的能力,它们只能是在沉默中等待灭亡。因此,在物种层面的环境问题上,存在着人与非人生物之间严重的不公平问题。

1962 年,美国科普作家蕾切尔·卡逊在《寂静的春天》一书中揭示了杀虫剂的使用对鸟类及其他动物群体的不良影响,呼吁人们停止将有害化学物质释放到环境中。她认为,人类不能将自己视为地球的主人,而应该自视为地球系统的一部分。[1]该书的出版促使人们开始反思为了自身生存发展而无限制地消费环境这一做法是否合理。虽然人的生存和发展必然要消费环境,但人类也必须尊重自然的内在价值,限制其自身消费环境的范围和程度。

物种公平的具体原则包含以下两条:(1)保存自然原则。鉴于人类过度开发利用自然资源的现状,对于未开发自然区域的保存就显得尤为重要,人们应当禁止对濒临枯竭的原始森林等自然资源的开发,并进一步限制对其他耗竭性资源和环境的开发以保存自然资源和天然环境。(2)相对的利益平等原则。人类在进行决策时不能以自身利益的最大化为唯一标准,还必须平等地考虑其他物种的生存和发展,并为其他物种的生存和发展提供必要的空间和条件。[2]

(三)可持续发展视野下代内公平、代际公平与物种公平之间的关系

从人的个体、群体以及类主体这三种存在形态出发,分别延伸出代内公平、

---

[1]　[美]蕾切尔·卡逊:《寂静的春天》,张雪华、黎颖译,北京:人民文学出版社 2020 年版。

[2]　蒋炜、刘长兴:《公平的三维图景——可持续发展视野下的公平内涵分析》,载《惠州学院学报》2008 年第 5 期。

代际公平与物种公平这三类公平问题。可持续发展所希望实现的公平应当是这三类公平的交叉与综合。三者在根本上应当是一致，互为前提、互相影响，但在具体情形下有可能存在冲突需要协调。

物种公平是底线公平，是实现代内公平和代际公平的前提。同时，也应当以实现代内公平、代际公平为方式，促进物种公平。[①]地球生态圈的平衡是人类种族发展的基础。如果人类对自然环境资源的开发利用破坏了人与自然之间的平衡与和谐，威胁了其他物种的生存环境，那么就是对物种权利公平的直接侵犯。也正是由于物种公平涉及人类以外的物种，其考量应当优先于代内公平和代际公平。人们必须时刻牢记，自己只是地球生态圈中的一个组成部分，并没有随意支配自然、决定其他物种发展、存续或消亡的权力。如果各国、各区域在保障物种公平这一点上无法达成共识，不对资源开发使用的原则进行完善并制定标准，那么必然会走向竞相开发、共同污染的局面，这不但会使代内公平得不到保障，也一定不利于后代人对自然资源的享有和利用。

代内公平是实现代际公平的保障，而代际公平是代内公平的延续。与关注长时期问题的代际公平不同，代内公平关注的是当下时间点的问题。因此，相较代际公平，保证代内公平对实现可持续发展具有更为重要的现实意义。如果代内不公平现象得不到解决和减少，其后果就会以历史债务的形式遗留给下一代。[②]而如果代内公平能够处理好当代人与人之间的关系，同时确保其代内消耗的财富不超过其创造的财富，那么代际公平也将在代内公平的不断实现过程中逐步成为现实。因此，要实现代际公平，就要努力避免和尽量减少代内的不公平，这也要求发达国家、区域在享受更多自然环境资源带来的福利的同时，肩负起相应的环境生态资源保护的责任和义务。

二、可持续发展视野下公平实现的障碍

人类已经意识到，由环境的不可持续性所引起的"涟漪效应"可能会产生深

---

① 何跃军、陈淋淋:《人与自然是生命共同体——"环境法中的法理"学术研讨会暨"法理研究行动计划"第十三次例会述评》，载《法制与社会发展》2020 年第 2 期。

② 李忠武、任勇、严岩:《可持续发展公平问题新解》，载《科技进步与对策》2002 年第 9 期。

远影响。从短时间来看,生态环境的破坏可能会引起贫富极化、人口迁移、犯罪率上升等社会问题①;从长远来看,对自然资源不加节制地索取将消耗未来世代应得的资源与潜在发展能力;而从更为宏观的角度来看,以自然资源和生态环境所换来的发展是以其他物种的牺牲为代价的。然而,位于涟漪中心点上、导致这一系列问题发生的行为主体正是人类自身。

虽然问题意识早已存在,但在"可持续发展"这一概念提出近50年后的今天,人类依然面临着诸如全球气候变暖、生物多样性减少、酸雨蔓延、危险性废物越境转移等各类愈发严重的环境污染问题。统计数据显示,发展中国家、贫困地区每年有超400万的人因人为的室内外空气污染而过早死亡。②基于此,人们不得不承认虽然可持续发展理论本身不断得以发展深化,但作为概念核心的公平的现实实践并不尽如人意。

早在1998年,赫尔曼·戴利(Herman Daly)就已经指出:虽然可持续发展在国际上取得了新的政治共识,但这一术语在被各方接纳的同时,却未能形成一个具体且明确的行为指南。因此,这一术语中所蕴藏的模糊性在各行为主体进行协商时会导致分歧的滋生。③不少学者对此观点表示赞同,认为,每当依据可持续发展概念来探讨公共政策的实际影响时,往往只能以模棱两可的结果而告终。因此,"可持续性"被批判为过于含糊、复杂以及脱离实践。但是,必须指出的是,可持续性表现出的模糊性与其核心问题,即公平问题所具有的特殊性有关。本章将着重探讨可持续发展中公平难以得到实现的原因及其影响因素。

(一) 公平实现的内部障碍:可持续发展主体的缺失

在可持续发展视野下探讨公平时,人们面临的最大挑战就是发展主体的缺

---

① Susan L. Cutter, Bryan J. Boruff and W. Lynn Shirley, "Social Vulnerability to Environmental Hazards", *Social Science Quarterly*, Vol.84, no.2(2003), pp.242—261.

② Jos Lelieveld, Klaus Klingmüller, Andrea Pozzer, Ulrich Pöschl, Mohammed Fnais, Andreas Daiber, and Thomas Münzel, "Cardiovascular Disease Burden from Ambient Air Pollution in Europe Reassessed Using Novel Hazard Ratio Functions", *European Heart Journal*, Vol.40, no.20(2019), pp.1590—1596.

③ [美]赫尔曼·戴利:《超越增长:可持续发展经济学》,诸大建等译,上海:上海译文出版社2001年版。

失,进而无法建立合理的利益协调机制,影响公平目标的实现。这在代内、代际以及物种公平的实现中都有着不同的表现。

在代内公平的实现方面,国际上合格合法的发展成本调控主体缺失。若想要从局部地区到全球各层面进行关键资源的整合及合理均匀化再分配,明晰环境和资源的价格和使用成本就至关重要。但鉴于各国文化和价值观念的不同,要对环境和资源价值制定出一套受到普遍认可的估价是不现实的。①与此同时,在当今国际社会上也缺乏一个权威机构和主体能够制定并实施相应政策,在顾及国家之间得失巨大差异的同时给予环境资源再分配上的平衡。当这一代理权出现真空,就很难对可持续发展利益发生冲突的政府进行协调,最终导致发展成本的分配及发展机会的分享上出现明显的不公。而在国内层面,受政府任期制等影响,也有一定可能性会出现政府的失灵,造成资源配置的失误和浪费。更重要的是,相较公共利益,政府官员有时更重视局部或是眼前的利益,从而可能会加重环境负担,加快资源的浪费,不利于可持续发展公平的实现。

在代际公平的实现方面,代际的发展主体缺失。虽然代际公平被认为是可持续发展视野下公平问题的核心,但不可否认的是,"未来世代"这一贯穿可持续发展理论的关键概念的定义是模糊的。未来世代指向的是当代人的子代、孙代还是尚未出生的未来世代并未明确。因此对于当代人来说,后代人只是一种虚拟的、抽象化的存在,他们无法以任何方式反对或是惩罚当代人所作出的决策。这就导致在代际关系中,当代人是强势的一方,是决策的确定和实行者;而后代人则是弱势的一方,他们无从参与决策,只能被动地、无条件地接受当代人决策的结果。

韦德-本佐尼与其研究团队在通过一系列实验对人们的代际分配决策进行观察后指出,资源分配对象与被分配对象之间的心理距离(psychological distance)会影响代际分配决策,阻碍人们在面对未来世代时做出公平的分配。②由于代际发展主体的缺失,人们作为分配者对资源进行代际分配时,无法在现

---

① 陈仕平:《可持续发展的障碍:公平与效率的矛盾》,载《生产力研究》2008 年第 1 期。

② Kimberly A. Wade-Benzoni, "Maple Trees and Weeping Willows: The Role of Time, Uncertainty, and Affinity in Intergenerational Decisions", Negotiation *and Conflict Management Research*, Vol.1, no.3(2008), pp.220—245.

实中以任何形式接触被分配者(未来世代),也无法从他们那里获得与分配决策相关联的即时反馈。这会使人们对未来世代产生时间距离(temporal distance)、概率距离(possibility distance)以及社会距离(social distance),造成心理上的疏远感,从而促使人们做出偏向于考虑自身利益的分配决策。其中,时间距离指的是分配决策与其后果之间存在的延迟性,人们往往不愿意放弃眼前的利益以换取长远利益。概率距离指的是分配后果的不确定性,当分配可能会对未来世代产生消极影响时,人们倾向于保持乐观,认为"坏事"有一定概率能被避免。也就是说,当代人作出不公平的资源分配决策时,从某种程度上来说是真诚地相信未来世代能够发展出更为先进的技术以摆脱决策可能造成的环境污染困境。社会距离指的是个体或群体之间所表现出来的亲疏关系,人们显然更愿意把资源分配给与自身社会距离更近、亲密度更高的对象。因此,未来世代在资源分配中自然就无法得到更多的眷顾。

综上所述,在向连其存在与否都尚存疑问的未来世代进行资源分配时,作为分配者的当今一代在时间、概率以及社会维度上感受到的心理距离会使其对被分配者的未来收益进行主观的价值折损。韦德-本佐尼将这一现象定义为代际贴现(intergenerational discounting),具体指在进行代际分配决策时,人们宁愿确保自己得到较少但不确定性低的利益,也不愿意为未来世代分配较多但不确定性高的利益的行为倾向。[1]一般而言,决策后果显现的延迟性越高、不确定性越大、与未来世代的社会距离越远,在这一系列机制影响下代际贴现的程度就会越大,最终导致当今一代做出不公平的代际分配决策。

在物种公平的实现方面,人类以外的发展主体缺失。传统伦理学的观点认为,人具有理性和意识,能够辨别善恶、对行为做出自主抉择。在这样的背景下,自然界仅被看作不具有内在价值的客观存在,只有在为人带来效用时才具有其工具价值。[2]对自然价值和自然权利的漠视使人们理所当然地对自然进行

---

① Kimberly A. Wade-Benzoni, Leigh P. Tost, Morela Hernandez and Richard P. Larrick, "It's Only a Matter of Time: Death, Legacies, and Intergenerational Decisions", *Psychological Science*, Vol.23(2012), pp.704—709.

② 孙万国、焦君红:《生态伦理:可持续发展的伦理基础》,载《生态环境学报》2009年第6期。

掠夺性开发和征服,而全球空前规模的环境恶化则是人与自然关系失衡最直观的后果。可持续发展概念的提出和深化也使得人们不得不开始重构、反思与自然的关系,生态伦理学的核心概念开始受到关注:除了人以外的其他生命形式也具有其价值(value)和内在价值(intrinsic worth),也必须享有生存和发展的权利。①

在生态伦理所提供的基础理论框架下,可持续发展理论提出了物种公平问题,要求人类进行决策时不能再以自身利益的最大化作为标准,而必须平等地考虑动植物等其他物种的生存与发展。但是必须承认,其他物种虽然与人类共存于同一时空,却无法作为一个主体与我们进行平等且有效的沟通。人类或许可以避免某一物种的灭绝,但由于种属间差异客观存在,人们始终无法"设身处地"地预估自身行为会在时间与空间两个维度上给其他物种的生存与发展带来怎样的影响。同时,对于物种多样性认识所存在的不足和偏差也会导致人们过度关注哺乳动物和鸟类,从而忽视昆虫等其他无脊椎动物的生存环境和生存状态,致使其面临巨大灭绝威胁。②因此,由于主客观原因的限制,要真正实现物种公平还有一段很长的路要走。

(二)公平实现的外部障碍:效率与公平之争

如上节所述,可持续发展视野下的公平难以得到有效推进的一个原因在于其内在比较对象的缺失,而从外在层面来说,公平与效率之间则存在巨大的冲突有待协调。学者经常以"做蛋糕""分蛋糕"来比喻效率与公平,认为只有将"蛋糕"做大了,可供分配的"蛋糕"才会更多,所以应当保证效率优先。早期西方的资本家很好地践行了这一理念,也确实如愿做出了远远超出自身预期的、莫大的"蛋糕"——马克思和恩格斯曾指出,"资产阶级在它的不到一百年的阶级统治中所创造的生产力,比过去一切世代创造的全部生产力还要多,还要大"③。"效率至上"的法则极大促进了生产的发展和社会的变革,但却将公平

---

① [美]E.拉兹洛:《用系统论的观点看世界》,闵家胤译,北京:中国社会科学出版社 1985 年版,第 109 页。

② Masashi Soga and Kevin J. Gaston, "Extinction of Experience: the Loss of Human-nature Interactions", *Frontiers in Ecology and the Environment*, Vol.14, no.2(2016), pp.94—101.

③ 《马克思恩格斯选集》(第一卷),中央编译局译,北京:人民出版社 2012 年版,第 405 页。

与效率对立起来。生产力的发展虽然推动了科学进步和人民整体生活水平的提高，但也带来了贫富差距两极分化、阶级固化等社会问题。以牺牲社会公平为代价来追求效率是不可持续的。

当人们在讨论效率与公平时，主要探讨的是经济效率与经济公平，关注的是"如何将蛋糕做大"以及"如何将蛋糕公平地分配"，而可持续发展则向效率与公平关系的探讨抛出了一个新的问题，即"如何保障蛋糕源源不断地被生产"。经济发展的"蛋糕"做得越大，其所需的"原料"和"生产者"——自然资源和劳动力资源（劳动者数量及其投入劳动的时间和精力）也就越多。因此，如若不合理控制"蛋糕"的大小，过度消耗"原料"，那么人们终有一天会落入"巧妇难为无米之炊"的尴尬境地。因此，可持续理论强调的是发展的代价：发展必将消耗成本，而人们也必须承担成本消耗带来的消极后果。[①]基于此，蒋满元等人指出，应当从以下两个角度去分析理解可持续发展视野下的效率。其一，静态效率：任何一个人想要使自己的处境变好，必须以其他人或物种的处境变差为前提；其二，时际效率：任何人如果想使自己的处境变好，必须以以后时点的人或物种的处境变差为前提。[②]由此可见，在可持续发展理论视野下，对于公平的考量并非从"分蛋糕"，而是从"做蛋糕"这一步就开始的。

1. 如何持续地"做好蛋糕"：发展的效率与公平

可持续发展要求人们控制发展成本，将稀缺的发展成本在不同国家、地区以及不同代际之间合理配置，在"满足当代人需求"的前提下不过度生产和消费，以确保当代人及后代人都能够享有发展机会。但是，当代人的需求合理与否的界定本身就面临着困难。人们的需求体现于消费活动中，而消费也正是所有生产的最终目的。可持续性的发展要求人们抑制其需求、变更其消费和生活方式，以控制发展成本的过快支出。但是，一方面，维持和提高现有生活水平是人之常情，辛勤工作的动机往往是为了过上"更好的生活"。在这样的背景下，人们对于消费水平和生活水平的要求也必然水涨船高，发展成本也将随之不断增加。另一方面，功利主义、经济主义和享乐主义的泛滥也不断刺激着人们的

---

① 陈仕平：《可持续发展面临的现实障碍分析》，载《理论月刊》2003年第9期。
② 蒋满元、唐玉斌：《可持续发展中的公平与效率问题分析》，载《自然辩证法研究》2005年第7期。

欲望,造成人与社会、自然的重重危机。

因此,想要从根本上推行可持续发展战略,必须推行相关理念教育以获得公众素质的支持。联合国教科文组织教育部门于 2005 年启动可持续发展教育十年(2005—2014)计划,旨在让所有年龄段的学习者在社会、环境和经济三个领域中培养与可持续发展相一致的环境意识和道德意识,价值观、态度以及技能和行为,并在此基础上自觉改变行为方式,在日常生活中以实际行动来促进可持续发展,从而实现公众对相关决策的有效参与。①具体来说,可持续发展教育突出生命共存的价值观,注重人与其他物种的基本生存权利,强调文化多样性的重要性。同时,可持续发展教育引导人们重视生活中的能源消耗量、探寻节能减排的具体做法、养成不浪费的理性消费习惯。②因此,贯彻可持续发展教育对于帮助人们克服资源浪费、过度消费等问题,积极面对环境问题与挑战有着十分重要的意义。

虽然教育能够从根本出发,对发展效率与公平起到更持久且有效的推动作用。但教育的普及以及其所取得的效果需要长时间才能够显现出来。因此,在难以对发展上限进行规制的情况下,人们还必须对发展过程中的资源使用进行一些硬性限制,以确保最低限度的公平。例如,世界银行的资源经济学家戴利对资源使用提出了三条具体的最低安全标准:社会使用可再生资源的速度,不得超过可再生资源的更新速度;社会使用不可再生资源的速度,不得超过其作为替代品、可持续利用的再生资源的开发速度;社会排放污染的能力,不得超过环境对污染的吸收能力。③而晏辉则认为人们在追求效率时应当遵守以下两点伦理界线:其一,以最小的生态代价来求得最大的经济效益和社会效益,追求正价值而避免或减少反价值或非价值;其二,追求效率时必须最大限度地避免减少他人和社会的利益,或将这些外部性成本作为成本收益计算的部分确立下来。④

① 赵中建:《教育的使命:面向二十一世纪的教育宣言和行动纲领》,北京:教育科学出版社 1996 年版,第 87 页。

② 陆韵:《日本中学家政课中的可持续发展教育——基于家政课教科书的内容分析》,载《外国中小学教育》2018 年第 3 期。

③ [美]赫尔曼·戴利:《珍惜地球》,北京:商务印书馆 2001 年版,第 67 页。

④ 晏辉:《公平与效率如何可能:社会哲学的分析》,载《郑州大学学报》(哲学社会科学版)2002 年第 4 期。

2. 如何合理地"分好蛋糕":分配的效率与公平

生产效率与分配公平之间的抉择是最大的社会抉择,人类社会也正是在效率与公平的矛盾与协调关系中不断前进。而效率与公平之间的主要矛盾主要体现在以下三个方面。

第一,个体需要与个体创造价值对象之能力的有限性之间的矛盾。从历史和思想的发展和逻辑来看,在人类生产初期,生产能力和意识水平的低下决定了人类创造生活资料的有限性,而此时,平均分配——平等地对每一个生产者的劳动付出和集体意识进行评价是最为有效的分配方式。在人类最基本的生存需要是否能够被满足都岌岌可危的历史阶段,效率必然是优先于公平的首要考量:人们必须利用身边一切可以动用的环境、劳动力资源,以尽可能少的时间、尽可能少的体力消耗去获得尽可能多的生活资料。而随着人类文明的不断进步,生产效率不断得到提升。当人们生存所必需的生活资料都被生产出来且有了剩余的时候,如何分配的问题才被提到首位。此时,生产活动中人与自然的关系就转化成了分配过程中人与人之间的关系。与早期人类不同,如今的生产者很少再需要通过个体联合的形式创造生活资料,每个人都作为独立的社会价值主体,按照自己的能力与喜好参与生活资料的创造。因此,面对智力、体力、交往能力、价值观念等属性上存在巨大差异的不同个体,如何界定他们的需要、分配给他们的各类生活资料是否能够满足其需要,都是值得进一步探讨的问题。

第二,价值的生产者和价值享有者之间的矛盾。作为价值生产的主体——劳动群众,却不是其价值成果的主要占有者和享受者。虽然人理所当然地被视为社会主体,但是在历史上,一部分人甚至多数人,只是被当作客体或价值生产的主体,并不能被称为真正意义上的社会主体。[1]在人类社会早期,体力和智力上占据优势的人自然而然地成为部落的首领,通过管理与领导组织部落的生产生活以换取较之他人更多的生活资料和支配权力。但当生产生活节奏趋于稳定、积累了一定的生活资料以后,这些处于优势地位的人不再像先前那样,把体力和智力发挥到管理上,而是开始专注起那些谋求自身利益最大化的行为。在

---

① 史瑞杰:《论效率与公平的基本问题》,载《理论与现代化》2022 年第 3 期。

这样的历史背景下,公平问题才真正成为一个社会问题。而在每一历史时期下提倡公平、要求公平的人,往往是那些应该得到公平却因为权力和地位上的劣势而没有得到公平的人。以奴隶主占有制、封建主占有制和资本家占有制为主要形态的阶级社会,其生产效率与分配公平的关系具有政治压迫和阶级剥削的特点。尽管社会主义公有制的建立以及强调自由、平等的现代分配正义的提出,为人们更好地解决公平与效率问题奠定了坚实基础,但从事实来看,当前世界范围的贫富两极化现象更趋严重,不公平和不正义依然存在。因此,如何不断地扩大社会价值主体的范围,让每个个体都能平等共享社会发展的积极成果,是今后可持续发展视野下探讨公平与效率问题的一大方向。

第三,人的物质性需要与精神文化需要之间的矛盾。虽然从本质上来说,只有生活资料的初级分配和再分配才存在公平问题。但是随着人类生产能力的不断提高、活动领域的扩大以及社会关系的复杂化,公平问题不再限于生活资料分配这一狭小的领域,而扩展到政治、精神生活等领域。马斯洛的需求层次理论认为,除了生存需求以外,人还有归属、成长等多种精神上的需要。[①]然而,当人们在理解和处置效率与公平关系时,往往只关注经济、社会效率或是分配数额等客观数字的大小,从而忽视了作为价值主体的人的文化以及精神需要,抑或是在功利主义和消费主义等"主流"价值观的视角下异化和畸化了人的发展需要。这都是不符合人的本性的。因此,资源的分配是只满足主体的生存和劳动力再生产的需要,还是能够同时满足主体的多样化需要——如在权利、权益、教育和文化艺术等多方面的需要——才是测量效率与公平政策人性化和合理性的依据。

三、不同学科对于可持续发展公平性问题的思考

如上所述,人类可持续发展存在着一系列的现实障碍和挑战,有待逾越。可持续发展观涵盖着经济、社会和环境三个方面的内容。因此,其并不是一个

---

① Abraham H. Maslowm, "A Theory of Human Motivation", *Psychological Review*, Vol. 50 (1943), pp. 370—396.

单纯的经济学问题,而是一个涉及经济学、社会学、生态伦理学、政治学等多领域的复杂性、综合性系统问题。不同领域或学科对于可持续发展概念的内涵有着自己的理解。例如在经济学视角下,可持续发展的核心是经济发展;在社会学视角下,可持续发展意味着人类应当在生态系统承载范围内,提高人们的生活质量;而在生态伦理学的视角下,寻找一种最佳生态系统和土地利用的空间结构以支持生态完整性和人类愿望的实现,使环境持续性达到最大才是可持续发展的最终目标。因此,自可持续发展概念提出以来,各学科也都从自身角度出发,试图解决人类经济发展与分配中围绕代内公平、代际公平以及物种公平所延伸出的各类公平性问题。

(一) 经济学视角下对公平性问题的探讨

经济学强调"生产",更关注与探讨自然资本使用和经济增长之间的公平性问题。自 20 世纪 80 年代可持续发展概念进入学术研究的视野以来,经济学对可持续发展的理论和政策思考就出现了两种不同的发展思想:一种是以新古典经济学为代表的"弱可持续性发展",这种思想以人为中心,从本质上认为"自然资本"与"人造资本"之间具有完全的可替代性,因此只要资本存量的总价值保持恒定(或增加),使其保留给子孙后代,那么无论留下的是自然资本还是人造资本,其产生的利益种类就不会存在差异。[1]符合这一条件的发展不会损害未来世代的利益,是满足代际公平这一要求的。而另一种,则如苏珊娜·尼尔森所指出的,自然资本不可能被人造资本所完全取代。例如,人造资本不可能复制出已经灭绝的物种。[2]因此,人类应当减少对自然资源的索取,从生态系统对于经济系统的包含性关系入手,系统地解决人类社会从经济增长到福利提高的问题。这种限制自然资源使用、以自然为中心的思想被称为"强可持续发展"思想,其主张正在融入经济政策发展的主流。[3]在这样的理论背景下,经济学视角

---

① Eric Neumayer, "Scarce or Abundant? The Economics of Natural Source Availability", *Journal of Economic Surveys*, Vol.14, no.3(2000), pp.307—335.

② [美]S. Suzanne Nielsen:《食品分析》(第三版),杨严俊等译,北京:中国轻工业出版社 2012 年版。

③ 诸大建:《超越增长:可持续发展经济学如何不同于新古典经济学》,载《学术月刊》2013 年第 10 期。

中对于经济增长是否"公平"的认知与理解也在不断变化。

新古典经济学倾向于简化机制。一方面,它认为一切自然资源的交换价值都可以被估计和定价,并强调自然资源表现为货币的效用。这使得人们对具有较高市场价值的稀缺性资源给予更多关注,而漠视那些缺乏市场价值的资源。①这可能会导致对低市场价值资源的滥用行为。另一方面,新古典经济学认为市场具有自我调节的能力,能够帮助保存稀缺性资源:稀缺性资源在市场中会被定为高价,消费者则会转向购买其替代品,从而减少稀缺性资源的消耗。②在市场自动调节机制和人造资本的补充下,资源的效用和消费都不会随时间推移而下降,经济增长将不存在自然极限。当然,这一看似完美的方法得以成立的前提在于"人造资本能够完全替代自然资本"。但是,正如之前所提到的那样,许多学者对这一观点提出批评,认为该方法缺乏对自然世界复杂性相互作用的理解,也忽视了那些无法以货币或是技术简单取代的资源。③这样的发展模式不能有效促进代际公平和物种公平,甚至还可能因为人类的自负而给地球和后代带来更多的伤害。

表1　生态经济学和传统经济学的比较

比较项目	传统经济学	生态经济学
基本世界观	机械式:静态的	进化的:动态的
时间考量	短期,以年为单位	长期,以代为单位
空间考量	地区-国际	地区-全球
研究对象	人	包括人类的整个生态系统
研究目标	国家经济增长	生态经济系统的永续性
对科技的态度	非常乐观	怀疑态度
研究方法	偏重数学工具	偏重问题探讨

资料来源:李海涛、严茂超、沈文清:《持续发展与生态经济学刍议》,载《江西农业大学学报》2001年第3期。

---

① ［英］A.C.庇古:《福利经济学》,朱泱、张胜纪、吴良健译,北京:商务印书馆2006年版。

② Robert Solow, "An Almost Practical Step toward Sustainability", *Resources Policy*, Vol.19, no.3(1993), pp.162—172.

③ 张晓玲:《可持续发展理论:概念演变、维度与展望》,载《中国科学院院刊》2018年第1期。

然而在新古典经济学的带领下,人们发现自己的经济活动导致地球生态改变,对环境产生破坏性的影响,而人们也终于意识到,近代经济学理论的一大疏忽在于忽视了社会经济系统正常运转所必需的生命支持系统——自然生态系统。自然生态系统不仅向人类提供必需的资源,还能从维持空气品质、调适气候、进行内部循环等各方面为人类的社会经济系统提供支持服务功能。[1]而这是人造资本无法做到的。由此,标志着生态学和经济学有机结合的生态经济学应运而生,与"强可持续发展"思想有着较高的契合度。相较传统经济学,生态经济学在衡量发展目标时对于时间和空间的考量更为充分,不拘泥于经济增长,而是考虑到整个生态经济系统的永续性,更接近公平发展的目标(见表1)。可以预期,作为实现"强可持续发展"的基础学科之一,生态经济学将在今后的经济发展战略中起到越来越重要的指导性作用。

除了对于强、弱可持续发展思想的探讨,新的社会经济形态还会引发新的公平性问题。21世纪以来,移动通信技术、大数据和人工智能飞速发展,全球也进入数字经济时代。《中国数字经济发展白皮书(2017年)》将数字经济定义为"以数字化的知识和信息为关键生产要素,以数字技术创新为核心驱动力,以现代信息网络为重要载体,通过数字技术与实体经济深度融合,不断提高传统专业数字化、智能化水平,加速重构经济发展与政府治理模式的新型经济形态"[2]。从既有的可持续发展理论来看,数字经济似乎使得发展彻底摆脱了对于自然资源的依赖,无形的数据和技术成为新的核心生产要素。同时,越来越多的人工智能、机器学习、数据挖掘等方法被应用于城市规划、政策制定、健康、农业、能源等多种可持续问题的研究,助力可持续发展战略的实施。[3]

那么,数字经济所带来的发展就必然是可持续且公平的吗?郎唯群在对外卖骑手的工作状态进行深入分析后指出,平台经济下企业和劳动者的关系出现

---

[1] 李海涛、严茂超、沈文清:《可持续发展与生态经济学刍议》,载《江西农业大学学报》2001年第3期。

[2] 中国信息通信研究院:《中国数字经济发展白皮书》,中国通信研究院官网:http://www.caict.ac.cn/kxyj/qwfb/bps/201804/P020170713408029202449.pdf。

[3] 周绮凤、李涛:《从政策驱动到技术践行:大数据开辟可持续发展研究新途径》,载《大数据》2016年第1期。

新的不公平。①算法已经成为平台经营者实现自身利润最大化的利器,但这一目标的实现是建立在劳动异化以及劳动者客体化之上的。信息技术的不对等使得中低端劳动者在与资本的博弈中处于更加弱势的地位,甚至连人身安全都无法得到应有的保障。因此,在数字经济的背景之下,政府也应当对算法、人工智能等技术的运用和伦理性加以监管,避免其在增进效率的同时产生新的不公平。

(二) 社会学视角下对公平性问题的探讨

社会学强调"生活",主要从社会制度、价值观构建等社会建设层面研究资源分配和个体发展,尤其是精神文化发展中面临的公平性问题。随着可持续发展概念内涵不断充实扩大,越来越多的注意力从经济转向了社会的可持续性。伊格纳西·萨克斯对可持续的社会作出以下解释:社会可持续包括获得某种程度的社会同质性、公平的收入分配、能保证生活质量的就业和资源与服务的公平共享。②社会可持续中包含着两个层面的公平问题,一是满足所有群体的基本需要;二是保证群体参与发展决策的权利。③前者需要依靠政府调控以及社会制度的力量,例如人口问题,劳动就业问题,养老、医疗等社会保障问题和社会管理问题等就是社会学所重点关注的研究问题;而后者则要求群体成员有为了共同利益自愿采取行动的意愿。除了政府自上而下的管理以外,集体行动在可持续发展战略实施中也有着极其重要的作用。"囚徒困境"和"公地悲剧"等经典案例已经充分说明,个体的利己心是环境污染和可持续发展政策无法有效实施的内在原因,也是无法形成合乎理性的集体行动的根源。因此,必须依靠信任、网络、共同价值观和社会规范等社会资本的创建和运用来培养个体的环境伦理观,影响个体行为选择,从而促成合理集体行动的产生,提高群众在环境保护和可持续发展中的参与度,做到以群众为主体推进真正的可持续发展。

与社会学一样,可持续发展的核心是人,其终极关怀就是人的全面发展。

---

① 郎唯群:《平台经济的公平与效率——以外卖骑手为例》,载《社会科学动态》2021年第4期。

② Ignacy Sachs, *Social Sustainability and Whole Development*: *Exploring the Dimensions of Sustainable Development*, London and New York: Zed books, 1999.

③ 张旭、李永贵:《社会资本、集体行动与可持续发展》,载《理论学刊》2013年第4期。

而可持续发展应当为人的全面发展提供时间保障。自由时间是一个人可供自己支配的时间,也是人得以充分发展的时间。①在数字时代来临之前,可持续发展要求人们少投入、多产出,提高劳动生产率,缩短劳动时间以为每个人的全面发展提供更多自由时间。②而现在,资本却又以新的形式将这些自由时间进行回收。在数字经济时代,手机、电脑、虚拟现实设备等高科技产品不断更新换代,不知不觉中已经占据人们的生活。虽然这些高科技产品给人们的生活带来了前所未有的便利,提供了许多新奇的体验,但我们也必须正视科技发展中潜在的不公平因素可能对当代人或后代人产生的负效应和严重后果。例如,一些手机游戏和网络社交媒体的开发者会有意在其产品中加入致瘾性设计(如内容推荐、点赞、成就收集),以延长受众参与时间、扩大用户规模、提升收益。③但用户在下载并开始使用这些应用时,并未被告知这些致瘾性"陷阱"的存在。这种开发者和用户之间的信息不透明带来了不公平的结果:用户拥有的"时间"这一稀缺资源在其不知情的情况下被开发者所消耗。开发者通过数据追踪、监控等现代科技手段从这些自由时间中压榨出新的商业价值,而其留给人们的只有不稳定的情绪和涣散的注意力。因此,科技应用的合理化是一个漫长过程,人们必须时刻警惕对科技不合理应用所引发的耗费、损失,以及其可能引起的更为严重的劳动异化及消费异化。

(三) 生态伦理学视角下对公平性问题的探讨

生态伦理学强调"生态",关注的是当代人与后代人、人类与自然以及其他物种之间的道德关系以及发展公平。生态伦理观认为不同国家和不同种族之间是平等的,种族没有优劣之分,国家也只有发展的阶段的不同。因此,发达国家和富裕地区应当在资金和技术方面援助发展中国家,对贫困地区的残疾人、辍学儿童等社会弱势群体给予帮助。相较只涉及当代人际关系的传统伦理学,生态伦理则强调代际平等和代际财富的转移。同时,生态伦理观还把其道德关

---

① 郭谨虎:《论人的全面发展和社会制度建设》,载《河北学刊》2003 年第 1 期。

② 王素贞:《可持续发展与人的全面发展》,载《河南商业高等专科学校学报》2005 年第 1 期。

③ Adam Alter, *Irresistible*: *The Rise of Addictive Technology and the Business of Keeping Us Hooked*, New York: Penguin Press, 2017.

照扩展至非人类的自然利益以及植物、动物和生态系统的权利。人们在利用自然环境资源时往往只重视其工具以及效用价值，而生态伦理观则提出自然以及非人生物也具有其内在价值，比如基因多样性就是各类物种存在价值之一，是自然界的财富，应当由当代人对其进行保护，并向后代人进行传递。①

为了保障发展中的公平，生态伦理学提出了两条人类应当遵守的基本行为准则：一是尊重自然的原则。这里所说的尊重自然主要是指尊重自然生态系统的完整与稳定，既是对生物多样性的保护，又是对自然秩序和环境限度的尊重。人们在享用自然资源的时候，必须遵循自然界及其物质的固有规律，以不改变自然生态系统的基本秩序、不破坏自然生态系统为限度。二是责任原则。生态伦理学要求人类承担起对自然环境健康发展的责任，自觉承担起地球守护人和道德代理人的责任，维护自然界的和谐美丽，实现人与自然之间的公平。②

四、结　　语

自可持续发展概念首次提出已经过去 50 年，尽管区域发展不平衡、贫富差距日益扩大、环境污染严重等诸多全球性问题依然存在，但在世界各国的共同努力下，可持续发展也获得了可贵的成果。例如，2022 年联合国发布的评估报告中称，人类拯救臭氧层的行动获得巨大成功，若保持现有政策不变，地球臭氧层将在 2066 年恢复到正常水平。③这一成功也通过实践证明，可持续发展并不只是一个不切实际的标语或口号，在科学的指导和全球共同努力推进下，可持续发展战略是可行且拥有广阔前景的。因此，人们应当坚持可持续发展，建立全球南北合作与沟通的平台，通过自然科学和社会科学领域的交叉成果，从全人类整体利益出发，制定适合的可持续性政策，调节人与人之间的关系（代内公平）、平衡人与物种之间的关系（物种公平），从而最终达到当代与后代之间的平衡（代际公平）。

---

① 王宏康：《生态伦理学的建立与发展》，载《生态农业研究》1998 年第 6 期。

② 曹海英：《公平原则的环境伦理学阐释》，载《北京林业大学学报》（社会科学版）2002 年第 1 期。

③ World Meteorological Organization（WMO），"Executive Summary. Scientific Assessment of Ozone"，Depletion GAW Report NO.278，WMO：Geneva，2022，p.56.

可持续发展与气候变化全球治理

孟维瞻[*]

气候变化对全球自然生态和社会经济的可持续发展产生深刻的影响,已经成为全球治理架构中最为重要的议题。尽管社会科学与自然科学学者已经论证,应对气候变化与实现可持续发展两者可以共同增效,但在现实中,不同社会和政治力量对可持续发展的理解差异,还是会导致应对气候变化的努力困难重重。在实践中,两者的进程并不总是协调一致,各种目标之间要权衡取舍,各种社会和政治力量实现可持续发展理念的路径经常彼此相抵触。在西方国家,资本与民粹是对立统一的关系。[①]两种力量只要其中一个不受制衡,气候变化全球治理就容易陷入困境。可持续发展的社会前提是各个群体之间相互尊重利益,资本和民粹共生和制衡,任何一方的利益遭受损害后都会导致可持续发展道路被中断。本文试图建立一个阐释资本与民粹博弈的框架,来理解未来解决应对气候变化集体行动困境的策略,以实现两种理念的协同增效。未来各国将会认真反省自己过去的得失,从而为新一轮气候治理合作提供积极动力。

一、可持续发展理念与气候变化全球治理各自的发展历程

本文讨论的是可持续发展理念与气候变化全球治理之间的关系。鉴于本

---

* 孟维瞻,博士,复旦大学社会科学高等研究院讲师、专职研究人员。

① 民粹主义一般指反对精英统治、希望依靠平民大众对社会进行激进改革的思潮。不是所有的草根集团和组织都具有民粹主义色彩,那些依靠自发组织和大众舆论的社会运动一般都是合理的政治存在,但鉴于社会运动的过度激进化会使这种运动民粹化,故而本文以民粹概念指称此类运动和组织。

书其他作者已经对可持续发展理念进行了充分的阐释,本文仅用少量文字对其进行介绍。

(一) 可持续发展理念的缘起与演变

第二次世界大战结束之后,世界迎来了期盼已久的长期和平,各国工业发展迅速,人口呈现爆炸式增长,导致严重的环境污染和生态环境破坏。可持续发展的概念在人类改造自然的实践过程中逐渐形成。20世纪60年代开始,《寂静的春天》《增长的极限》等一系列影响深远的著作、报告相继问世,引起很大的反响。虽然这些作品从一开始就伴随争议,很多预言并未被后来的事实证实,但是它们让世人认识到环境污染的严重性,从而促使各国政府提前着手规划,从无限制增长模式转向可持续增长,避开了很多弯路。

1972年,联合国人类环境会议全体会议于斯德哥尔摩通过《联合国人类环境会议宣言》。1982年,为纪念此次会议召开十周年,联合国成员国在内罗毕国际环境会议上通过了《非洲领导人关于气候变化的内罗毕宣言及行动呼吁》(简称《内罗毕宣言》),会议建议成立世界环境与发展委员会。1987年,世界环境与发展委员会通过了《东京宣言》,并公布题为《我们共同的未来》的报告书,将可持续发展定义为既满足人类目前的需要,又不对子孙后代满足其需要的能力构成危害的发展方式。1992年,联合国环境与发展会议在巴西里约热内卢召开,会议通过了《关于环境与发展的里约宣言》《21世纪议程》《关于森林问题的原则声明》三项重要文件,成为可持续发展理念发展的重要里程碑。此后,可持续发展概念的内涵不断丰富,涵盖了人类生产生活的方方面面,包括经济、社会和生态等重要领域。

2000年,在联合国千年首脑会议上,189个国家签署《联合国千年宣言》并且通过了一份为期15年的行动计划,即"联合国千年发展目标"。2015年,联合国可持续发展问题特别峰会召开,制定了下一个15年的行动计划和发展蓝图,即《变革我们的世界:2030年可持续发展议程》(简称《2030年可持续发展议程》),将千年发展目标的未竟事业列为新的发展目标。193个成员国通过了17项联合国可持续发展目标和169项具体目标。比较而言,联合国千年发展目标主要面向发展中国家,而《2030年可持续发展议程》适用于所有国家,诸如气候等议题只有在世界各国共同协作的情况下才能实现。《2030年可持续发展议程》强调可持续发展的三个维度,即社会、经济和环境的平衡,具有更为强有力的执行手段以及更为完善的组织建设,并且制定了更为严密的执行和检测机制。

可持续发展包含可持续和发展两个方面。研究者对发展的分歧较小,而针对可持续性的争议较大。不可替代性范式认为,自然资源在生产和消费中的作用是不可替代的;可替代性范式则认为,可持续性是由社会资源和自然资源共同决定的,人类创造出的社会资源可以弥补对自然资源破坏而造成的损失。[1]后者显然更符合人类社会发展的现实需要。虽然可持续发展思想源于生态和环保思潮,但对这个概念进行最详细的学理阐释的是经济学家。[2]在现实中,实现可持续发展无法回避讨论如何最有效地组织经济社会的发展,这显然关系到各个国家的根本的政治制度,各国对这个议题的分歧依然很明显。

(二)气候变化全球治理的艰难探索

早在19世纪初,就有科学家发现了气候变化的潜在灾难性影响,当时有人认为冰盖融化和温室气体效应之间有因果联系。到了19世纪后期,温室气体排放被证实确实会对气候产生不利影响。[3]第二次世界大战结束之后,世界人口快速增长,大量不可再生资源被消耗,温室气体被过度排放。气候变化具有不可逆性,一旦破坏很难被修复,因此是全球治理的难题。气候变化"归根到底是发展问题,最终要靠可持续发展加以解决"[4]。

全球气候治理从20世纪70年代就已经开始。1972年的联合国人类环境会议通过了《人类环境行动计划》。1979年,第一次世界气候大会在瑞士日内瓦召开。会议提醒人们防范大气中二氧化碳含量的增长。1987年,世界环境与发展委员会发布的报告《我们共同的未来》得到广泛的关注。报告呼吁国际社会

---

① 权威的论述,参见 John M. Hartwick, "Intergenerational Equity and the Investing of Rents from Exhaustible Resources", *American Economic Review*, Vol.67, no.5(1977), pp.972—974。

② 邓柏盛:《可持续发展研究的四大分歧》,载《北方经济》2007年第21期,第52—53页。

③ John S. Sawyer, "Man-made Carbon Dioxide and the 'Greenhouse' Effect", *Nature*, no.239 (1972), pp.23—26, https://doi.org/10.1038/239023a0。

④ 袁祥:《应对全球气候变暖的中国行动》,载《光明日报》2009年8月25日第5版。

采取共同行动应对气候变化这一重大挑战。1988 年,联合国环境规划署和世界气象组织联合成立了"联合国政府间气候变化专门委员会"(Intergovernmental Panel on Climate Change)。这是一个咨询机构,主要职能是为政府决策者提供有关气候变化成因及其潜在影响的客观科学知识,并对气候变化的发展趋势进行评估。委员会每五年出版一次评估报告,已经五次出版报告。

1990 年 12 月,第 45 届联合国大会通过题为《为今世后代保护全球气候》的45/212 号决议,决定设立一个委员会,其任务是制定一项有效的气候变化框架公约,由此正式拉开了国际气候谈判和全球气候治理的序幕。从 1991 年到1992 年,各国先后进行了五轮谈判,最终联合国大会在 1992 年 5 月批准通过《联合国气候变化框架公约》,并在 6 月召开的里约热内卢联合国环境与发展会议上面向成员国开放签署。这被认为是气候变化全球治理的最重要的里程碑,也是可持续发展理念与气候变化议题在历史上的第一次交集。该公约规定了"共同但有区别的责任"原则,即发达国家应该在应对气候变化及其不利影响的过程中承担更多义务,率先减排并向发展中国家提供资金和技术,以增加发展中国家应对气候变化的能力。

1997 年,该公约的第三次缔约方会议通过《〈联合国气候变化框架公约〉京都议定书》(简称《京都议定书》),并于 2005 年生效,全球 140 多个国家相继签署。《京都议定书》采取自上而下的减排目标分摊模式,针对发达国家制定了具有法律约束力的减排指标。《京都议定书》允许国家之间进行碳排放权交易。为了让更多国家接受要求,它将减排目标定得过低,因此受到环保主义者的批评。尽管如此,美国、澳大利亚、加拿大的保守党上台执政时,纷纷拒签或退出《京都议定书》,日本也态度模糊,从而导致这次全球治理努力遭受重大挫折。

2002 年,第 8 次缔约方会议在印度新德里举行。会议通过的《气候变化和可持续发展问题德里部长宣言》(简称《德里宣言》)明确指出,应对气候变化必须在可持续发展的框架内进行,可持续发展是国际社会在长时期内应对气候变化的唯一可行办法。《德里宣言》丰富了可持续发展的内涵,充分论证了它与气候变化治理之间的关系。它强调,任何关于应对气候变化的制度都必须满足发展中国家人民的基本人权,符合发展中国家的基本国情,应该合理照顾发展中国家的应对气候变化的实际能力。这是可持续发展理念和气候变化议题的第二次交集。

2009 年,第 15 次缔约方会议在丹麦哥本哈根召开。会议延续 1992 年和 1997 年的精神,即贯彻"共同但有区别的责任"原则。会议通过的《哥本哈根协议》,主要涉及 2012 年至 2020 年的全球减排问题。该协议认为发展中国家也不能不受限制地排放二氧化碳,但是仍要求发达国家为发展中国家提供一定资金支持。由于部分发达国家的反对,协议没有被赋予法律约束力。

2015 年 11 月至 12 月,第 21 次缔约方会议通过具有法律约束力的《巴黎协定》,明确制定了将 21 世纪全球平均气温上升幅度控制在 2 摄氏度以内的目标。[①]在此两个月之前,联合国可持续发展问题特别峰会详细阐述了可持续发展理念与气候变化全球治理的关系,因此成为这两个议题的第三次交集。

与《京都议定书》的自上而下的分摊模式不同,《巴黎协定》采取的是自下而上的"国家自主贡献"以及混合治理的路径,适当照顾各国的国情,以发挥各国自主减排的能动性,并积极动员各国政府、企业、非政府组织广泛参与应对气候变化的行动。这就使得气候变化全球治理的可操作性、可持续性变得更强。2016 年 4 月,联合国总部举行《巴黎协定》的签署仪式,同年 11 月生效。

《巴黎协定》的谈判过程经历了四年。该协定签订之前,发展中国家的累计碳排放量及其增长速度,已经远远超过发达国家,人均碳排放量则更高。在这种情况下,发达国家认为自己不应该过多承担减排责任。《巴黎协定》最重要的特征是暂时缓解了发达国家与发展中国家在气候变化问题上的分歧,不再提及工业国家碳排放的历史责任,使得"共同但有区别"原则中的区别性被淡化了。该协定鼓励发达国家为发展中国家的低碳经济发展提供补偿,换取发展中国家做出一些让步,目前多数国家暂时并未对减排责任提出异议。但这种妥协将会持续多久,是一个疑问。

最近几年,气候变化全球治理出现了越来越多的积极势头。2018 年,联合国气候变化大会在波兰卡托维兹举行。会议完成《巴黎协定》实施细则谈判,通过了一揽子全面、平衡、有力度的成果,以全面落实《巴黎协定》的各项条款要

---

① "Paris Agreement", Dec 12, 2015, https://unfccc.int/files/meetings/paris_nov_2015/application/pdf/paris_agreement_english_.pdf? gclid = CjwKCAjw3oqoBhAjEiwA_UaLtgjY_wlD2j1NZbpV1VLNcVnOuVYYvkmsTECZ2gz2jCk9VTY6FL1ykhoCZGoQAvD_BwE, 2023-09-15.

求。2021 年,联合国气候变化大会在英国格拉斯哥召开。大会通过《格拉斯哥气候公约》,制定了全球碳市场框架细则,这是落实《巴黎协定》取得的成果。2022 年,联合国气候变化大会在埃及沙姆沙伊赫召开。大会通过了数十项决议,建立损失与损害基金,用于补偿气候脆弱国家因气候变化而遭受的损害。未来,气候变化全球治理的前路依然会充满艰辛。

二、文献综述——可持续发展与气候变化全球治理能否协同?

讨论可持续发展的相关文献浩如烟海,研究气候变化全球治理的著作卷帙浩繁。但是讨论这两个概念之间关联的文献却比较有限。两者的关系可能会表现为协调增效的正相关,也可能是权衡取舍的反相关。

(一)可持续发展与气候变化全球治理的协同增效

气候变化毫无疑问会影响人口、资本、自然资源的可持续发展。例如,气候灾害将会导致某个地区长期贫困,或者导致人口外流。众所周知的是,如果世界平均气温出现不可逆的增长,那么很多富庶的农业区将会变成不毛之地,非洲将会出现更多的战乱,生物多样性遭受毁灭性冲击。海平面上升将会导致世界上沿海地区很多发达的大城市被海水淹没,过去几十年甚至几百年经济社会发展的努力付诸东流。此外,空气温度的变化将会导致疾病的加速传播,以及细菌和病毒的肆虐和变异,例如疟疾、登革热、霍乱、痢疾,老幼妇孺首当其冲。尤其重要的是,已经有科学家证实,新冠病毒的产生和变异与全球气候变化密切相关。[①]

气候变化趋势得到适当减缓,则可以促进社会、经济和环境的可持续发展,减少人类的财产损失甚至创造新的收益。例如,清洁能源的使用可以推动国家技术创新竞争力以及在国际中的领导力;将温室效应限制在一定范围之内可以保证粮食安全和农业可持续发展,确保不出现规模性的饥饿、返贫现象。

---

① Robert M. Beyer, Andrea Manica and Camilo Mora, "Shifts in Global Bat Diversity Suggest a Possible Role of Climate Change in the Emergence of SARS-CoV-1 and SARS-CoV-2", *Science of the Total Environment*, Vol.767, (2021), https://doi.org/10.1016/j.scitotenv.2021.145413.

　　《2030 年可持续发展议程》中的部分目标直接涉及应对气候变化行动,包括消除饥饿与保证可持续的粮食安全、为所有人提供水资源并保证可持续的管理、确保人人获得可靠和可持续的现代能源、建造具备抵御灾害能力的基础设施、建设安全和有抵御灾害能力的城市和人类住区、保护和可持续地利用陆地生态系统以及海洋资源、防治荒漠化和维护生物多样性。坚持和落实可持续发展原则可以提升政府和民众应对气候变化的能力。一个地区的经济发展水平、居民受教育程度、防汛抗旱的基础设施建设水平以及财政与社会保障体系的健全程度,都会有效影响自然灾害带来的损失。

　　董亮博士分析了《2030 年可持续发展议程》与旨在应对气候变化的《巴黎协定》两个国际治理议程进行协同治理的可能性。首先,虽然这两个国际议程各自有复杂的规则、独立的制度,并且两者的规范和机制之间可能存在潜在的冲突,但是它们毕竟都隶属于联合国体制,未来可实现更好的联合实施。其次,在治理路径上,两个议程均强调以"自下而上"推动"自上而下"的原则,突出国家层面采取气候应对措施的自主性、自愿性,同时两者都倡导多元行为体的广泛参与。再次,两者的实施手段相似,资金来源、技术机制日益多元交叉,具有较大的协调空间。而且,两个议程在治理上具有同步性,都将 2030 年规定为实现初步低碳减排的时间节点。最后,虽然《巴黎协定》强调发展中国家的减排义务,但《2030 年可持续发展议程》提前对《巴黎协定》的制度安排进行了说明,并承诺为发展中国家提供资金支持,帮助其提高履约的透明度。①

　　方恺研究员及其同事指出,自 1987 年"可持续发展"理念提出之后,它与气候治理问题呈现相对独立的发展态势,彼此交集很少,直到 2019 年旨在促进气候与可持续发展目标协同的国际会议在哥本哈根召开,这两个理念和目标才开始探索融合之路。之后,气候治理与可持续发展目标之间的联系日趋紧密,两者在全球治理和国家治理方面进行深度融合。②

　　宋蕾博士基于 2011 年亚洲银行提出并于 2016 年被中国领导人使用的"包

---

① 董亮:《协同治理:2030 年可持续发展议程与应对气候变化的国际制度分析》,载《中国人口·资源与环境》2020 年第 4 期,第 16—25 页。

② 方恺、李程琳、许安琪:《气候治理与可持续发展目标深度融合研究》,载《治理研究》2021 年第 3 期,第 91 页。

容性发展"重要理念,衍生发展出"气候包容性发展"的概念。一方面,这个概念强调气候治理路径必须遵循可持续发展的路径和目标指导。气候治理不是放弃发展来减少全球气候变暖的影响,而是通过转变发展方式来促进气候公平和协同治理。另一方面,这个概念强调包容性发展中气候治理的重要作用。气候变化减缓、适应对于促进绿色发展、减少贫困和改善人口健康等可持续发展目标具有显著意义。①

张海滨教授认为,国际社会推动全球气候治理的可持续发展,应该从以下方面对症下药。首先,全球气候治理必须旗帜鲜明地坚持真正的多边主义。坚持全球利益和国家利益的有机统一,摒弃本国利益至上、无视人类共同利益的自私和褊狭思维;开放包容,确保国际气候谈判进程开放透明,使所有利益攸关方的利益都能被充分照顾考虑;坚决反对搞排他性"小圈子"和将应对气候变化意识形态化,搞所谓民主国家和非民主国家之分的假多边主义。其次,必须坚持联合国的核心和主体地位,必须坚持"共同但有区别的责任"原则,发达国家应尊重发展中国家的发展权益。最后,充分发挥大国在推进全球气候治理中的引领作用,通过大国之间的合作增强国际社会对全球气候治理发展前景的信心。

2019 年,《自然》期刊子刊《可持续性》(Nature Sustainability) 发表了一篇文章,通过结构化的证据证明气候变化的确可以破坏《2030 年可持续发展议程》中确定的 16 个可持续发展目标,而应对气候变化可以促进所有 17 个可持续发展目标的实现,其中有 12 个目标最具关键意义。更重要的是,这项研究批驳了一些常见说法,如气候变化对于世界上一些地区具有积极影响,以及气候变化可以提高一些国家的农业生产力,等等。②

一篇由几位日本学者合作撰写的文章认为,虽然气候减缓行动与可持续发展目标之间存在协同作用,但我们对这种相互作用的程度仍然知之甚少,因此有必要从量化角度研究二氧化碳的减排程度对于可持续发展的具体影响,尤其

---

① 宋蕾:《气候政策创新的演变:气候减缓、适应和可持续发展的包容性发展路径》,载《社会科学》2018 年第 3 期,第 29—30 页。

② Francesco Fuso Nerini, Benjamin Sovacool, Nick Hughes et al., "Connecting Climate Action With Other Sustainable Development Goals", *Nature Sustainability*, Vol. 2 (2019), pp. 674—680, https://doi.org/10.1038/s41893-019-0334-y.

是二氧化碳单位减排量对于可持续发展指标的边际影响。作者发现,大气中每减少1%的二氧化碳,可以避免0.57%的与空气污染相关的过早死亡。[①]

一个由马来西亚、印度、中东、中国香港的研究者组成的团队全面评估了数字化作为应对气候变化的工具的潜力,以及数字化在应对气候灾害、促进公民参与方面的潜力。通过培育气候友好型城市,数字化可以推动城市社会经济的动态可持续发展。[②]

几位东南亚学者评估了1985年到2015年东南亚各国环境变化与收入不平等之间的关系,他们的面板回归检验结果表明,减少收入不平等可以减少环境退化,实现可持续发展。[③]

几位来自世界各大洲的女性学者通过实证研究分析了城市中哪些群体更容易受到气候变化加剧的影响。她们发现,低收入居民和女性特别容易受到气候变化的影响,而且会受到政府出台应对和减缓气候变化的政策的影响。因此,解决城市可持续发展问题的关键在于广泛推行福利措施,以减少女性群体中的贫困人口数量,让妇女充分参与决策过程。[④]

两位西班牙学者则从伦理人类学角度讨论了气候变化与可持续发展之间的关系。他们认为,虽然应对气候变化有利于人类可持续发展,但是人类的逐利本能决定了无法将其有效落实。只有推广西方的基督教有神论信仰,才能确立可持续发展的道德基础,从而有效促进共同应对气候变化,造福于人类和地球。[⑤]

---

① Shinichiro Fujimori, Tomoko Hasegawa, Kiyoshi Takahashi et al., "Measuring the Sustainable Development Implications of Climate Change Mitigation", *Environmental Research Letters*, Vol.15, no.8 (2020), doi: 10.1088/1748-9326/ab9966.

② Abdul-Lateef Balogun et al., "Assessing the Potentials of Digitalization as a Tool for Climate Change Adaptation and Sustainable Development in Urban Centres", *Sustainable Cities and Society*, Vol.53, (2020), https://doi.org/10.1016/j.scs.2019.101888.

③ Muhammad Mehedi Masud et al., "Does Income Inequality affect Environmental Sustainability? Evidence from the ASEAN-5", *Journal of the Asia Pacific Economy*, Vol.23, no.2(2018), pp.213—228, doi: 10.1080/13547860.2018.1442146.

④ Diana Reckien, Felix Creutzig, Blanca Fernandez et al., "Climate Change, Equity and the Sustainable Development Goals: An Urban Perspective", *Environment and Urbanization*, Vol.29, no.1 (2017), pp.159—182, https://doi.org/10.1177/0956247816677778.

⑤ José Luis Sánchez García and Juan María Díez Sanz, "Climate Change, Ethics and Sustainability: An Innovative Approach", *Journal of Innovation & Knowledge*, Vol.3, no.2(2018), pp.70—75, https://doi.org/10.1016/j.jik.2017.12.002.

（二）可持续发展与气候变化全球治理的权衡取舍

在实践中,正如学者观察到的,虽然《巴黎协定》和《2030 年可持续发展议程》都重点讨论了应对气候变化的问题,但两者的进程彼此并不总是协调一致,有时也会出现一些冲突和矛盾。[①]例如,为了将全球气温升高控制在 2 摄氏度之内,必须严格限制温室气体的排放。但是全世界绝大多数发展中国家依然依赖于化石能源,因此气候治理与发展中国家的发展需求彼此是矛盾的。我们不应将气候治理作为限制发展中国家发展、降低其经济增速的理由,而是应该在两者间取得平衡。又如,由于新能源的使用尚未普及,严格温室气体排放难免会阻碍各国的经济发展,尤其是工业发展。清洁能源的发展可能会导致与化石能源相关联的行业出现大规模的失业现象,化石能源的供给不足可能会妨碍各国消除贫困和不平等,影响发展的可持续性。要想保护海岸环境、减缓地面下沉,防止海水倒灌、增强应对台风等气候灾害的能力,就要限制沿海地区的经济发展和移民涌入,等等。为此,2019 年,联合国经济社会理事会开始讨论如何解决这两个重要文件之间的矛盾以及推动有效协同。

沈木珠教授认为,全球应对气候变化的核心是减少温室气体排放,而各国的经济发展,特别是发展中国家近阶段的经济快速发展都需要一定量的温室气体排放空间,否则经济就无法发展,国民的生活水平就无法提高,应对气候变化也就成为一句空话。[②]

英国一个科学家团队在《自然》杂志一个子刊上撰文指出,虽然《巴黎协定》和《2030 年可持续发展议程》之间存在协同增效的潜力,但学术界仍然对可持续发展的具体目标与应对气候变化之间的复杂关系了解不足,因此这两个议程之间的协调工作在实践中阻碍重重,某些情况下应对气候变化可能会损害可持续发展。因此,有必要从理论上提出一个框架,厘清生态系统和社会经济活动之间的复杂逻辑关系,从而更细致地了解气候变化对可持续发展的所有目标的影

---

① 方恺、李程琳、许安琪:《气候治理与可持续发展目标深度融合研究》,载《治理研究》2021 年第 3 期,第 91 页。

② 沈木珠:《可持续发展原则与应对全球气候变化的理论分析》,载《山东社会科学》2013 年第 1 期,第 167—168 页。

响。根据该框架,如果处理得当,到 2030 年有 68% 的可持续发展目标可以免受近期气候风险的影响。①

三位德国学者指出,可持续发展的 17 个目标之间彼此并不总是协同增效,在实践中有时也不得不进行权衡取舍。各种目标之间在互动的过程中,协同作用会减弱,权衡取舍以及非关联性会增加。例如,研究发现,"让民众享有购买得起的清洁能源"与"消除贫困"以及"良好健康和福祉"这两个目标之间的竞争作用尤为强烈,即脱贫与医疗卫生的进步可能会导致民众无法负担必要的清洁能源。相关的发展趋势令人担忧,而且暂时缺乏有效的解决办法。未来高收入国家依然应该设法让低收入国家从前者的最新发展中受益,例如帮助其普及太阳能电池板,以减少排放。②

美国密歇根大学学者斯科特·E.卡拉法蒂斯(Scott E. Kalafatis)认为,经济发展、可持续性和应对气候变化目标之间的重叠性对制定应对气候变化的政策具有政治和实践影响。但有时它们之间并没有重叠。通过对美国 287 个城市的调查发现,在那些预算盈余、家庭收入较高和制造业就业比例下降的城市,经济发展与应对气候变化目标之间的重叠性会比较明显。③

两位土耳其学者从非西方视角分析了可再生能源可持续发展与减缓气候变化之间的关系。他们认为,政治环境和市场条件已成为阻碍发展中国家、最不发达国家和发达国家充分发挥其减缓气候变化的潜力的障碍。市场失灵、缺乏信息以及以低效方式利用能源往往会阻碍可再生能源的可持续性及其减缓气候变化的能力。为此,三类国家彼此应该合理分工。发达国家应将脱碳政策和战略全方位地引入各种有可能增加温室气体排放的工业领域;发展中国家应该努力提高气候变化研究能力,增加技能培训;最不发达国家应在全球支持下

① Lena I. Fuldauer et al., "Targeting Climate Adaptation to Safeguard and Advance the Sustainable Development Goals", *Nature Communications*, Vol.13(2022), https://doi.org/10.1038/s41467-022-31202-w.

② Christian Kroll, Anne Warchold and Prajal Pradhan, "Sustainable Development Goals (SDGs): Are We Successful in Turning Trade-Offs into Synergies?" *Palgrave Communications*, Vol.5 (2019), https://doi.org/10.1057/s41599-019-0335-5.

③ Scott E. Kalafatis, "When Do Climate Change, Sustainability, and Economic Development Considerations Overlap in Cities?" *Environmental Politics*, Vol.27, no.1(2018), pp.115—138, doi: 10.1080/09644016.2017.1373419.

开发和测试工具和方法,指导气候变化减缓、适应和预警的政策和决策制定。①

三、分析框架——资本与民粹的斗争以及 各自可持续发展理念的冲突

尽管社会科学与自然科学学者已经论证,应对气候变化大体上有利于造福人类社会,有助于实现全方位的可持续发展,但现实中依然有很多政治和社会力量反对在应对气候变化议题上承担义务。这种现象说明,不同的国家以及国家内部的各种不同力量,对于可持续发展的具体内容的理解有很大的分歧。

可持续发展不仅包括自然和生态的方面,也包括经济和社会的方面。每个国家内部的各种不同的政治观点和立场,其实就是源于对可持续发展各种议题的优先排序的理解的差异,或者源自对于"可持续"和"发展"的优先排序的理解的差异。每个政党都有各自的可持续发展理念,认为自己的政治主张可以更好地推动经济和社会的可持续发展。每个政治力量对于可持续发展理念的阐释都可以获得一部分民众的支持。

西方国家的政治实践中,经常以"左""中""右"来界定各种不同政党的属性。对于应对气候变化这个议题而言,可以将其简化为"资本"与"民粹"两种力量之间的博弈。资本和民粹,分别既可以是应对气候变化义务的支持者和推动者,也可以是反对者和阻挠者。每种政治力量在实践中,其观点和立场不是一成不变的。但是有一个规律几乎是普遍的:任何一种可持续发展的理念主张都不可能长期处于政治实践之中,一个政党的执政一定会激发反方向的可持续理念的兴起,彼此不断制衡。②

---

① Phebe Asantewaa Owusu and Samuel Asumadu-Sarkodie, "A Review of Renewable Energy Sources, Sustainability Issues and Climate Change Mitigation", *Cogent Engineering*, Vol.3, no.1(2016), doi: 10.1080/23311916.2016.1167990.

② 芝加哥大学商学院教授拉古拉姆·拉詹(Raghuram Rajan)和笔者的观点很相似。见 Raghuram Rajan, "Why Capitalism Needs Populism, World Economic Forum", May 10, 2019, https://www.weforum.org/agenda/2019/05/why-capitalism-needs-populism? DAG = 3&gclid = Cj0KC Qjwk7ugBhDIARIsAGuvgPaxk1XEtfVj9WsXE008qtsL9SyE-xhwdUn_5zjbeootSypwFkBMFpUaAmUmEA Lw_wcB,访问日期:2023 年 9 月 15 日;哈佛大学教授丹尼·罗德里克(Dani Rodrik)论证了为什么经济全球化的高级阶段会产生政治反弹,见 Dani Rodrik, "Populism and the Economics of Globalization", *Journal of International Business Policy*, Vol.1(2018), pp.12—33, https://doi.org/10.1057/s42214-018-0001-4。

在一个国家内部,资本与民粹两种力量有时可能会相互合作,但是一般情况下是处于相互斗争的状态。在应对气候变化议题上,双方此消彼长。无论是资本力量过于强大,还是民粹力量太强大,都可能会阻碍本国参与气候变化全球治理。本文接下来在实证部分详细展示。环保主义者最初以民粹面貌出现,以制衡资本的势力,纠正资本的逐利本性,迫使资本家控制下的政府重视气候变化问题为初衷。但是,当最初的环保主义者与资本力量合流并且成为政坛主流力量之后,又会促使两种新的民粹主义者出现,即更为激进的环保主义者,以及环保主义的反对者。

例如,在 20 世纪最后几十年,绿党在欧洲兴起时,主要是以体制外的草根和民粹的面貌出现的。但现在绿党已然成为很多欧洲国家的主流政党,并且长期参与联合执政。在 2019 年的欧洲议会选举中,法国绿党和德国绿党一度成为各自国家在欧洲议会的第三大党和第二大党。这些国家的执政党过度承担应对气候变化全球治理义务,就会催生其反对者的出现,这是极右翼民粹主义兴起的一个原因。与此同时,绿党逐渐与资本势力合作,本色蜕变,这会导致更加草根的环保主义者出现。

西方左翼学者将资本主义制度本身视为导致生态危机不断加深的根本原因,但是这实际上仅仅说对了一半。20 世纪末,西方国家的资本力量与本国的知识分子阶层、多元主义者和左翼人士在很多议题上有共同利益。资本力量需要这些群体的合作,以维系其统治地位,而这些群体在很大程度上改造了资本本身,至少可以使得一部分资本家愿意为应对气候变化作出贡献。资本与左翼的合作,导致了来自右翼民粹主义的反弹,他们认为前者导致了本国在全球化和参与全球治理的过程中走得太远。

本文的主要观点是,资本和民粹力量在欧美国家内部的动态平衡,是气候变化全球治理得以持续的基本原因。虽然很多欧美国家的政府积极支持参与应对气候变化,但是资本主义和环保主义的议程不是在任何时候都保持一致的。资本以逐利为目标,而环保主义者过于理想主义。在资本力量很强、政府权威较弱的国家,政府作出的应对气候变化的承诺受到资本力量的制约而无法稳定兑现。这在世界上的几个盎格鲁-撒克逊国家表现得最为明显,质疑气候政策的保守主义政党在政坛上占据半边天。①与此同时,资本长期对政治的控制又引发民众的不满,以致遭受民粹主义的挑战。一些国家民粹主义势力日益强大,它们为了获得选票,只顾眼前的发展利益,牺牲长远的发展利益,成为阻碍气候变化全球治理的主要力量。

有一些观点其实值得商榷。例如,很多文献认为,非政府组织是推动环保工作深入开展以实现可持续发展目标的重要力量。很多智库报告也会对此予以强调。但是,这种观点并不一定适合部分发展中国家。例如,虽然印度的非政府组织对于普及公共卫生、减少贫困、提高识字率做出了一些贡献,但是印度政府对其保持高度警惕。人民党 2014 年上台后,通过传统的政治议程推动经济的发展,并未对非政府组织给予支持。仅仅在 2022 年,印度就取消了至少 6 000个非政府组织,其他非政府组织则被要求必须严格遵守《外国捐助监管法》。印度非政府组织经常发起和领导反对核电开发、矿产开采的抗议,印度政府认为这些组织实际上给经济和社会发展制造了障碍。尽管如此,印度政府对于气候议题的承诺基本上是稳定的,比很多西方国家还要稳定。

四、案例分析——20 世纪末以来可持续发展与气候变化全球治理互动实践的三个发展阶段

前面讨论了可持续发展与气候变化全球治理之间的理论逻辑关系。两种理念在历次国际重大会议上共有三次交集,分别为 1992 年的联合国环境与发展会议、2002 年的《联合国气候变化框架公约》第 8 次缔约方大会以及 2015 年的联合国可持续发展峰会,两者之间的关系不断得到清晰的论述,共识被越来越

---

① 根据"全球正义指数报告"公布的 2019 年促进气候变化全球正义的国家排名,英国位居第 37,澳大利亚位居第 48,美国位居第 14,落后于中国和绝大多数西欧国家。如果考虑到特朗普时代的倒行逆施,美国的排名在之后两年可能会更加落后。参见 Gu Yanfeng, Guo Sujian, Qin Xuan et al., "Global Justice Index Report 2021", *Chinese Political Science Review*, Vol.7(2022), pp.322—465. https://doi.org/10.1007/s41111-022-00220-w;也有人注意到了,气候怀疑主义主要是一种盎格鲁-撒克逊国家特有的现象,见 Leo Hickman, "Is Climate Scepticism a Largely Anglo-Saxon Phenomenon?" *The Guardian*, Nov. 11, 2011, https://www.theguardian.com/environment/blog/2011/nov/11/climate-change-scienceofclimatechange,访问日期:2023 年 9 月 15 日。

多的国际社会成员接受。从实践上看,两个议程之间得到了较好的配合,经验相互借鉴,协同促进。但是仍然有很多负面因素不断出现,阻碍了两个议程的进一步推动向前。我以上文的框架为基础,分三个历史阶段进行讨论。

(一) 1992—2008 年——资本力量对气候变化全球治理的推动与阻挠

1992 年联合国环境与发展会议召开之时,冷战刚刚结束。在接下来的十年中,全球化空前发展,资本主义在全世界空前扩张。资本对于可持续发展有一套自己的理解。正如美国著名生态左翼学者约翰·福斯特(John Foster)所言,资本逻辑追求的是不顾任何生态成本的可持续的资本积累。[①]不过,资本的逻辑对于生态环境保护和应对气候变化治理并非完全没有促进作用。这是因为,首先,产业革命和升级使得污染严重的工业不再是获利最高的行业,资本的多元性布局使得彼此出现制衡。服务业、金融业和绿色产业的扩张,使得支持环境保护和应对气候变化的资本力量逐渐超过传统的化石能源资本力量。其次,资本的可持续性积累,为科技不断创新创造基本条件。虽然 20 世纪地球经历的环境污染和生态灾难都是源于人类工业活动和科技的发展,但是最终解决这些问题仍然必须依靠科技的进步,而只有强大的资本力量才可以满足科技创新的前期巨额投入的需要。再次,资本虽然贪婪,但是资本家毕竟是社会中受到过良好教育的阶层,他们与知识分子阶层容易获得共识。知识分子和科学家则需要依赖资本家提供的各类基金,而在合作过程中他们又影响和改变了资本家的意识形态。在政治领域也呈现出这个规律,最重要的标志就是 1998 年德国绿党和社民党联合执政,绿党实现了从"绿"到"红"的转型。最后,全球化的资本推动产生了全球化的共同知识。环境保护和气候变化全球治理的维持,实际上依赖于各国资本力量的联合与持续推动。

但是生态保护不可能完全不伤害资本的利益,至少会引起一部分资本力量的反弹。布什父子的创业之路就开始于石油行业,得克萨斯州本身是美国环境污染最严重的州。小布什政府实际上代表了化石行业和采矿业的利益,很多内

---

① John Bellamy Foster, *Ecology Against Capitalism*, New York: Monthly Review Press, 2002; John Bellamy Foster, "The Ecology of Destruction", *Monthly Review*, Vol.58, no.9(2007), pp.1—14.

阁成员与石油行业、铝制造业、铅制造业渊源颇深。小布什上台前曾经得到巨额政治献金,当选总统之后当然要"知恩图报"。虽然《京都议定书》的谈判过程照顾了美国的利益,没有设立减排法律约束,但小布什政府仍然拒绝签字。这就是为什么有这样一种著名的说法——让资本主义国家的统治者来带领人类消除生态危机,好比是与虎谋皮。

虽然可持续发展理念和全球治理理念之间的逻辑关系越来越清晰,但是在现实世界中,部分国家总是将本国或者本国一部分社会群体的发展利益置于全球公共利益之上。上述规律不仅适合美国,在所有的盎格鲁-撒克逊国家都表现得尤其明显。盎格鲁-撒克逊国家在应对气候变化问题上,经常显示出比其他西方国家更为消极的态度,国内的气候民族主义者有强大的力量。美国在小布什执政时期拒绝签署《京都议定书》。特朗普政府一度宣称退出《巴黎协定》。澳大利亚的霍华德政府也拒绝签署,直到工党执政时期态度才发生转变。英国和加拿大的保守党人在气候变化问题上一致采取模糊的态度。比较而言,欧洲大陆国家的主流政党在这个议题上的分歧不是非常明显。这是因为,盎格鲁-撒克逊国家一般更倾向于小政府的理念,倡导资本流动的便利化,非政府组织数量更为庞大。但资本力量往往都是将私利置于公共利益之上,这些国家的保守党人要么是代表资本家的利益,要么是迎合底层民粹主义,他们都反对本国在气候变化问题上承担太多义务。这些国家虽然有完善的非政府组织体系,但是它们在资金和财政上大量依赖于资本家,并不具有独立性。因此,任何一种解决气候变化问题的途径都有地域性,在有的国家应该是努力扩大环境保护非政府组织的作用,但是在有的国家则应该是加强对资本的治理和监督,适当扩大政府的主导作用并且让政府独立于资本,抑制那些不利于环境保护和气候承诺的非政府组织的影响力。

(二)2008—2021 年——各国的民粹力量反对气候变化全球治理

在 20 世纪 90 年代,美国赢得冷战胜利之后,实力一度处于鼎盛时期,它推动资本扩展到原苏东国家从而获得了绝大红利。在这种历史条件下,可持续发展与承担应对气候变化义务之间并不矛盾,而且该项议程有助于美国巩固全球领导力。进入 21 世纪,小布什政府虽然在气候变化议题上的承诺倒退了,但是小布什本人依然是国际主义者,全球化并未停滞不前,美国国内的社会发展依然在继续其"左倾化"的进程。在这个期间,支持气候变化的社会和政治力量更加壮大了。

但是 2008 年金融危机之后,情况发生了较大变化。美国自身发展出现了问题,美国冷战后积累的社会财富已经不足以弥合不同社会群体之间的矛盾,一些美国人认为,美国过度的国际主义议程是不可持续的,自由主义和全球化路线正在变得难以为继。在这种情况下,美国内部的不同政治力量对可持续发展的理解出现了越来越大的分歧。一些群体希望先保证自己的发展权利,先获得必要的经济财富,然后再讨论为其他国家、全世界和全人类作出贡献。可持续发展的原则早已深入人心,但是很多美国人认为可持续发展不应过度牺牲民众的短期利益。

不过,尽管全球化已经让部分美国人心怀不满,但相当多的选民仍然将希望寄托于奥巴马的变革,期待他的新政能给美国政治和社会带来新气象。奥巴马执政的八年间高度重视应对气候变化的国内外政治议程,并在国际社会中积极发挥领导作用。他在任期间,《巴黎协定》的谈判经历四年终于成功,历史性地解决了发达国家与发展中国家的分歧,并且各国同意赋予该协定法律约束力。不幸的是,奥巴马政府以激进的方式推广多元平权和国际主义,导致美国社会内部裂痕增加而不是消减。虽然暂时压制了右翼民粹主义力量,但是这个群体也在酝酿强烈的反弹。

特朗普在 2016 年成功地凭借自己塑造的"美国正在衰落"和"让美国再次伟大"叙事赢得总统大选,并且至今依然在共和党内部掌握一定话语权。2017年特朗普宣布美国退出《巴黎协定》,遭到国际社会的强烈反对。特朗普与小布什均属共和党,但对于气候变化议题的理念已经有很大不同。小布什大体上是讲科学的,他承认二氧化碳以及其他温室气体的排放导致全球变暖的事实,并且了解拒绝接受《京都议定书》将会遭受其他国家的反对,但是他无法摆脱自己作为美国的石油工业和碳高排放企业代言人的立场。而与之不同,特朗普采取了反智主义的立场。也许他这样做是一种政治表演,但是有明确的政治目的,就是要迎合那些不讲科学的、自私自利的、目光短浅的选民群体。小布什政府的外交政策指导原则是单边主义,尤其是与欧洲国家在巴以冲突、伊拉克战争等很多问题上发生了尖锐矛盾。特朗普政府则不同,它维护的是美国自己的经济利益而不是国际领导力,不愿因为对气候义务的承诺而降低美国的就业率。其外交政策指导原则不是以侵略和扩张为特征的单边主义,而是以收缩和自保为目标的孤立主义。

此外,反对气候变化全球治理的民粹主义力量在欧洲也在呈现上升态势,使未来存在不确定性。比较而言,东欧和南欧形成了反对承担气候义务的强大力量,而西欧民粹主义者在气候变化议题上发声较为微弱。这种现象有多种原因。东欧与南欧受到气候变化的不利影响不太明显。目前有三个国家是由民粹主义政党执政,它们都在阻挠气候议题,包括意大利、波兰、匈牙利。西欧则面临比较紧迫的气候变化压力,因此民粹主义者在气候变化议题中采取漠不关心的态度,或者接受科学认知但在实践上试图阻碍行动的进展。有的极右翼政党支持应对气候变化的努力,同时支持开发新的能源,但是反对让国际组织拥有过大的权限。例如,法国的国民联盟认为导致气候变化的真正原因是基于自由贸易的经济模式。①德国第三大党——极右翼的选择党针对气候变化议题采取明确的反对态度,维护煤炭行业的利益,但该政党在德国西部影响力不是很大。②在英国,欧洲怀疑论者往往也是气候变化怀疑论者,2016 年脱欧公投之后英国政府在气候变化问题上的立场也有所松动和软化,但英国毕竟是受到海平面上升影响较大的国家,因此其气候立法和政策执行不会出现根本性的改变。

值得注意的是,发展中国家内部未来也可能会出现更多的反对承担气候变化治理义务的声音。在《京都议定书》的时代,美国的碳排放量占全世界总量的四分之一。但到了 21 世纪第二个十年,发展中国家碳排放量占世界的比例大大提升,显然已经成为减排的主要责任者。一些政客采取气候变化民族主义立场,以迎合民粹主义的广大选民。巴西前总统雅伊尔·梅西亚斯·博索纳罗

① Audrey Garric,"Macron and Le Pen Lay Out Starkly Different Visions on Climate Change", *Le Monde*, May 30, 2022, https://www.lemonde.fr/en/2022-presidential-election/article/2022/04/21/macron-and-le-pen-lay-out-starkly-different-visions-on-climate-change_5981229_16.html.

② Benjamin Wehrmann,"Germany's Right-Wing AFD Calls for End to All Climate Action Efforts", Clean Energy Wire, Sept 17, 2020, https://www.cleanenergywire.org/news/germanys-right-wing-afd-calls-end-all-climate-action-efforts, 访问日期:2023 年 9 月 15 日。

（Jair Messias Bolsonaro）就是典型例子，他在任期间默许和纵容对热带雨林的砍伐。①

尽管美国和部分发展中国家内部出现了反对全球治理的力量，但以《联合国气候变化框架公约》和《巴黎协定》为中心的全球气候治理格局并不会根本上遭到动摇。这是因为，第一，中国和除了英国之外的西欧国家是支持全球气候治理的中坚力量；第二，印度的态度也很重要，尽管它未来对气候变化义务的承诺可能存在不确定性，但是为了维持与西方国家的战略关系，暂时不会违背已经作出的承诺；第三，随着美国继续大量引入移民，美国国内的自由主义、多元主义和国际主义力量将会持续增长，最终将会超过保守主义和孤立主义的力量。整体而言，世界上支持气候变化全球治理的力量，依然有可能压倒反对的力量。随着气候变化可能继续加剧，各国政府将会在全人类的福祉和本国特定社会力量的福祉之间进行审慎的权衡。

（三）2021 年之后——资本反击民粹带给气候变化全球治理的新问题

2021 年拜登取代特朗普担任美国总统，2022 年阿尔巴尼斯取代莫里森担任澳大利亚总理，以及同年卢拉取代博索纳罗担任巴西总统，标志着气候民族主义在发达国家和发展中国家上升的势头出现了逆转，气候变化全球治理再次成为世界各国政府的共识。

不过，从行为和实践上来看，资本主义建制派力量对民粹主义的反击，并不意味着他们没有为全球治理的深入推进制造新的麻烦，应对气候变化合作又面临着新的全球性障碍。具体表现为，治标不治本的激进移民政策、以气候竞争取代多边气候合作以及将国际资本扩张凌驾于团结合作之上。虽然拜登政府奉行国际主义和全球主义，但任何政治纲领都应该掌握一个度，过度则只能适得其反。它的激进移民政策将会遭到美国保守力量的更强反击，它对乌克兰的军事援助将会伤害美国民众当下的经济利益，甚至增加经济衰退爆发的可能性。拜登能否连任，以及他的理念、政策和战略能否持续，存在很大的不确

---

① Herton Escobar, "Brazil's New President has Scientists Worried", *Science*, Jan 22, 2019, https://www.science.org/content/article/brazil-s-new-president-has-scientists-worried-here-s-why.

定性。

1. 激进的移民和难民政策引发的反弹

美国民主党以及西欧国家的建制派政府,一般大力支持引入更多移民,并且在难民问题上采取高度国际主义的态度。虽然这种做法符合西方的价值伦理,并且有广泛的民意基础,但是当这项政策变得毫无节制时,就必然催生其对立势力。因此,没有制衡的资本主义,是没有可持续性的。

移民政策符合资本的利益,因为移民是廉价劳动力资源,资本力量和移民成了政治联盟。同时资本与知识界合谋,各取所需,为移民政策和多元主义竭力辩护,形成一套"政治正确"的意识形态话语。然而,这个强大的利益联盟,也塑造了一个强大的民粹主义反对派,包括那些因为移民涌入而失去工作的人以及具有强烈白人种族主义意识的人。他们受教育程度较低,又对自己群体未来的处境感到担忧。由于掌握科学知识的群体已经和资本合谋,因此民粹主义者表现为强烈的反科学、反智主义立场,应对气候变化议题也是他们反对的议题。

又如,中东和乌克兰的难民问题是欧美国家的自由主义政府因挑起和发动战争而导致的。以德国为代表的欧洲大国高估了难民政策在欧洲范围的可持续性。中东难民抵达欧洲之后导致当地房租大幅上涨,乌克兰战争则导致欧洲取暖成本提高、医疗基础设施面临空前压力。虽然德国这样的国家有较强的经济实力应对上述问题,但是东欧、南欧国家的反气候变化议题的声音则正在获得更多支持。[1]

2. 拜登对华气候变化政策——通过竞争实现可持续发展

中美两国是世界最大经济体,两者应对气候变化政策是影响气候变化全球治理的重要原因。拜登政府上台后,宣称"不打新冷战",而是要以"竞争、对抗、合作"来定义中美关系。但是中国从来没有接受它对中美关系的定义。尽管双方在各个领域有很多分歧,但双方都承认气候变化问题是一个重要的合作领域。未来气候变化问题有可能成为一个引擎,即使中美双边关系降温,仍然可以带动两国在传统安全领域的合作。

---

[1] Mohammed Sinan Siyech, "How Climate Migrants Will Impact Europe and Help Drive the Rise of the Far Right", *South China Morning Post*, Jan 29, 2023, https://www.scmp.com/comment/opinion/world/article/3208173/how-climate-migrants-will-impact-europe-and-help-drive-rise-far-right.

不过,事实上,合作只是拜登政府在气候变化问题上的一个表态,它更多地是从竞争角度而非合作角度来理解应对气候问题。当下的大国竞争主要体现在国家气候和环境治理能力的现代化水平之争、国际气候秩序规则制定权和话语权之争,以及国际道义制高点和全球领导力之争。①拜登加大对清洁能源的投资,宣称"投资于美国的创新,投资于将决定未来的行业,投资于中国试图主导的行业"②。他希望推动美国形成一种稳定的、超越党派之争的气候战略。

拜登的理念虽然从某种意义上说符合可持续发展的理念原则,但事实上拜登的政策是难以持续的。2022年中期选举之前,通过了美国有史以来最大规模的气候投资法案,该法案预算为3 690亿美元,数十亿美元还将用于加速太阳能电池板和风力发电机等清洁能源设备的生产。法案的提案者表示,未来八年它将把美国的碳排放量减少40%。但是这种巨额投资,并没有得到共和党人的支持,他们认为这样做存在失败的风险,而且投资预算过于庞大。特朗普是民粹主义者,他只迎合受教育程度较低民众的需求,只顾眼前的发展利益;拜登则是国际主义者,他努力投资于美国的长远利益,尤其试图在清洁能源领域保持美国的领先地位。但是拜登的经济政策一直表现不佳,将影响民主党政策的长期持续。

3. 俄乌冲突对气候变化全球治理的影响

2022年2月俄乌冲突爆发之后,全世界面临着新的可持续发展的问题。俄罗斯和乌克兰都是世界级的"粮仓",两国的小麦出口量占全球的29%,玉米出口量占19%。③战争使得两国的农产品经过黑海向外运输变得异常困难,中东和北非成为受到影响最严重的地区。食品价格的上涨正在导致越来越多的人面临饥饿,进而可能导致部分国家出现社会动荡。战争爆发几个月之后,美欧国

---

① 张海滨:《全球气候治理的历程与可持续发展的路径》,载《当代世界》2022年第6期,第15—20页。

② 《划重点!多次提中国,拜登国情咨之究竟说了啥?》,中国新闻网:http://www.chinanews.com/m/gj/2023/02-08/9949683.shtml。

③ Craig Hanson, "The Ukraine Crisis Threatens a Sustainable Food Future", World Resources Institutes, April 1, 2022, https://www.wri.org/insights/ukraine-food-security-climate-change? utm _ source = linkedin&utm_medium = world + resources + institute&utm_campaign = socialmedia&utm_term = f95d8bd7-e1d4-4f2f-a308-397cf718bc01,访问日期:2023年9月15日。

家的政府在气候变化问题上的承诺似乎呈现趋于负面的前景。2022 年 6 月,联合国波恩气候变化会议召开。各国的外交官表达了新的能源安全方面的担忧。全球能源价格的不断上涨使得欧洲和亚洲很多国家被迫增加燃烧煤炭来发电,造成严重的空气污染。联合国秘书长安东尼奥·古特雷斯(António Guterres)在《联合国气候变化框架公约》第 27 次缔约方会议上说:"乌克兰战争和其他冲突造成了如此多的流血和暴力,并对全世界产生了巨大影响。我们正走在通往气候地狱的高速公路上,我们的脚仍在加速器上。"[1]从短期看,俄乌冲突降低了国际社会对气候变化问题的关注程度,西欧国家虽然最为关注气候变化问题,但是它们采取了倒退性的政策,英、法、德三国准备重启已经关停已久的燃煤电站。从长期看,俄乌冲突可能会持续很多年的时间。即使冲突结束,西方国家对俄罗斯的制裁也不会立即结束,这场冲突导致的对环境和能源政策的影响将会长期持续。

俄乌冲突使得西欧国家内部的政治格局出现微妙的重组。冲突爆发之前,资本家与环保人士的利益诉求基本上是一致的,绿党实际上已经放弃原来倡导的草根民主价值观,与中左翼、中右翼不再有明显的意识形态差异,成为主流建制派政党。但是冲突爆发一年多之后,德国绿党内部开始出现明显的分歧。德国副总理兼经济部长哈贝克及外交部长贝尔伯克都出自绿党,但是前者对援助乌克兰的态度已经从积极转变为谨慎。德国和欧洲其他国家为了摆脱对俄罗斯的能源依赖,表面上宣称努力开发可再生能源,但是为了解决短期需求,它们不得不更多地投资于化石燃料基础设施,尤其是增加对煤炭的开采和使用,重新开放被封存已久的燃煤电厂。这种行为激怒了激进的环保人士,他们拒绝像绿党那样与资本家合作,而是继续坚持草根斗争。一个有趣的案例是,在冲突爆发之前,著名激进环保活动少女格蕾塔·通贝里(Greta Thunberg)得到了欧洲资本的追捧,成为很多国家领导人的座上宾以及权势阶层政客的代言人。但是冲突爆发之后,她宣布与"压迫性"的资本主义制度决裂,在各国发起激进运动,

---

① Anmar Frangoul, "We're on a 'Highway to Climate Hell,' UN Chief Guterres Says, Calling for a Global Phase-Out of Coal", CNBC, Nov 7, 2022, https://www.cnbc.com/2022/11/07/were-on-a-highway-to-climate-hell-un-chief-guterres-says.html,访问日期:2023 年 9 月 15 日。

多次遭到逮捕。①可以预见,未来失去了资本力量支持的草根环保主义者将会步履维艰,行动将会更多地遭受政府的打压。此外,俄乌冲突还刺激了西欧国家极右翼民粹主义力量的上升,其中法国最为明显。在 2022 年法国大选中,极右翼政党赢得空前数量的选票,并且在接下来的国民议会选举中使得马克龙所在的政党失去多数席位。这种趋势也可能会增加气候变化民族与民粹主义者的影响力。

4. 未来的趋势

2022 年美国中期选举之后,共和党在国会众议院中已经占据微弱多数优势,使得拜登政府应对气候变化的努力步履维艰。共和党控制众议院,意味着之后的两年,气候方面甚至完全没有可能出现新的重大立法,让化石燃料和清洁能源行业同时受益的举措也不太可能会取得任何进展。此外,根据《通胀削减法》设立的温室气体减排基金等新项目的实施都将受到阻挠。②共和党人正试图把资金从高碳产业向低碳产业的转移说成一个左派文化议题,或者称之为"觉醒资本主义"(woke capitalism)。③即使是那些在中期选举中支持民主党的选民群体,气候变化议题也不是他们支持民主党的主要原因,至少远不如经济、堕胎等问题更重要。2024 年大选即将来临,美国政治正在面临新的不确定性。

五、结　　论

纵观气候变化全球治理的历史演变,每次谈判不仅是各国利益的博弈,也是各国内部各种政治力量之间的博弈。任何一点成果共识都来之不易。一方面,每个国家要对自身的经济社会利益进行权衡。另一方面,虽然鲜有人公开

---

① Alexandre Capron, "Here's What We Know about Greta Thunberg's Alleged 'Staged' Arrest in Germany", France 24, Jan 20, 2023, https://observers.france24.com/en/europe/20230120-greta-thunberg-arrest-fake-news-rumours-staged,访问日期:2023 年 9 月 15 日。

② Tan Copsey, "US Climate Action May Slow after Mixed Midterm Results", China Dialogue, December 6, 2022, https://chinadialogue.net/en/climate/us-climate-action-may-slow-after-mixed-midterm-results/,访问日期:2023 年 9 月 15 日。

③ Liam Denning, "Anti-Woke Republicans aren't Making Business Sense on Climate", Bloomberg, Nov 30, 2022, https://www.bloomberg.com/opinion/articles/2022-11-30/anti-woke-re-publicans-aren-t-making-business-sense-on-climate,访问日期:2023 年 9 月 15 日。

质疑可持续发展理念本身,但各国内部不同的政治力量对可持续发展的理解有很大差异。其中,资本的过于强大与民粹的过于强大,均会导致发展的不可持续。只有不同政治力量之间相互制衡与共生,才可以使得可持续发展与气候变化全球治理实现协同增效,并保证全球治理呈现持久稳定的状态。

对于西方国家来说,全球治理的条件是必须同时对资本力量和民粹力量进行治理,两者缺一不可。资本是科学技术创新的物质基础,西方社会的进步是基于资本的不断积累,全球治理的物质基础是资本的全球化。但是资本以追逐利益为目的,只有在存在其他力量制衡的情况下才会为公益作出贡献。拜登为了取信欧洲,在欧洲人关心的气候变化问题上表达坚定的支持态度,但是对北约扩张的推动也导致了西方国家与俄罗斯的冲突。结果,拜登执政的几年里,应对气候变化治理行动实际上倒退了。因此,节制资本是推动可持续发展和全球治理的重要条件。

民粹主义本身是对资本的回应,民众应该维护自己的权利,在道德上有一定合理性。但是,过度的民粹只能伤害经济和社会的进步。一旦民粹主义与反智主义结合在一起,将会产生巨大的破坏力量。民粹不一定是坏的,但是民粹领导者应该教育民众讲科学。自我节制的资本和讲科学的民粹,可能会使得国内社会变得更加健康,从而有利于推动全球治理的可持续。

基于本文的分析,未来深化气候变化全球治理,以下内容很重要。第一,联合国应该进行必要的机构重组与职能改革,强化联合国在各种国际议程中的领导作用。第二,应该扩大二十国集团在国际事务中的作用,尤其是增强联合国与二十国集团之间的合作机制,为落实可持续发展议程做出更多贡献。第三,应该努力敦促美国等盎格鲁-撒克逊国家制定连贯的气候政策。这些国家倡导小政府理念,资本权力较大,工党/自由党/民主党政府与保守党政府的理念有很大差异,因此立场不断处于摇摆之中。如果这些国家的政策和承诺是不可持续的,那么也就不可能指望这些国家对全球治理的可持续性作出积极贡献。

虽然全球治理出现暂时困难,甚至很多国家在应对气候变化问题上出现退步迹象,但是国际社会的理念共识并没有消失。西方国家可能会借此机会更加深刻反省得失,资本力量将会变得节制,民粹力量将会变得理性,双方将实现有益的动态平衡,从而为新一轮国际合作提供积极动力。

可持续发展与经济社会高质量发展

贺东航[*]

贺东航[*]

一、文献回顾与问题提出

可持续发展与高质量发展在时间序列上呈现出先后次序,可持续发展是人类历史上发展观的一次重大革新,第二次世界大战以来的全球发展观在时间序列上经历了"增长理论"到"发展理论"再到"可持续发展理论"的过程,这一进程伴随着人类对于现代化发展的认识的持续深化。"高质量发展"的新表述于2017年中国共产党第十九次全国代表大会首次提出,高质量发展跳出了经济领域,向外扩展至经济社会的全部方面,也成为全面建设社会主义现代化国家的重要任务。虽然可以在时间序列上从可持续发展与高质量发展两个层面就本文的主题进行文献综述,但是如此不免陷入两者独立分割的困局,忽略可持续发展与高质量发展之间的联系,基于两者的关联条件,本文将以"经济社会"为主题词,切入可持续发展与高质量发展研究之中,从可持续发展与经济社会领域变革、高质量发展与经济社会领域变革两个部分展开本研究的文献综述。

(一)可持续发展与经济社会领域变革

学术界聚焦可持续发展与经济社会的不同领域。

首先在经济发展方面,国内学者聚焦经济可持续发展多个领域,获得众多研究成果,例如人口质量红利和产业转型为中国经济奠定持续增长的基础^①;经

*　贺东航,复旦大学特聘教授、复旦大学社会科学高等研究院专职研究员、博士生导师。

①　杨成钢:《人口质量红利、产业转型和中国经济社会可持续发展》,载《东岳论丛》2018年第1期。

济增长方式逐渐从高耗能、低效率的发展模式向依赖科技创新、人力资本积累可持续发展模式转变①；乡村经济可持续发展的关键在于激活乡村人口充分整合乡村内外部资源，投入乡村生产经营，实现农民持续增收致富②；绿色金融促进经济可持续发展③；发展现代产业体系有助于推动我国产业升级改造，也是推动我国经济可持续发展的关键所在④。国外学者则聚焦于更为细致的某个行业或领域，取得各具针对性的发现，例如发达国家日益严格的环保立法规范，给皮革行业造成巨大压力，随着国际社会为实现可持续发展目标所作的努力，循环生物经济方法在解决皮革行业废弃物管理方面的挑战取得令人瞩目的进展⑤；随着对可持续规划的日益重视，公路决策者需要将重点从制定成本效益高的公路方案转向制定更加全面的可持续公路方案，并纳入可持续性的三个组成部分，即经济、环境和社会公平⑥；人们普遍认为市场机制是激励可持续创新发展的核心，然而可持续水稻种植创新是在不依赖市场机制的情况下发展和推广的，已被全世界数百万农民采用⑦。

其次在社会发展方面，国内学者关注不同的社会议题，发现老龄化社会与可持续发展，两者密切相关，可持续发展是应对老龄化社会题中应有之义⑧；科

---

① 王思博：《我国经济社会能否可持续发展？——来自经济增长对能源产业依赖性的证据》，载《经济问题探索》2018 年第 1 期。

② 杨高升、庄鸿、田贵良等：《乡村经济内生式可持续发展的实现逻辑——基于江苏省 Z 镇的经验考察》，载《农业经济问题》2023 年第 6 期。

③ 任再萍、孙永斌、施楠：《金融机构贷款碳排放强度对经济可持续发展的影响研究》，载《保险研究》2022 年第 9 期。

④ 范合君、何思锦：《现代产业体系与经济可持续发展——基于经济政策不确定性与政府人才数量的调节作用》，载《中国流通经济》2021 年第 12 期。

⑤ Md. Abdul Moktadir, Ashish Dwivedi and Towfique Rahman, "Antecedents for Circular Bio-economy Practices Towards Sustainability of Supply Chain", *Journal of Cleaner Production*, Vol.348, no.5(2022), doi: https://doi.org/10.1016lj.jclepro.2022.131329.

⑥ Chirag Kothari, Jojo France-Mensah and William J. O'Brien, "Developing a Sustainable Pavement Management Plan: Economics, Environment, and Social Equity", *Journal of Infrastructure Systems*, Vol.28, no.2(2022), doi: https://doi.org/10.1061/(ASCE)IS.1943.555x.0000689.

⑦ Koen Beumer, Harro Maat and Dominic Glover, "It's Not the Market, Stupid: On the Importance of Non-market Economies in Sustainability Transitions", *Environmental Innovation and Societal Transitions*, Vol.42, no.3(2022), pp.429—441.

⑧ 韩振秋：《应对我国老龄化社会的可持续发展策略》，载《广西社会科学》2019 年第 3 期。

学素质促进人类社会可持续发展①;而性别失衡后果和风险在不同人群中累积与扩散,影响着社会可持续发展②;中国乡村社区衰落的表现及其社会根源在于生态、生计和生活危机③。

最后,如何促进经济社会可持续发展方面,有学者认为要在伦理范式上遵循循环经济伦理④,打造现代产业体系与经济可持续发展协同机制,借鉴"社会主义-集体主义"范式,推动乡村生态、生计和生活的"系统性恢复"与可持续发展,通过社会投资转向推动脱贫向可持续模式转化⑤,推动实现文化产业发展与人、社会和自然的精神关系协调统一⑥。国外学者此方面研究与国内学者相似,都聚焦于更为细致的社会发展领域,例如有的研究通过构建 BP 神经网络模型,研究绿色计算技术的创新实现社会经济的可持续发展⑦;有的研究发现个人旅游体验在旅游可持续性和自然亲和力对法国受访者社会参与倾向的影响中起到中介作用,而对魁北克受访者则没有中介作用,这些发现对可持续性和自然保护研究具有若干理论启示,也对旅游业和公共政策制定者具有实践价值。⑧还有的研究发现邻里可持续性在过去几年中成了重要话题,对社区的社会可持续性进行评级不仅受到其所涉及的当地背景的高度指导,而且取决于人们对该概

---

① 戈登·麦克比恩:《科学素质促进人类社会可持续发展》,载《科技导报》2019 年第 2 期。

② 李树茁、王晓璇:《社会可持续发展下性别失衡社会风险治理》,载《中国特色社会主义研究》2022 年第 1 期。

③ 张和清、尚静:《社会工作干预与中国乡村生态、生计和生活可持续发展的行动研究——以绿耕项目为例》,载《社会学研究》2021 年第 6 期。

④ 乔法容、周林霞:《循环经济伦理:经济社会可持续发展的伦理范式》,载《中州学刊》2011 年第 4 期。

⑤ 时立荣、付崇毅:《社会投资与可持续发展治贫策略研究》,载《社会建设》2021 年第 2 期。

⑥ 胡惠林:《文化产业可持续发展的关键——文化产业发展与人、社会和自然的精神关系协调统一论》,载《中共浙江省委党校学报》2015 年第 1 期。

⑦ Wu Xiaoman, Liu Jun and Peng Yulian, "A Novel Heuristic Approach for Sustainable Social and Economic Development Based on Green Computing Technology and Big Data", *Journal of Enterprise Information Management*, Vol.35(2022), pp.4—5.

⑧ Mbaye F. Diallo, Fatou Diop-Sall, Erick Leroux and Marc-Antoine Vachon, "How Do Tourism Sustainability and Nature Affinity Affect Social Engagement Propensity? The Central Roles of Nature Conservation Attitude and Personal Tourist Experience", *Ecological Economics*, Vol. 200 (2022).

念本身的理解和采纳程度。①

（二）高质量发展与经济社会领域变革

学术界聚焦高质量发展与经济社会的不同方面。

首先在经济发展方面,国内研究者分析了推进经济高质量发展的策略与方法,认为数字经济是实现经济高质量发展的关键力量,探究数字经济对经济高质量发展的影响具有重要现实意义②,民营经济、科技创新、乡村振兴、新型城镇化、金融改革、对外开放、低碳经济等是推进高质量发展的另外七个关键抓手③;而创新型产业集群试点对外国直接投资影响高质量发展具有调节效应,应充分发挥创新型产业集群发展对高质量外资的吸引作用④;环境规制显著地促进了经济高质量发展⑤,且无论是城市层面还是企业层面,企业家精神都推动了城市经济高质量发展和企业高质量发展⑥。

其次在社会发展方面,国内学者倾向于剖解社会的领域与空间结构,研究某个领域或者区域的高质量发展,例如认为社会养老保险制度高质量发展有助于更好地推动共同富裕⑦,高质量发展是新时期社会救助制度建设的核心目标⑧;县域社会高质量发展是县域经济、生态环境、社会交往、精神文化、政治五个领域的发展都达到较高取值水平的一种发展状态⑨,"东北振兴"新机遇要推

---

① Ahlam A. Sharif, Ala'a S. Alshdiefat, Muhammad Q. Rana, Amit Kaushik and Olugbenga T. Oladinrin, "Evaluating Social Sustainability in Jordanian Residential Neighborhoods: a Combined Expert-user Approach", *City, Territory and Architecture*, Vol.9, no.1(2022).

② 李国荣、陈芳:《中国数字经济对经济高质量发展的影响研究》,载《当代经济研究》2023年第8期。

③ 程志强:《当前推进经济高质量发展的关键抓手》,载《人民论坛》2023年第14期。

④ 景国文:《创新型产业集群试点促进了FDI流入吗?——兼论其对经济高质量发展的影响》,载《西部论坛》2023年第3期。

⑤ 白俊红、芮静:《环境规制、经济增长目标管理与中国经济高质量发展》,载《宏观质量研究》2023年第3期。

⑥ 高志刚、李明蕊、韩延玲:《企业家精神对经济高质量发展的影响研究——兼论数字普惠金融的调节作用》,载《管理学刊》2023年第2期。

⑦ 贾洪波、刘玮玮:《推动共同富裕的社会养老保险制度高质量发展论纲》,载《新视野》2023年第4期。

⑧ 赵晰:《中国社会救助的政策范式变迁与高质量发展内涵》,载《社会建设》2023年第2期。

⑨ 谭明方:《县域社会"高质量发展"问题的理论探析——基于社会学的视角》,载《社会科学研究》2022年第6期。

动社会高质量发展①。

最后，在如何实现社会高质量发展目标上，学者认为必须由社会政策为其构建稳定的社会环境，通过社会政策来提升人力资本和国内消费等方面的支持，进而实现高质量发展的最终目标。②

国外还未有学者对高质量发展与经济社会发展的文献研究，一些发表在国外期刊上的文章主要是国内的研究者基于中国的经济社会高质量发展所进行的多方面研究的成果。例如研究长三角地区绿色金融融合发展，推动区域经济高质量发展③；应用社会生态系统理论分析地震灾害引发的社会生态微观系统中的个体生命、财产、信息和生活保障安全，以及社会生态中观系统中的社会生产、社会秩序、信息交换、社会供给和社会情感变化④。

由此可见，关于可持续发展与经济社会高质量发展的国内研究文献呈现时间序列，由于高质量发展是中国特色的制度性词汇，所以国外研究文献关于高质量发展与经济社会的文献缺失，而国外对于可持续发展与经济社会的研究更为微观，多为定量研究，且以地区性案例、行业领域案例作为支撑。然而关于可持续发展与经济社会高质量发展的研究整体上割裂了可持续发展与高质量发展之间的联系，没有充分阐释可持续发展与高质量发展之间的逻辑关联，且缺乏国内与国外的生动案例支撑，难以从可持续性视角窥探高质量发展面临的现实困境，由此而导致的理论与实践脱嵌问题也影响了高质量发展的成效，不利于经济社会的可持续发展。然而，学术界与业界以经济社会为主题的文献研究与实践探索已经在潜移默化中勾连起可持续发展与高质量发展两大主题，为研究两者之间的逻辑关联提供了条件。因此，要从经济社会切入剖解可持续发展

① 李友梅：《社会高质量发展与"东北振兴"新机遇》，载《社会发展研究》2022 年第 1 期。

② 关信平：《高质量发展与社会政策》，载《杭州师范大学学报》（社会科学版）2022 年第 6 期。

③ Zhang Su, Liang Beibei, Xu Shan-zhi and Hou Jin-long, "Empirical Analysis of Green Finance and High-quality Economic Development in the Yangtze River Delta Based on Var and Coupling Coordination Model", *Frontiers in Environmental Science*, Vol.11(2023).

④ Luo Yilin and Wang Hao, "Social Ecological Reconstruction for Conserving High-quality Development in Earthquake Stricken Areas: Take the '9.16' Earthquake Relief and Post Disaster Reconstruction of Yuchan Neighborhood Office in Luxian County as an Example", *Social Security and Administration Management*, Vol.4, no.4(2023).

与经济社会高质量发展之间的联系,贯通可持续发展与高质量发展,推动两者互动共促,推进中国式现代化迈向新的阶段。

二、可持续性:高质量发展的关键

20世纪后期,全球性事件频发,风险的跨域扩散与传导成为世界不同国家、民族与地区的普遍共识,诸如环境事件、资源短缺、全球变暖、生态退化、人口剧增、贫困疾病、社会公平等问题,从20世纪遗留至21世纪,且叠加着21世纪世界大变局下衍生的华尔街金融风暴、贸易保护主义、民粹主义等,无形中增添了新的不确定性。在此时代背景条件下人类社会的发展更加需要可持续性,可持续发展意味着发展要迈向高质量,而不再停滞于低水平。可持续发展的普遍性定义并未形成,人们熟知的定义为:既满足当代人需求,又不损害后代人满足其自身需求的能力的发展,而在当下,可持续发展已经被时代赋予新的内涵。可持续发展不仅仅是未来的人类需求与特定的价值观,而且具有丰富的衍生物。对此,鲍勃·吉丁斯等指出,"可持续发展"是一个模糊的概念,可以形成不同的"衍生物"[1],这一观点也被政府机构、私营企业、社会和环境活动家采纳。乔基姆·斯潘根贝格则指出,多数国家都制定了可持续发展战略,但是存在着重要性与意识形态等方面的区别。[2]由此可见,可持续发展的外延庞杂,且与不同国家的社会经济条件、意识形态、传统文化等密切相关。"十四五"时期中国进入高质量发展阶段,这就需要贯彻新发展理念,转变发展方式,推动质量变革,高质量发展不仅是对经济的要求,而是对经济社会发展方方面面的要求,同时也是可持续发展的根本要求。总而言之,经济社会高质量发展落位于可持续性,可持续发展的内涵要在经济社会高质量发展中得以充分展现,可持续性作为经济社会高质量的关键,指引着中国式现代化不断拓展与深化。

---

① Bob Giddings, Bill Hopwood and Geoff O'Brien, "Environment, Economy and Society: Fitting Them Together into Sustainable Development", *Sustainable Development*, Vol.10, no.4(2002), pp.187—196.

② Joachim H. Spangenberg. "Sustainability Science: A Review, an Analysis and some Empirical Lesson", *Enviromental Conservation*, Vol.38, no.3(2001), pp.275—287.

一是可持续性是高质量发展的重要内容，坚持经济社会发展的可持续性，也是实现高质量发展的根本途径。高质量发展的核心是实现全面、协调、可持续的发展，因而可持续性是高质量发展的关键。可持续性是指在满足当代人需求的同时，不损害后代人满足自身需求的能力，其中最突出地体现在资源环境方面。从资源与环境的角度来看，高质量发展的基础是资源和环境的可持续利用，高质量发展与生态环境交互作用的研究是实现可持续发展和建设美丽中国的关键议题①，这就要求我们在发展过程中充分考虑生态保护和气候变化的影响，这意味着要转变发展方式，实现绿色低碳循环发展。环境可持续性是高质量发展的重要前提，尤其是针对传统生态足迹模型，改进后的生态足迹模型有效弥补了传统生态足迹仅考虑碳排放的不足，对推动高质量发展和生态可持续具有重要作用。②一个国家或地区只有在保护环境、合理利用资源的基础上，才能实现长期的经济发展和社会进步，所以可持续性是高质量发展的重要内容，同时也是高质量发展的基本路径。由此可见，高质量发展不仅是经济发展的内在需要，也是社会进步、人民幸福的需要，高质量发展要求经济发展质量和效益得到提高，环境质量和生态安全得到保障，社会公平和民生福祉得到改善，即坚持经济社会发展的可持续性。

二是可持续性彰显了高质量发展的本质内涵，是实现高质量发展的重要目标指向，只有在可持续性发展背景下才能保持高质量发展的长久性。高质量发展指的是经济增长与社会进步、人民福祉、生态环境等多方面协调一致，实现更高水平、更有效率、更加公平、更可持续、更为安全的发展，可持续性无疑是高质量发展的重要目标，覆盖了经济、社会、人民福祉及生态环境等不同领域，同时也兼顾了效率、公平与安全等原则，彰显了高质量发展的本质内涵。随着全球经济不断发展与现代社会演进，各国政府与企业都致力于寻求实现经济与社会的高质量发展，经济社会的高质量发展不仅指经济增长速度的提升，而且指在

---

① 杨亮洁、秦丽双、杨永春等：《城市群地区城市高质量发展与生态环境交互协同研究——以成渝城市群为例》，载《生态学报》2023 年第 17 期。

② Wei Zhongyong, Jian Zhen, Sun Yingjun, Pan Fang, Han Haifeng, Liu Qinghao and Mei Yuan, "Ecological Sustainability and High-quality Development of the Yellow River Delta in China Based on the Improved Ecological Footprint Model", *Scientific Reports*, Vol.13, no.1(2023).

保持经济稳定增速的同时,实现经济、社会、环境等多方面的协调发展,此种发展模式有助于实现可持续繁荣,为人类创造更美好更高质量的生活品质,所以可持续性也成了各国经济社会发展致力追求的共同目标。可持续性是可持续发展理论体系的重要组成部分,深受各国学者关注,这一理论不断开始向经济可持续、生态可持续及社会可持续发展等领域扩展,从而形成了一套完备的理论体系。最初,可持续发展理论提出应该遵循公平性、持续性及共同性原则,在学者研究不断深入与丰富的情况下,将可持续遵循的三大基本原则发展为六大基本原则,在原先的基础上补充了时序性原则、发展原则及质量原则。其中新纳入的质量原则与高质量发展的内涵高度吻合,主要指经济社会的发展应该充分重视可持续性与质量提升,经济、生态、区域、产业等只有以高质量的标准发展才能更有效地实现可持续发展的目标,充分体现了可持续性是高质量发展的本质内涵,是实现高质量发展的重要途径。

三是可持续性和高质量发展之间有着内在的联系与互动,两者相辅相成,高质量发展是可持续发展的新时代进阶版本。可持续发展侧重于发展的量和质的均衡,可持续发展的反面是不可持续发展,即发展只存在于短的历史时段之内,不能向着事物发展的更高形态进行转化。高质量发展是在可持续发展的基础上向着质量更高的形态转化,高质量发展面向的基本问题更为深入,也更加微观细致,更高的形态并不意味着可持续和高质量之间是割裂的,或者二者有着根本性的差别,相反只是时间次序上的差异,可持续发展是高质量发展的基础,而高质量发展是可持续发展的深化与飞跃,一言以蔽之,高质量发展是可持续发展的高级阶段、高级形态。近十年是我国经济社会发展取得历史性成就、发生历史性变革、转向高质量发展的十年,一方面只有坚持可持续性,才能保证经济社会发展不断创造新的价值,持续提升经济社会各领域发展的质量;另一方面只有推动高质量发展,才能有效解决发展中的不平衡、不协调、不可持续的问题,实现人与自然、人与人、人与社会的良性循环、全面发展、持续繁荣为基本宗旨的经济社会形态。例如,以城市发展为例,城市是人类居住生活的场所,虽然它具有地域性,但是可持续性已经成为城市发展的关键标准与重要目标,而城市可持续性发展也要适时迈向高质量发展阶段。城市社会经济发展、生态系统服务和人类福祉之间的复杂相互作用关系到区域可持续发展水平,是自然生态系统和社会经济研究中的重要交叉科学问题,也是"未来地球"研究的重要课题。[1]实现城市高质量发展也要遵循可持续城市理念,在空间结构优化、交通结构优化等对城市发展具有根本性、持久性影响的关键问题上持续发力[2],促进城市空间结构、产业结构、交通结构以及能源结构的高质量布局与优化,促进新时代城市可持续发展。城市发展的案例也从侧面展示了可持续性是高质量发展的关键。因此,可持续性作为高质量发展的关键,两者互相促进互相影响。

三、可持续与经济社会高质量发展:中国的努力

可持续发展与经济社会高质量发展中,经济社会高质量发展往往被视为一个整体来对待,这样不免忽略了经济与社会之间的区别,亦不利于完成与可持续发展的勾连。现代化进程中社会高质量发展有别于经济高质量发展,社会高质量发展具有社会的基本属性,所以这里将经济高质量发展与社会高质量发展拆解开来,以中国为案例,分析中国在进入新时代之后的行动和成效。

(一)可持续发展与经济高质量发展的中国行动

本部分从数字经济高质量发展、消费经济高质量发展、绿色经济高质量发展以及对外经济高质量发展等层面对中国推动经济高质量发展的努力进行考察,如图1所示。

1. 数字经济高质量发展:创新能级提升与智能化转型

进入21世纪后,中国在开发5G网络、建设数据中心、优化人工智能等方面取得重大成就。特别是中国在进入新时代后,数字技术生产力加速融入社会发展的各个领域,转化出前所未有的经济效益。以数据资源作为关键要素、以信

---

① Liu Ranran, Dong Xiaobin, Wang Xue-chao, Zhang Peng, Liu Mengxue and Zhang Ying, "Study on the Relationship Among the Urbanization Process, Ecosystem Services and Human Well-being in an Arid Region in the Context of Carbon Flow: Taking the Manas River Basin as an Example", *Ecological Indicators*, Vol.132(2021).

② 赵弘、刘宪杰:《以可持续城市理念推动国家中心城市高质量发展》,载《区域经济评论》2020年第5期。

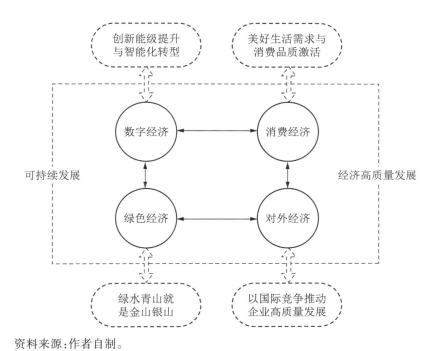

资料来源:作者自制。

图1　可持续与经济高质量发展的主要模块示意

息网络作为重要载体的数字经济日益成为继农业经济、工业经济后又一种标志性的经济形态。正如习近平指出:"数字经济发展速度之快、辐射范围之广、影响程度之深前所未有,正在成为重组全球要素资源、重塑全球经济结构、改变全球竞争格局的关键力量。"①数字经济发展成为持续推进中国式现代化的重点环节,在充分发挥制度优越性的前提下建设有中国特色的数字经济,已经成为我国把握新一轮科技革命和产业变革新机遇的战略选择,成为驱动高质量发展的主要力量和可持续繁荣的关键。数字经济的快速发展、相关知识及技能的快速更迭,迫使中国的产业后备军必须与时俱进,只有不断掌握新知识、新技能,方能转换为产业现役军,无论是在制造业领域还是服务业领域,传统的劳动资料向数字智能化转型已成为趋势。据《全球数字经济白皮书(2022年)》显示,中国数字经济规模已达7.1万亿美元,占全球47个主要国家数字经济总量的18%以上。从2012年至2021年,我国数字经济平均增速为15.9%,国内生产总值占

---

① 习近平:《不断做强做优做大我国数字经济》,载《求是》2022年第2期。

比由 20.9% 提升至 39.8%。朝向高质量发展目标前进的数字经济彰显着数字中国的可持续性发展。

更有意义的是,数字经济创新能级的提升可以突破一些地区在经济发展过程中的自然弊端。以贵州为例,贵州原本是中国西部欠发达地区的典型代表,而近些年来贵州大数据产业的科技革命让贵州实现了区域性的经济奇迹,成为运用数字技术实现经济高质量发展的典型案例。贵州通过发展大数据产业,带动政府服务优化和社会治理能力的数字化转型,为贵州经济发展塑造了良好的发展环境,进而激发市场活力,促进经济的"跨越式"发展。贵州的经验论证了数字化改革技术创新能级的提升能为地区的经济高质量发展创造极为有利的条件。数字经济打破了时空界限,能够实现城乡之间、东中西部之间的协调发展,充分发挥不同地区数字经济化的协同作用。同时,数字技术能级的提升为经济高质量发展过程中的思想理念、组织模式、产业运行规则带来了颠覆性的变革,诸如物联网、数字金融、共享经济等新模式、新业态经济正在成为中国经济高质量和可持续性发展的新动力。

2. 消费经济高质量发展:美好生活需求与消费品质激活

中国消费经济的重点从"刺激消费规模"到"供需结构均衡"再到"消费牵引供给",这一发展链条为经济可持续发展提供了稳定强大的动力。

2012 年后,为了推动消费经济高质量发展,中国从供给、需求、环境、能力、升级、转型、模式、格局、配套、机制等层面进行了努力。一是增加产品和服务的种类、质量和品牌,满足消费者的多样化和个性化需求。二是扩大居民财产性收入,支持重点人群消费发展。三是健全消费安全监管体系,拓宽消费者维权渠道,完善消费领域信用体系,优化消费环境。四是发展文化和旅游消费,扩大升级信息消费,培育壮大智能产品和智慧服务等消费新业态。五是推广绿色有机食品、新能源汽车、绿色家装等绿色消费。六是创新消费业态和模式,发展线上线下融合的消费场景,促进商业、文化、旅游、体育等消费跨界融合。七是建设国际消费中心城市和区域消费中心,打造一批设施完善、业态丰富的消费集聚区,加快构建覆盖全球的流通网络。八是利用电商优势健全消费品流通体系,补齐"最后一公里"生活服务短板,提升农村地区消费物流基础设施水平。

九是制定绿色消费发展总体规划。①

此外,大力发展国内消费经济,通过扩大内需以激活国内市场的消费既有利于规避和消化全球政治经济形势变动对中国经济的负外部性,增强中国经济增长的稳定性与韧性,又可作为新发展阶段经济高质量发展、满足人民美好生活需要的内含命题。②

3. 绿色经济的可持续性与高质量发展:绿水青山就是金山银山

由于历史和现实的影响,粗放的经济发展途径曾实现了我国经济指数型增长。随着经济的快速增长,高能耗、高污染和低效益问题日益突出,经济增长与社会发展之间的紧张关系逐渐凸显,中国逐步转变发展方式,走上追求绿色、低碳的可持续的发展道路。习近平的"绿水青山就是金山银山"重要理念明确了生态系统中的生态价值和经济价值是互不冲突的。只有在经济发展中兼顾保护,才能最大程度地激发出生产潜力并且保留发展后劲,进而创造出高质量产品。2012 年以来,中国在推动绿色经济高质量发展和可持续发展中实施了以下重要举措:

一是大力发展节能环保、清洁生产、清洁能源、生态环境、绿色服务等产业,以构建绿色产业链为抓手,开辟绿色经济新业态,为双循环新发展格局赋能。以节能环保产业为例,在经历了 30 余年的发展后,实现了由引进模仿逐步转向引进再开发与集成的突破。③中国的节能环保产业产值由 2015 年的 4.5 万亿元上升到 2020 年的 7.5 万亿元左右,产业增加值占国内生产总值的比重从 2015 年的 2% 提升到 3%。中国政府出台一系列政策,鼓励节能环保产业在创新、突破与颠覆传统节能环保产业的道路上不断发展。④

二是依法依规淘汰落后产能,加快化解过剩产能。2012—2022 年,我国

---

① 石洪景、陈梨芳:《数字经济带动绿色消费发展的实现路径》,载《生态经济》2023 年第 5 期。

② 王永贵:《增强经济发展韧性 提升高质量发展能力》,人民论坛网:http://www.rmlt.com.cn/2020/0401/574889.shtml,访问时间:2023 年 8 月 25 日。

③ 中商情报网讯:《2021 年中国节能环保行业市场现状分析:节能服务业潜力巨大》,搜狐网:https://www.sohu.com/a/463081623_350221,访问时间:2023 年 8 月 15 日。

④ 国务院新闻办公室:《新时代的中国绿色发展白皮书》,低碳发展网:https://dtfz.ccchina.org.cn/Detail.aspx?newsId=65162,访问时间:2023 年 9 月 16 日。

以年均 3% 的能源消费增速支撑了年均 6.5% 的经济增长,能耗强度累计下降 26.2%。①2012 年,中国政府采取优化能源结构的措施,促进能源部门低碳转型,严控化石能源消费,充分利用风力资源、光能资源、氢能源等可再生能源,推动可再生能源的大范围、多方位的覆盖。

三是扩大绿色产品消费,在全社会推动绿色生活方式的形成。2012 年以来,健康与天然原料成为中国消费者产品选择的重要因素,约 60% 的消费者在购物时会习惯性地查看食品成分,在健康与生活方式相关物品上的支出也增加了。2020 年,绿色食品产业覆盖种植、畜禽、水产等大宗农产品及加工食品,大米、面粉、大豆、水果、食用菌等已占同类产品总量的 5%—10%,机制糖、食用盐等产品市场份额超过 25%,高质量的绿色食品产业规模在中国稳步扩大,②形成了供求适配、绿色高效的国民经济大循环。

四是积极推动绿色金融的发展。中国政府在投融资的决策过程中充分考虑了潜在的环境影响,把与环境条件相关的潜在的回报、风险和成本融入金融企业的日常业务,通过对社会经济资源的引导,促进社会的可持续发展。③通过绿色信贷、绿色债券、绿色股票指数和相关产品、绿色发展基金、绿色保险、碳金融等金融工具和相关政策支持经济向绿色化转型。④截至 2019 年年末,中国绿色贷款余额达到 10.22 万亿元;国际绿色债券发行规模达到 2 577 亿美元(约 1.8 万亿元人民币),较上年同期增长 51.06%。⑤

总的来说,中国在发展高质量的绿色经济中,宗旨是坚持人的价值尺度和自然规律的真理尺度,以实现人民的美好生活。

4. 对外经济高质量发展:以国际竞争推动企业高质量发展

自 2001 年 12 月 11 日中国正式加入世界贸易组织以来,中国对外贸易快速

---

① 方琳楠、袁泽睿:《3% 撑起 6.6%》,载《北京商报》2022 年 10 月 18 日。

② 《新征程再出发——绿色食品产业"十四五"发展规划综述》,载《农民日报》2022 年 1 月 21 日。

③ 屈魁、张明、冯岩:《绿色金融与普惠金融的协同推进》,中国金融新闻网:https://www.financialnews.com.cn/ll/gdsj/201808/t20180813_143988.html,访问时间:2023 年 8 月 25 日。

④ 邓晶、郑雨洁、顾雪松等:《中国碳市场与绿色金融市场溢出效应研究》,载《金融理论与实践》2023 年第 7 期。

⑤ 田晓林、宋益昶:《产业金融助力新能源发展》,载《中国金融》2021 年第 5 期。

发展,贸易总量和顺差规模都成为世界第一。2002—2012 年,中国的年均出口增速是 13.67%,年均进口增速是 13.01%。①进入新时代后,中国积极推动货物贸易优化升级,从粗放式贸易中走出来,创新服务贸易发展机制,发展数字贸易,加快建设贸易强国。积极参与国际投资合作,推动共建"一带一路"高质量发展,与沿线国家开展基础设施、产业集聚、经济发展、民生改善等领域的合作。②

值得一提的是,进入新时代以来,中国不断提高对外投资质量和水平,优化对外投资结构,加大对制造业、服务业、数字经济、绿色发展等领域的投资力度③,通过国际间的资本往来提升国内经济的高质量发展。

一是通过引进外资和对外直接投资逐步建立经济营运合作新途径、新渠道,通过出口贸易提升国内的产业结构转型。

二是通过对外经济投资,采用世界上最先进的生产技术,促进对领先技术的加速吸收,实现模仿后的追赶,通过投资来源国的技术溢出提高中国国内的生产效率,提高产品的质量,在反向技术溢出的作用下促进了国内产品的高质量发展。

三是企业通过对外投资进入产品市场,参与国际市场的竞争,迫使中国国内的企业提高产品质量,即通过国际竞争形成国内产品高质量要求的"竞争效应"。④

(二)可持续发展与社会高质量发展的中国方案

社会高质量发展囊括很多内容,而教育、公共服务、社会治理以及区域协调几大方面无疑有利于充分表征社会高质量发展,且教育、公共服务、社会治理以及区域协调都与可持续发展深度勾连。同时,社会层面的高质量发展,更重视

---

① 海关总署:《"入世"20 年以来我国进出口总值年均增长 12.2%》,人民网:http://finance.people.com.cn/n1/2022/0114/c1004-32331547.html,访问时间:2023 年 8 月 13 日。

② 赵瑾:《贯彻新发展理念 推动共建"一带一路"高质量发展》,光明日报网:https://news.gmw.cn/2023-05/23/content_36578431.htm,访问时间:2023 年 8 月 25 日。

③ 杨长湧:《将对外开放推至更高水平》,中国青年网:https://m.youth.cn/qwtx/xxl/202307/t20230708_14634183.htm,访问时间:2023 年 8 月 25 日。

④ 戴涵之、张发林:《应对国际经济冲突的中国思路:伊斯特万·洪特政治经济思想的启示》,载《天津师范大学学报》(社会科学版)2023 年第 4 期。

软件提升,包括基于程序和规则、制度与机制的优化,本部分从教育发展、公共服务、社会治理、区域协调等方面对中国在推动社会高质量发展的努力进行考察,如图2所示。

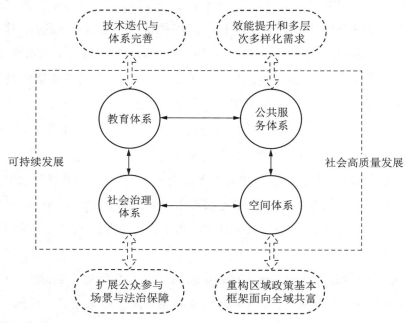

资料来源:作者自制。

图2 可持续与社会高质量发展的主要模块示意

1. 教育高质量发展:技术迭代与体系完善

教育高质量发展是可持续发展的重要基础条件。改革开放以来,我国已经逐步建立起能够满足不同阶段中国特色社会主义建设基本需求的教育结构体系[①],进入新时代后,特别是党的十九大后,中国在实现教育高质量方面做了如下的努力:

一是在技术层面。通过技术的迭代为教育的高质量发展提供条件。如数字化转型,通过人工智能、大数据等新技术推动教育高质量发展。[②]以乡村教育

---

① 马陆亭:《新时代高等教育的结构体系》,载《中国高教研究》2021年第9期。

② 滕长利、邓瑞平:《智能技术赋能教育高质量发展:内涵、挑战及应对》,载《高教探索》2023年第1期。

为例,中国采取将乡村教育发展与智能技术融合的方式,为乡村教育教学赋智、资源赋值、治理赋能。①

二是在制度体系层面。完善职业教育体系,厘清各级职业教育的办学定位。②健全灵活开放、多元高效的高等教育体系与制度。同时,通过探索新型高等教育考试招生制度等重要举措,推进高等教育治理体系与治理能力现代化,推动教育的可持续发展。

三是在教育政策层面。建构创新性的教育政策体系,包含教育质量体系、教育组织变革、教育保障机制、教师队伍、城乡义务教育一体化、学生资助,教育扶贫体系等政策体系。高等教育政策强调内涵式发展,强调加快"双一流"建设,培养拔尖创新人才,打造教育强国。③

四是在教育服务社会经济层面。要求教育必须持续服务于经济社会发展,将其放置于广阔的经济社会背景中推进教育的可持续发展与高质量发展。④

五是在教育关怀层面。主要包括对社会弱势人群以及子女的教育权利与机会均等的保护。将教育关怀聚焦于个体的健康成长和与全方位发展问题上,从临时性关怀到制度性保障的转变,从基本受教育权救助向综合性关怀转型。⑤

2. 公共服务高质量发展:效能提升和多层次多样化需求

进入新时代后,中国社会的基本矛盾转变为人民日益增长的美好生活需要和不平衡不充分的发展之间的矛盾,这一矛盾同样贯穿于公共服务领域。中国全面提升公共服务供给保障能力,构建可持续发展的基本公共服务体系,促进公共服务高质量发展。⑥

---

① 彭泽平、邹南芳:《智能技术赋能乡村教育高质量发展:理念诠释与治理逻辑》,载《中国电化教育》2023 年第 2 期。

② 王笙年、徐国庆:《职业教育高质量发展的关键制度壁垒及其结构性消解》,载《高校教育管理》2023 年第 1 期。

③ 邱水平:《对新时代中国高等教育内涵式发展的几点思考》,中国教育新闻网:http://m.jyb.cn/rmtzcg/xwy/wzxw/202010/t20201028_368973_wap.html,访问时间:2023 年 8 月 25 日。

④ 陈斌:《高等教育高质量发展:价值意蕴、现实境遇与推进策略》,载《重庆高教研究》2022 年第 1 期。

⑤ 张新平:《教育高质量发展:多维视域的审思与融合》,载《教育研究与实验》2023 年第 1 期。

⑥ 谭海波:《数字技术赋能公共服务高质量发展》,载《中国社会科学报》2022 年 8 月 25 日头版。

一是完善公共服务体系,健全公共服务的体系。完善基本民生保障制度体系、教育体系和多层次医疗卫生服务体系;不断筑牢兜实基本民生底线,全面提升公共服务供给水平,更好满足多层次、多样化需求①;建立基本公共服务清单制度和标准体系,明确国家向全民提供基本公共服务的底线范围和质量要求。②

二是推进基本公共服务均等化,加大对基层、农村、边远地区和困难群众的支持力度,缩小城乡区域人群间基本公共服务差距。③以农村公共服务高质量发展为例,对农村公共服务供给过程形成匹配赋能和评价赋能,消解农村公共服务质量不高、单中心治理格局和信息化水平滞后等不利因素,大幅度提升乡村居民的公共服务质量。④

三是丰富多层次、多样化生活服务供给,支持生活服务与公共服务衔接配合,满足公民多样化、个性化、高品质服务需求。⑤扩大普惠性非基本公共服务供给,推动重点领域非基本公共服务普惠化发展。⑥

四是提升公共服务效能。提升教育、就业、社会保障、医疗卫生、住房保障、文化体育等多个领域的公共服务效能,提高公共服务的便利及共享水平。

3. 社会治理高质量发展:扩展公众参与场景与法治保障

社会治理高质量发展是社会可持续发展的基本目标。进入新时代后,充分运用数字技术赋权,扩展公众参与场景,丰富参与手段,提升社会治理的系统化、精细化与人性化;结合区域社会治理发展的实际,完善共建、共治、共享的社会治理制度。⑦同时,将技术、制度及法治等赋权于社会治理,实现数字红利、政

---

① 孙鸿鹤:《增强均衡性和可及性:构建社会主义现代化公共服务体系》,载《理论探讨》2023 年第 2 期。

② 李文:《党的十八大以来关于推进共同富裕的伟大实践》,载《毛泽东研究》2022 年第 4 期。

③ 杨丹、李林、曹婷:《城市绿色发展对共同富裕的机制与实证研究》,载《经济问题探索》2023 年第 7 期。

④ 陈朝兵、赵阳光:《数字赋能如何推动农村公共服务高质量供给——基于四川省邛崃市陶坝村"为村"平台的案例研究》,载《农业经济问题》2023 年第 2 期。

⑤ 张润君:《公共服务体系现代化:政府、社会和市场》,载《西北师大学报》(社会科学版)2022 年第 6 期。

⑥ 贾正:《农村公共服务供给推行 PPP 模式面临的困境与对策》,载《乡村科技》2023 年第 6 期。

⑦ 印子:《法治社会建设中村规民约的定位与功用》,载《华中科技大学学报》(社会科学版)2023 年第 1 期。

策红利与发展红利的再分配,促进社会的公正和公平,促进社会治理的可持续和高质发量发展。①

一是社会治理体系和治理能力现代化取得重大进展,社会治理创新不断深化,社会治理体制机制更加完善,社会治理方式更加科学,社会治理效能更加显著。②

二是完善社会治理的制度体系。社会治理作为中国社会建设的重要内容和关键领域,受到国家基础权力建设与行政科层体制改革的双重影响,客观上要求进一步加强制度建设,以制度建设促进社会治理高质量发展。而共建、共治、共享社会治理制度体系契合社会建设的客观需求,驱动社会治理转型升级,成为中国式社会治理的重要内容。③

三是创新基层社会治理。完善城乡基层自治制度,健全基层综合性服务平台和社会组织服务网络,提高基层群众自治水平和服务能力。将协商民主、参与式民主、全过程民主引入社区治理,赋予社区居民对社区事务的审议权、行动权,使其有机会参与社区事务议事和决策,增强社区自治能力④,使之成为社会治理高质量发展的重要依托⑤。

四是提升社会治理的技术含量。数字技术已经全方位嵌入社会治理格局,社会治理在数字技术赋能下更具有可持续性。以往的社会治理更多凭借的是经验治理,数字技术作为新的技术体系,改变了传统的技术形态,全方位赋能社会治理,为社会治理问题的一体化提供解决方案,促进社会治理的高质量发展与可持续性演进。⑥

---

① 林子夜:《以智慧村务平台促进乡村善治》,载《人民日报》2023 年 8 月 21 日第 6 版。

② 刘翠霞、季小金:《"情"归何处——社会治理数字化的困境及破解策略》,载《江汉大学学报》(社会科学版)2023 年第 4 期。

③ 郭晔:《中国社会治理为人类治理文明注入新内涵》,光明网:https://news.gmw.cn/2023-03/24/content_36451208.htm,访问时间:2023 年 8 月 25 日。

④ 杨宏山:《推进社区赋权成为城市基层治理的新维度》,人民论坛网:http://www.rmlt.com.cn/2022/0724/645975.shtml,访问时间 2022 年 7 月 24 日。

⑤ 王泗通、任克强:《基层智慧治理创新:内涵、成效与风险》,载《现代城市研究》2023 年第 4 期。

⑥ 潘浩之、吕守军、陈杰:《元宇宙能否为公众参与社会治理赋权——通过五层阶梯结构辨析》,载《治理研究》2022 年第 6 期。

五是构建社会治理的法治保障。借助有效的法治赋权,解决了在社会治理中所面临的法律限权、法律缺位、法律滞后、法律保障不足等系列问题。①

4.区域协调高质量发展:重构区域政策基本框架面向全域共富

区域协调高质量发展可以分为不同的层次,进入新时代后,中国在区域协调高质量发展实施的重要举措和行动如下:

一是推进西部大开发、振兴东北地区等老工业基地、促进中部地区崛起、鼓励东部地区率先发展。同时,积极发展海洋经济②,加大对革命老区、民族地区、边疆地区和贫困地区的扶持力度③。

二是推进形成主体功能区,明确不同区域的功能定位,制定相应的政策和评价指标,形成各具特色的区域发展格局和可持续的国土空间开发格局。④构筑区域经济优势互补、人与自然和谐相处的发展格局,实现不同区域基本公共服务的部分均等化。⑤

三是促进城镇化健康发展。按照以人为本、因地制宜、分类指导、节约集约的原则,加快城市群建设,优化城市布局和结构,提高城市综合承载能力和可持续发展能力,增强城市活力和魅力。⑥

四是建立更加有效的区域协调发展新机制,包括建立区域战略统筹机制、健全市场一体化发展机制、深化区域合作机制、优化区域互助机制、健全区际利益补偿机制等。⑦针对区域协调发展的突出短板与薄弱环节,注重省际交界区域的协调发展,推动小尺度、跨区域、相对精准的省际交界区域合

---

① 王妍:《"自主性赋权":地方政府何以应对改革创新的法治困境——以银川行政审批制度改革创新为例》,载《宁夏社会科学》2020年第4期。

② 郑贵斌:《我国陆海统筹区域发展战略与规划的深化研究》,载《区域经济评论》2013年第1期。

③ 李泉:《着力推进城乡融合和区域协调发展的实践探索与重点突破》,载《兰州学刊》2023年第1期。

④ 尹力、魏伟:《基于主体功能区战略的我国城市群城镇空间演化解析(2000—2020年)》,载《城市规划学刊》2023年第2期。

⑤ 李学勇:《继续实施区域发展总体战略》,人民网:http://theory.people.com.cn/n/2012/1123/c49155-19673014-2.html,访问时间:2023年8月25日。

⑥ 詹卫华:《水生态文明城市建设的内涵与实施举措探讨》,载《中国水利》2015年第22期。

⑦ 夏艳艳、关凤利、冯超:《新时代中国区域协调发展的新内涵及时代意义》,载《学术探索》2022年第3期。

作①,并逐步构筑区域利益发展框架,即国家利益、区域利益与地方利益之间差异化与协同发展。通过政策精细化、措施精准化的要求,重构国家区域政策的基本框架,以服务面向全域共富的战略举措。②

总的来说,区域协调发展取得相当成效,相关数据显示,十年来中国区域发展相对差距持续缩小。2021 年,中部和西部地区生产总值分别达到 25 万亿元、24 万亿元,占全国比重由 2012 年的 21.3%、19.6%提高到 2021 年的 22%、21.1%。在城乡协调方面,中国已经构建基于"元素-产业-空间"的城乡"互动-融合-协同"发展格局。③

四、结语:可持续性与高质量发展的挑战与解决路径

从高速度发展全面进入高质量发展需要有一个较长的过渡期。这不仅是因为发展有惯性,把高质量发展的目标要素融入各级决策者的理念和经济社会能动者的行为也需要一段时间的调适,而且国内外形势往往会面临一些急需处理的突发重大问题。结语部分将分析可持续发展和高质量发展的难点问题及其解决路径。

(一) 可持续性与高质量发展的挑战

当前可持续发展与高质量发展的挑战涉及经济、社会、生态、国际等多个方面。

1. 经济方面

我国经济已由高速增长阶段转向高质量发展阶段,正处在转变发展方式、优化经济结构、转换增长动力的关键期。④但发展不平衡不充分问题仍然突出,创新能力不适应高质量发展要求,农业基础还不稳固,城乡区域发展和收入分

---

① 张学良、韩慧敏、许基兰:《省际交界区空间发展格局及优化路径研究——以鄂豫陕三省交界区为例》,载《重庆大学学报》(社会科学版)2023 年第 1 期。
② 魏后凯:《促进区域协调发展的战略抉择与政策重构》,载《技术经济》,2023 年第 1 期。
③ 米梓溪、周韬:《乡村振兴战略下我国城乡空间结构变迁及一体化组织机制》,载《城市发展研究》2022 年第 3 期。
④ 程志强、滕飞:《把握新机遇、迎接新挑战 努力推动我国经济长期高质量发展》,人民网:http://finance.people.com.cn/n1/2021/0107/c1004-31992343.html,2023-08-24。

配差距较大。①发展方式和经济结构需要进一步优化转型,要素驱动的发展模式已经不可持续,消费结构和供给结构失衡问题仍然存在,产业升级和技术创新亟待加强。②此外,一些深层次的体制机制问题还没有得到根本解决,市场化改革和法治建设还有很大空间,开放型经济新体制还需要完善。③要应对这些问题和挑战,需要从多个层面进行改革和创新。

2. 社会方面

经济实现了高速增长,但在文化和观念上,一些干部和群众尚未完全理解可持续发展和高质量发展的重要性,导致理念、价值取向和思维方式上存在差异。这种差异不仅影响发展理念的普及,也对社会和谐与经济可持续发展构成挑战。创新、协调、绿色、开放、共享的发展理念仍未真正深入人心,提高公众意识的宣传努力还不够。此外,确保这些理念在经济和社会发展中得到有效实施的法律和政策的支持系统还未完全构建。

3. 生态方面

经过多年生态整治,我国蓝天、碧水、净土的环境已经形成,但仍面临着能源短缺、污染严重等问题。④生态环境保护体系建设仍存在一些亟须补齐的短板,如源头预防的约束力尚未充分发挥,过程控制中排污许可证与其他环境管理制度的衔接有待进一步加强,生态环境保护责任还不够严明。⑤

4. 外部环境方面

当前国际形势复杂多变,全球治理体系和规则面临挑战,经济全球化遭遇逆流,保护主义、单边主义上升,国际经贸合作受阻,全球供应链和产业链面临冲击,国际贸易投资持续低迷。⑥国际科技竞争日趋激烈,发达国家的技术封锁威胁着科技创新和产业安全。同时,气候变化问题日益突出,低碳转型成为全

---

① 习近平:《习近平谈治国理政》第四卷,北京:外文出版社 2022 年版,第 120 页。
② 陈晓晖、姚舜禹:《高质量供给与高质量需求有效对接是供给侧改革之旨归》,载《当代经济管理》2022 年第 8 期。
③ 魏际刚:《建设更高水平开放型经济新体制》,载《红旗文稿》2023 年第 14 期。
④ 欧阳志云:《我国生态系统面临的问题及变化趋势》,科学网:https://news.sciencenet.cn/htmlnews/2017/7/383139.shtm,2023-08-24。
⑤ 吴舜泽:《健全生态环境保护体系保障和促进人与自然和谐共生(人民观察)》,载《人民日报》2021 年 4 月 12 日第 15 版。
⑥ 鲁明川:《资本全球化的生态风险及其规避》,载《浙江工商大学学报》2022 年第 4 期。

球共识和趋势。

（二）可持续性与高质量发展的路径

实现可持续发展与高质量发展的路径也是一个很复杂的问题，涉及多个方面的改革和创新。

一是质量提升路径。质量是经济社会持续发展最基本的决定因素。中国经济必须从提升质量上下功夫，从数量时代转向质量时代。进入新时代，中国社会主要矛盾发生转化，发展中的矛盾和问题集中体现在发展质量上。只有大力提高发展质量，才能解决我国社会主要矛盾，以更加平衡、更加充分的发展满足人民美好生活需要，实现"两个一百年"奋斗目标。经济发展规律表明，一个国家进入工业化中后期，只有实现发展方式从规模速度型转向质量效益型，推动高质量发展，才能顺利完成工业化、实现现代化，提高国际竞争力，增强国家综合实力和抵御风险能力。坚持"质量为先"，将质量突破作为经济由大变强的关键予以重点推进，引导经济把转型升级的立足点真正转到提高质量和效益上来，形成以质量为导向的资源配置方式，提高全面质量管理水平，提高产品和服务的质量、品牌、信誉，增强国际竞争力。[1]

二是创新驱动路径。加快科技创新和转化，培育新产业、新业态、新模式。[2]打造科技创新平台，解决科技成果转移转化中存在的堵点、难点，将科研机构或高校的科技成果转化为具有市场价值的产品或服务，是实现科技创新和产业升级的重要环节。通过加强基础研究和应用研究的协调，提高源头创新能力和水平，并建立起有效的信息交流和对接平台，促进科研机构和企业之间的合作与沟通。培养和引进专业人才，打造多元化的科技成果转化平台，为经济高质量发展提供强有力的支撑。[3]

---

[1] 魏际刚：《坚持把发展经济的着力点　放在实体经济上》，载《贵阳日报·数字报》2023年3月28日第A07版。

[2] 郑栅洁：《加快建设以实体经济为支撑的现代化产业体系》，求是网：http://www.qstheory.cn/dukan/qs/2023-07/01/c_1129723073.htm，访问时间：2023年8月24日。

[3] 樊醒民：《张掖甘州以"强科技"为"强工业""强县域"注入强劲动力——科技创新驱动经济高质量发展》，每日甘肃网：http://zy.gansudaily.com.cn/system/2022/07/28/030599978.shtml，访问时间：2023年8月24日。

三是开拓新业态经济路径。发展数字经济、共享经济、绿色经济等新兴领域。[①]数字经济是以数字技术为基础,以数据为资源,以网络为平台,以智能化为特征的新型经济形态,能够提高生产效率和质量,降低成本和风险。共享经济是通过互联网平台,将闲置的资源、空间、时间等进行有效配置和利用,实现供需双方的互惠互利的新型经济模式,能推动经济发展方式变革。绿色经济是以资源节约和环境保护为基础,以人与自然和谐共生为目标的新型经济形态,增强环境友好型竞争优势,推动经济社会可持续发展。[②]这些新业态经济路径是当今世界经济发展的重要动力和方向,能够提升高质量经济和社会发展可持续性。

四是区域空间协调优化路径。区域协调和城乡融合发展是实现高质量发展和可持续发展的重要途径,能够促进经济社会平衡和协调,增强发展的内生动力和后劲,提高人民的幸福感和获得感。根据不同地区的自然条件、资源禀赋、发展水平、人口规模等特点制定差异化的发展战略和政策,实现区域间的合作互补、优势互换、共同发展,形成区域间的联动效应和整体效益,推动形成高质量发展的区域格局。在城乡融合发展层面,则以城市为引领,以农村为基础,以工业化、信息化、城镇化、农业现代化为支撑,推进城乡要素的自由流动和平等交换,形成城乡居民的利益共同体和命运共同体,实现城乡间的互利共赢、共同富裕,推动新型城镇化和乡村振兴,构建人与自然和谐相处、人与社会公平正义、人与人相互尊重的现代化社会。[③]

五是高水平的对外开放路径。构建高水平的对外开放格局是实现高质量发展和可持续发展的重要手段,能够促进经济全球化和多边合作,增强国际竞争力和影响力。以市场化、法治化、国际化为导向,以双边、多边、区域等多层次、多领域、多渠道的开放方式为手段,实现对外开放的广度、深度、层次和效益的全面提升。扩大国内市场的需求和供给,促进国内经济的结构调整和转型升级,激发国内经济的活力和动力,形成国内经济的开放循环和高质量发展。增

---

① 张腾、蒋伏心、韦朕韬:《数字经济能否成为促进我国经济高质量发展的新动能》,载《经济问题探索》2021 年第 1 期。

② 黄亚娟:《生态资本的市场机制设计》中共中央党校 2014 年博士学位论文。

③ 江泽林:《高质量推进乡村振兴和新型城镇化协同发展》,中国政协网:http://www.cppcc.gov.cn/zxww/2022/09/27/ARTI1664247188983332.shtml,访问时间:2023 年 8 月 24 日。

进与各国和地区的贸易投资和技术创新,形成与各国和各地区的利益共同体和人类命运共同体。①

六是优化法治体系路径。优化法治体系能够保障人民的权利和利益,化解社会不稳定,维护社会的秩序和安全,规范政府的职能和行为,促进经济的发展和繁荣,推动法治国家建设。②推动公平正义是实现高质量发展和可持续发展的重要价值,能够促进社会和谐和民族团结,提升国家的凝聚力和认同力。以人民为中心,实现社会各阶层、各领域、各群体的权利平等、机会平等、规则平等、待遇平等。同时,以扶贫攻坚为突破口,改善公共服务,增强社会的福利保障,实现社会各地区、各行业、各群体的协调发展、共享发展、可持续发展,形成社会和谐稳定和进步文明。③

七是高质量教育赋能路径。发展高质量教育是实现高质量发展和可持续发展的重要基础,它能够促进人才培养和创新驱动,提升国家的软实力和核心竞争力。以人的全面发展为根本,以教育公平为基本,以教育质量为核心,以教育创新为动力,以教育现代化为目标,实现教育的普及化、均衡化、多样化、国际化。培养符合时代要求的各类人才,满足经济社会发展的多元需求,调动教育参与者的积极性和主动性,形成教育的生命力和活力。④以科学素养为基础,以创新成果为导向,实现教育与科技、产业、社会的深度融合。以文化创造为核心,以文化交流为动力,以文化繁荣为目标,实现教育与文化、民族、世界的广泛互动互鉴,促进教育多样性和教育的包容性,构建人才强国和教育强国,实现高质量发展和可持续发展的目标。⑤

---

① 赵红军:《"一带一路"倡议的经济学研究新进展》,中国社会科学网:https://cssn.cn/dkzgxp/zgxp_zgshkxpj/2022nd4q_131885/202303/t20230313_5602803.shtml,访问时间:2023 年 8 月 24 日。

② 习近平:《关于中共中央关于全面推进依法治国若干重大问题的决定的说明》,中国共产党新闻网:http://cpc.people.com.cn/n/2014/1029/c64094-25927958.html,访问时间:2023 年 8 月 24 日。

③ 鹿心社:《精准扶贫是全面建成小康社会的重要抓手》,人民网:http://theory.people.com.cn/n1/2015/1218/c83846-27945999.html? from = singlemessage&isappinstalled = 0,访问时间:2023 年 8 月 24 日。

④ 石中英:《如何让教育有活力》,载《中国教育报》2018 年 1 月 17 日第 12 版。

⑤ 束永睿、胡秋梅:《在加快建设教育强国新征程中落实好立德树人根本任务》,载《思想教育研究》2023 年第 7 期。

可持续能源与经济发展

顾燕峰[*]

工业革命以来,人类对自然资源的广泛使用促进了经济的持续增长,也带来了深远的环境后果。20世纪六七十年代,随着工业化和人口增长,环境污染和生态破坏越来越严重,保护生态环境的理念和运动逐步兴起,这为可持续发展理念的形成创造了背景。在此基础上,70年代开始形成"未来世代拥有平等的环境权利"概念,要求当前世代发展不能损害后代的生存环境,成为可持续发展的思想基础之一。环境问题的日益严重使人们认识到传统化石燃料的高污染和破坏性,可持续能源成为实现环境可持续性的关键。

20世纪70年代爆发的第一次石油危机和能源短缺使人们意识到,传统化石燃料是一种不可再生且有限的能源,人类需要寻找可再生能源。①能源安全担忧促进可再生能源的研发和应用。从20世纪七八十年代开始,太阳能、风能、生物质能等可再生能源技术取得较快发展。可再生能源技术的进步和可持续能源产业的初步发展,使世界各国在面对环境和资源危机的同时找到一条环境友好型的经济增长之路。这为后续的可持续发展做出重要贡献,也使可持续能源在国家可持续发展中的作用日益凸显。

在此背景下,国际社会为解决气候变化(主要是因温室气体排放导致的气候变暖)进行不懈的努力。1992年《联合国气候变化框架公约》确立了减缓气

　　＊　顾燕峰,博士,复旦大学社会科学高等研究院专职研究员。
　　①　可再生能源是指可以满足当下需要又不损害未来后代满足他们的能源需求,同时不会对环境、经济和社会造成不可逆转的影响的能源形式,通常包括如水电、太阳能、风能、波浪能、地热能、潮汐能等可再生能源。通常学术界将"可持续能源"与"可再生能源"同等使用。

候变化的目标和原则。1997 年《〈联合国气候变化框架公约〉京都议定书》(简称《京都议定书》)确定了具体的减排绝对量,要求发达国家在 2008—2012 年将温室气体减排 5%。2015 年通过的《巴黎协定》提出将全球变暖控制在 2 摄氏度以内,并努力达到 1.5 摄氏度以内的目标。各国提交的自主贡献计划中载明其减排时间表和行动路径。

尽管国际社会在如何应对环境问题,特别是气候变化,在一定意义上已经达成某种共识,即通过发展可持续能源提高化石能源达到温室气体减排目标,但学术界对可持续能源与经济发展之间的关系却未能达成共识。学术界对能源与经济发展之间的关系长期存在四种假说,即增长假说、节约假说、反馈假说和中立假说。这四种不同假说反映了人们在理解能源消费与经济增长关系的视角分歧。实际上,在不同国家和不同时间段内,这四种假说都可能成立。两者之间的关系本质上取决于具体条件下的技术、产业结构和政策环境等。在这些假说的框架下,学术界对可持续能源与经济发展之间的关系进行了广泛的讨论。在不完善的假说框架下,四种假说在不同国家、不同的发展阶段得到不同程度的证实。

要理解实证研究发现的相互矛盾的结果,就必须了解现有理论假设的缺陷。首先,理论框架存在差异,即将可再生能源视为消费行为还是投资行为的差异。如果将可再生能源视为投资行为,则应关注可再生能源与经济发展之间的长期关系,关注可再生能源对技术进步、投资、就业等长期影响;如果将可再生能源视为消费行为,则应关注可再生能源的短期影响,例如高投资、高成本带来的不利因素。其次,研究对象存在差异。不同国家在国力大小、资源禀赋、经济发展、环境承载力等各不相同,因此不同国家的可持续能源发展对其经济的影响存在差异。再次,可再生能源对经济发展的作用取决于成本、技术、资源禀赋等多方面的因素。因此,不同时期可持续能源发展对经济发展的影响也存在差异。特别是,随着可再生能源技术的进步、成本的下降,可持续能源对经济发展的影响会越来越明显。最后,规模效应是影响可再生能源消费与经济增长的关系的另一个重要因素。大规模使用可再生能源不仅会降低可再生能源的边际成本,还能影响更多的生产性行业,从而促进经济增长。这些因素在现有的研究框架下都未得到明确体现,从而制约了研究结论的内部和外部有效性。

可持续能源发展对经济具有广泛而复杂的影响机制。一是直接影响机制。

可持续能源发展一方面可以拉动投资、创造就业机会从而促进经济的发展，另一方面也可以影响贸易和国家能源安全。二是间接机制。可持续能源的发展可以改善环境，从而改善劳动者的健康，提高劳动者生产力，并减少医疗健康公共支出，从而提高生产率。

一、可持续性发展的内涵

1987 年联合国世界环境和发展委员会发表的《我们共同的未来》（也称《布伦特兰报告》）将"可持续发展"定义为"既满足当代人的需求，又不损害后代人满足其需求的能力的发展"，并提出了可持续发展的经济、社会和环境三个维度，为可持续发展的理论和实践提供了指导。①这一定义直至今天仍被广泛使用。事实上，即使在 20 世纪 80 年代，"可持续发展"也不是一个新的概念。人类对"可持续性"的思考至少可追溯至 18 世纪。②《布伦特兰报告》对可持续性发展的定义的独特性在于，与许多只考虑自身科学基础的研究不同，其第一次从经济、社会和政治的角度来考虑发展过程中产生的环境问题。这为后来者讨论可持续发展提供了基础。

对"可持续发展"的概念至今仍有许多争论，但一个普遍的共识是，要实现可持续发展，必须保持经济、社会和环境三个维度的平衡。③可持续发

① World Commission on Environment and Development, *Our Common Future*, Oxford: Oxford University Press, 1987.

② 张晓玲:《可持续发展理论:概念演变、维度与展望》，载《中国科学院院刊》2018 年第 1 期，第 10—19 页。Tomislav Klarin, "The Concept of Sustainable Development: From Its Beginning to the Contemporary Issues", *Zagreb International Review of Economics and Business*, Vol. 21, no. 1 (2018), pp.67—94.

③ John Elkington, "Towards the Sustainable Corporation: Win-Win-Win Business Strategies for Sustainable Development", *California Management Review*, Vol.36, no.2(1994), pp.90—100. Desta Mebratu, "Sustainability and Sustainable Development: Historical and Conceptual Review", *Environmental Impact Assessment Review*, Vol.18, no.6(1998), pp.493—520. Peter P. Rogers, Kazi F. Jalal and John A. Boyd, *An Introduction to Sustainable Development*, London: Earthscan, 2018. Edward B. Barrier, "The Concept of Sustainable Economic Development", in John C. V. Pezzey and Michael A. Toman(eds.), *The Economics of Sustainability*, New York: Routledge, 2017, pp.87—96. Ben Purvis, Mao Yong and Darren Robinson, "Three Pillars of Sustainability: in Search of Conceptual Origins", *Sustainability Science*, Vol.14(2019), pp.681—695.

展就是让未来代代相传的人类能够继续享有基本的财富和福祉,同时也能保护自然资源,以便未来的人们依然能够利用这些资源。也就是说,可持续发展的内涵是指以保护环境、满足社会的需求,并保持经济可持续增长为目标的发展模式,其三个要素是经济增长、社会包容和环境保护。可持续的经济部门必须能够不断生产商品和服务;可持续的社会必须实现分配公平、提供充分的社会服务,如教育、健康等等;可持续的环境系统则必须维持稳定的资源基础,避免过度开发,并仅在投资足够替代品的情况下耗尽非再生资源。

本文将讨论可持续能源与经济发展之间的关系,其实质是讨论环境和经济之间的关系。特别是在能源约束、碳中和的背景下,讨论可持续能源发展与经济发展之间的关系。

二、可持续能源发展的背景

(一) 可持续能源是传统能源消费及其结果的必然要求

第一,一次性非再生常规能源仍是全球能源消费的主流。传统能源主要指已大规模生产和广泛利用的一次性非再生的常规能源,如煤炭、石油、天然气等。人类使用能源的历史几乎就是一部完整的人类历史,但是传统能源的大规模、高强度使用与工业化密不可分。蒸汽机的发明标志着第一次工业革命的开端。此后,人类生产从依赖人力、畜力的个体生产逐步过渡到依赖机器的大规模生产。由此,人类的经济活动越来越依赖(一次性非再生能源)供给,这一趋势持续至今(见图1)。1965—2021年一次性非再生能源占总能源消费比例的下降有两个阶段:一是1975—1995年,这与核能的发展密切相关,二是2010—2021年,这与可再生能源(如风能和太阳能)发电量的增长有关。虽然一次性非再生常规能源占全球能源消费的比例由20世纪60年代的93.4%持续下降至2021年的82.8%,但一次性非再生常规能源仍是全球能源消费的主流。

第二,随着能源需求的扩张,全球传统能源分布不均衡的矛盾日益紧张。以石油为例,2020年超过70%的全球石油探明储量分布在13个石油输出国组

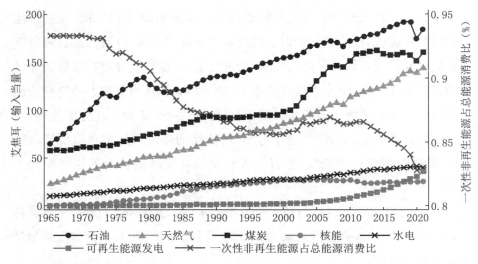

资料来源："bp Statistical Review of World Energy 2022"，www.bp.com，访问时间：2023年5月23日。

图1　1965—2021年全球能源消费

织成员国（简称 OPEC 国家）①，并且 1980—2020 年全球石油探明储量从 1980年的 6 826 亿桶增加至 2020 年的 17 324 亿桶，增加 10 498 亿桶，其中超过 75%（7 927 亿桶）来自 OPEC 国家（见图2）。这导致主要石油消费国对外石油依存度的加深并形成围绕着石油价格的国家关系格局。1973 年 10 月爆发第四次中东战争，为了配合埃及和叙利亚打击以色列及其支持者，OPEC 组织的阿拉伯国家成员国宣布回收石油标价权，并大幅提高石油价格，引发第一次石油危机，最终导致全球性经济危机。此后，1978—1980 年伊朗政局变化导致第二次石油危机，1990—1991 年海湾战争导致第三产石油危机。

在此背景下，发达国家开始实施国家能源安全战略。美国、法国、日本等国着力发展核电的新能源。这正是一次性非再生能源占总能源消费比例在1975—1995 年间持续下降的历史背景。石油危机后，世界主要大国开始实施能源安全战略，一方面通过建立资源性战略储备体系，建立区域性合作组织，增加

---

①　OPEC 是石油输出国组织的简称，是亚、非、拉石油生产国为协调成员国石油政策、反对西方石油垄断资本的剥削和控制而建立的国际组织，1960 年在伊拉克首都巴格达成立。现有 13 个成员国是：阿尔及利亚、安哥拉、刚果、赤道几内亚、加蓬、伊朗、伊拉克、科威特、利比亚、尼日利亚、沙特阿拉伯、阿拉伯联合酋长国、委内瑞拉。卡塔尔和厄瓜多尔分别于 2019 年和 2020 年退出 OPEC。

资源进口渠道等手段保障能源安全,另一方面通过调整经济结构,减少资源消费。[1]全球能源转型在此背景下逐步展开。

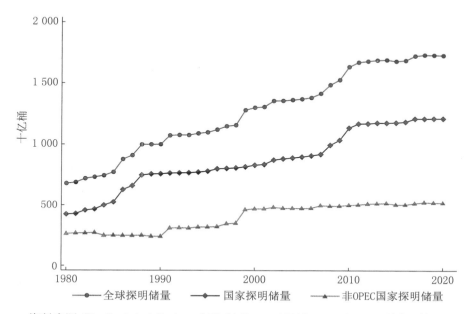

资料来源:"bp Statistical Review of World Energy 2022", www.bp.com,访问时间:2023年5月23日。

图 2 1980—2020 年全球石油探明储量

第三,以煤炭、石油、天然气为代表的一次性非再生能源的广泛使用也带来严重的生态后果,最直接的表现是二氧化碳排放量的增长。由于较早地实现了工业化转型,经济合作与发展组织(简称 OECD)国家一次性非再生能源消费较为稳定,并随着 2010 年前后可再生发电的增长,二氧化碳排放量在逐步下降。[2]尽管非 OECD 国家的核能、水电和可再生能源发电量在持续增长,但这些国家的一次性非再生能源的使用也在持续增长,二氧化碳排放量在 2000 年后有加速

---

① 王礼茂:《世界主要大国的资源安全战略》,载《资源科学》2002 年第 3 期,第 59—64 页。
② 经济合作与发展组织(OECD),是由 38 个市场经济国家组成的政府间国际经济组织,包括 20 个创始成员国,它们是:美国、英国、法国、德国、意大利、加拿大、爱尔兰、荷兰、比利时、卢森堡、奥地利、瑞士、挪威、冰岛、丹麦、瑞典、西班牙、葡萄牙、希腊、土耳其,还有 18 个成员国即日本、芬兰、澳大利亚、新西兰、墨西哥、捷克、匈牙利、波兰、韩国、斯洛伐克、智利、斯洛文尼亚、爱沙尼亚、以色列、拉脱维亚、立陶宛、哥伦比亚、哥斯达黎加。

增长的趋势(见图3)。不过,截至2021年,非OECD国家人均二氧化碳排放量仅为世界平均水平的75%,为OECD国家人均二氧化碳排放量的33.5%。这意味着非OECD国家如果继续遵循现有的能源消耗结构,并达到OECD国家的人均排放标准的话,二氧化碳排放量将会成倍增长。显然,从可持续发展的角度看,地球环境承载力和传统能源储量难以支撑传统的发展路径。

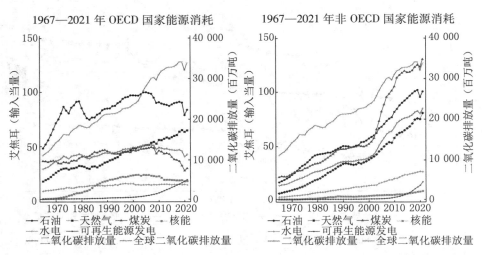

1967—2021年OECD国家能源消耗　　　1967—2021年非OECD国家能源消耗

石油　天然气　煤炭　核能
水电　可再生能源发电
二氧化碳排放量　全球二氧化碳排放量

资料来源:"bp Statistical Review of World Energy 2022", www.bp.com,访问时间:2023年5月23日。

图3　1967—2021年国家能源消耗和二氧化碳排放量

(二)全球减排的努力

国际社会已经从20世纪80年代开始注意到传统能源过度消耗带来的长期气候变化危机。为了应对该危机,联合国大会于1992年5月9日通过了《联合国气候变化框架公约》(下文简称《公约》)。[①]《公约》确立了应对气候变化的最终目标,即"将大气温室气体的浓度稳定在防止气候系统受到危险的人为干扰的水平上。这一水平应当在足以使生态系统能够可持续发展的时间范围内实现";同时也确立了国际合作应对气候变化的基本原则,即"共同但有区别的责

---

① 中华人民共和国外交部:《〈联合国气候变化框架公约〉进程》,外交部官网:http://ne-wzealandemb.fmprc.gov.cn/wjb_673085/zfxxgk_674865/gknrlb/tywj/tyqk/201410/t20141016_7949732.shtml,访问日期:2023年5月23日。

任"原则、公平原则、各自能力原则和可持续发展原则等。

为加强《公约》实施,1997 年《公约》第三次缔约方会议通过《京都议定书》。2012 年多哈会议通过了《〈京都议定书〉多哈修正案》。《京都议定书》及其修正案进一步明确发达国家的温室气体减排要求,及确定包括二氧化碳在内的 7 种减排温室气体,还明确发达国家可采取"排放贸易""共同履行""清洁发展机制"三种"灵活履约机制"作为完成减排义务的补充手段。

2015 年 11 月 30 日至 12 月 12 日,第 21 届联合国气候变化大会达成《巴黎协定》,对 2020 年后应对气候变化国际机制作出安排,标志着全球应对气候变化进入新阶段。2018 年 12 月,联合国气候变化卡托维兹大会通过《巴黎协定》实施细则一揽子决议,就如何履行《巴黎协定》"国家自主贡献"及其减缓、适应、资金、技术、透明度、遵约机制、全球盘点等实施细节作出具体安排,就履行协定相关义务分别制定细化导则、程序和时间表等,就市场机制等问题形成程序性决议。《巴黎协定》及其细则进入实施阶段后,各国通过国内立法推动应对气候变化进程,将温室气体减排目标和配套制度纳入法律。[①]截至 2020 年 10 月,全球有 2 070 项气候法律和政策,64 项碳定价举措已经实施或计划实施,涉及全球温室气体排放量的 22.3%。[②]截至 2023 年 5 月,133 个经济体已通过纳入国家法律、政策等形式宣布碳中和目标,这些经济体的温室气体排放量占全球当前排放的 88%,占全球人口的 85% 和国内生产总值的 92%。[③]

三、可持续能源与经济发展关系

(一) 可持续能源与经济发展关系的假说及实证发现

对可持续能源与经济发展之间的关系,学术界已有大量的讨论,但没有一

---

① 田丹宇、郑文茹:《国外应对气候变化的立法进展与启示》,载《气候变化研究进展》2020 年第 4 期,第 526 页;付琳、周泽宇、杨秀:《适应气候变化政策机制的国际经验与启示》,载《气候变化研究进展》2020 年第 5 期,第 641 页;孙傅、何霄嘉:《国际气候变化适应政策发展动态及其对中国的启示》,载《中国人口·资源与环境》2014 年第 5 期,第 1—9 页。

② Katie Lebling, Ge Mengpin, Kelly Levin, Richard Waite, Johannes Friedrich, Cynthia Elliott, Christina Chan, Katherine Ross, Fred Stolle and Nancy Harris, "State of Climate Action: Assessing Progress Toward 2030 and 2050", World Resource Institute(WRI), Washington, DC, 2020.

③ Net Zero Tracker beta, https://zerotracker.net,访问日期:2023 年 5 月 23 日。

致的结论。能源消费和经济增长之间的关系通常存在四种假说,即增长假说、节约假说、反馈假说和中立假说。增长假说表明能源消耗对经济增长具有单向因果关系。该假说认为,旨在减少能源消耗的能源政策将对经济增长产生不利影响,因为能源消耗在经济增长过程中起着至关重要的作用。节约假说是指经济增长对能源消耗具有单向因果关系。根据这种假说,节约能源的政策不会对经济增长产生不利影响。反馈假说表明能源消耗和经济增长之间存在双向因果关系。在这种情况下,旨在减少能源消耗的政策可能会影响经济增长,经济增长也会影响旨在减少能源消耗的政策的推行,因为能源消耗不仅是经济增长的结果,而且是其主要因素。中立假说意味着能源消耗和经济增长之间不存在因果关系。在这种假设成立的情况下,减少能源消耗不会影响经济活动,经济活动也不会影响能源消耗。四种假说只是简单地描述了能源消费和经济增长之间的关系,但未对两者的关系机制进行更明确的讨论。因此,对四种假说的实证研究亦未探讨两者的影响机制,更未讨论关系背后更深层的影响因素。

因此尽管许多研究者针对同一议题展开了研究,但研究者的结论各不相同。尽管四种假说相互矛盾,但在不同的研究中均被证实。[1]有学者总结了1972—2022 年的这些研究,发现 64.9%的研究支持增长假说,15.6%支持反馈假说,11.7%支持节约假说,7.58%支持中立假说。[2]

不管是增长假说还是反馈假说,都认为可持续能源的发展和经济发展之间存在正相关关系。事实上,许多研究确实发现可持续能源消费与经济发展之间的正向关系。[3]例如,一项对北非和中东地区的石油净进口国能源使用与经济增

---

① Mehmet A. Destek and Alper Aslan, "Renewable and Non-renewable Energy Consumption and Economic Growth in Emerging Economies: Evidence from Bootstrap Panel Causality", *Renewable Energy*, Vol.111(2017), pp.757—763.

② Tomson Odongo, Francis N. Okurut, Vincent Bagire, Suzan Watundu, Livingstone Senyonga and Joseph Elasu, "A Meta-analysis of Renewable Energy Consumption and Economic Growth", April, 3, 2023, https://papers.ssrn.com/sol3/papers.cfm?abstract_id=4408440,访问日期:2023 年 5 月 23 日。

③ Mita Bhattacharya, Sudharshan R. Paramati, Ilhan Ozturk and Sankar Bhattacharya, "The Effect of Renewable Energy Consumption on Economic Growth: Evidence from Top 38 Countries", *Applied Energy*, Vol.162(2016), pp.733—741. Mita Bhattacharya, Sefa A. Churchill and Sudharshan R. Paramati, "The Dynamic Impact of Renewable Energy and Institutions on Economic Output and CO2 Emissions Across Regions", *Renewable Energy*, Vol.111(2017), pp.51—57. Chang Tsangyao,（转下页）

长之间的关系的研究发现,可再生能源的使用不仅会在短期内促进经济增长,而且长期来看,既可以促进经济增长,还可以提高其稳定性。①有学者利用 42 个发达国家 2002 年至 2011 年的面板数据,检验了二氧化碳排放、可再生和不可再生能源消耗以及经济增长之间的联系,发现从长远来看,可再生能源消费对经济增长有积极贡献。②另一项研究的结论更为乐观:研究者考察了 OECD 国家的可再生能源与经济增长之间的非线性关系,发现可再生能源消费的增加有助于经济增长,而且增加可再生能源消费对经济发展的促进作用是非线性的,即如果增加的可再生能源消费超过一定数量(阈值),可再生能源消费对经济发展的促进作用就会更加显著。③此外,对 25 个欧洲国家再生能源的能源消耗与经济增长的研究发现,与低国内生产总值国家相比,可再生能源消费与高国内生产总值国家的经济增长之间的相关性更高。④对南亚国家的研究也发现可再生能源消费可以促进经济增长的证据:可再生能源消费每增长 1%,可以促进经济增长 0.66%。⑤

(接上页) Rangan Gupta, Roula Inglesi-Lots, Beatrice Simo-Kengne, Devon Smithers and Amy Trembling, "Renewable Energy and Growth: Evidence from Heterogeneous Panel of G7 Countries Using Granger Causality", *Renewable and Sustainable Energy Reviews*, Vol.52(2015), pp.1405—1412. Roula Inglesi-Lotz, "The Impact of Renewable Energy Consumption to Economic Growth: A Panel Data Application", *Energy Economics*, Vol.53(2016), pp.58—63. Natalia Magnani and Andrea Vaona, "Regional Spillover Effects of Renewable Energy Generation in Italy", *Energy Policy*, Vol.56(2013), pp.663—671. Ilhan Ozturk and Faik Bilgili, "Economic Growth and Biomass Consumption Nexus: Dynamic Panel Analysis for Sub-sahara African Countries", *Applied Energy*, Vol.137(2015), pp.110—116. Chen Chaoyi, Mehmet Pinar and Thanasis Stengos, "Renewable Energy Consumption and Economic Growth Nexus: Evidence from a Threshold Model", *Energy Policy*, Vol.139(2020), ID: 111295. Nadia Singh, Richard Nyuur and Ben Richmond, "Renewable Energy Development as a Driver of Economic Growth: Evidence from Multivariate Panel Data Analysis", *Sustainability*, Vol.11, no.8(2019), p.2418.

① Montassar Kahia, Mohamed S. B. Aïssa and Charfeddine Lanouar, "Renewable and Non-renewable Energy Use-economic Growth Nexus: The Case of Mena Net Oil Importing Countries", *Renewable and Sustainable Energy Reviews*, Vol.71(2017), pp.127—140.

② Ito Katsuya, "CO2 Emissions, Renewable and Non-renewable Energy Consumption, and Economic Growth: Evidence from Panel Data for Developing Countries", *International Economics*, Vol.151(2017), pp.1—6.

③ Wang Qiang and Wang Lili, "Renewable Energy Consumption and Economic Growth in OECD Countries: A Nonlinear Panel Data Analysis", *Energy*, Vol.207(2020), ID: 118200.

④ Stamatios Ntanos et al., "Renewable Energy and Economic Growth: Evidence from European Countries", *Sustainability*, Vol.10, no.8(2018), p.2626.

⑤ Mohammad M. Rahman and Eswaran Velayutham, "Renewable and Non-renewable Energy Consumption-economic Growth Nexus: New Evidence from South Asia", *Renewable Energy*, Vol.147 (2020), pp.399—408.

中立假说认为,可再生能源发展与经济发展之间不存在因果关系,也有研究确实表明可再生能源消费没能促进经济发展。①例如,有研究者分析了 17 个新兴国家在 1990 年至 2016 年的可再生能源消费与经济增长之间的关系,发现可再生能源需求与经济增长之间不存在因果关系。②有研究虽然发现可再生能源对经济增长有积极影响,但研究者只在 58%的样本国家发现这种影响。③有学者检验了 9 个经合组织国家可再生能源消费和经济增长之间的关系后发现,两者的关系在不同国家有不同的表现:在德国、英国、意大利,可再生能源消费对经济有短期或长期的单向因果关系,但法国、丹麦、葡萄牙和西班牙可再生能源保护政策可能对经济增长没有影响。④

甚至有些研究发现,可再生能源消费会抑制经济增长。⑤例如,一项对欧盟

---

① Anis Omri, Nejah B. Mabrouk and Amel Sassi-Tmar, "Modeling the Causal Linkages between Nuclear Energy, Renewable Energy and Economic Growth in Developed and Developing Countries", *Renewable and Sustainable Energy Reviews*, Vol.42(2015), pp.1012—1022. Chang Tsangyao, Rangan Gupta, Roula Inglesi-Lots, Beatrice Simo-Kengne, Devon Smithers and Amy Trembling, "Renewable Energy and Growth: Evidence from Heterogeneous Panel of G7 Countries Using Granger Causality", *Renewable and Sustainable Energy Reviews*, Vol.52(2015), pp.1405—1412. Angeliki N. Menegaki, "Growth and Renewable Energy in Europe: A Random Effect Model with Evidence for Neutrality Hypothesis", *Energy Economics*, Vol.33(2011), pp.257—263.

② Burcu Ozcan and Ilhan Ozturk, "Renewable Energy Consumption-economic Growth Nexus in Emerging Countries: A Bootstrap Panel Causality Test", *Renewable and Sustainable Energy Reviews*, Vol.104(2019), pp.30—37.作者还发现,波兰节能政策可能对经济产生不利影响。

③ Muhammad Shahbaz, Chandrashekar Raghutla, Krishna Reddy Chittedi, Jiao Zhilun and Xuan Vinh Vo, "The Effect of Renewable Energy Consumption on Economic Growth: Evidence from the Renewable Energy Country Attractive Index", *Energy*, Vol.207(2020), ID: 118162.

④ Lin Hung-Pin, "Renewable Energy Consumption and Economic Growth in Nine OECD Countries: Bounds Test Approach and Causality Analysis", *The Scientific World Journal*, Vol.2014 (2014).

⑤ António Cardoso Marques and José Alberto Fuinhas, "Is Renewable Energy Effective in Promoting Growth?" *Energy Policy*, Vol.46(2012), pp.434—442. Mita Bhattacharya, Sudharshan R. Paramati, Ilhan Ozturk and Sankar Bhattacharya, "The Effect of Renewable Energy Consumption on Economic Growth: Evidence from Top 38 Countries", *Applied Energy*, Vol.162(2016), pp.733—741. Julija Cerović Smolović, Milica Muhadinović, Milena Radonjić and Jovan Đurašković, "How Does Renewable Energy Consumption Affect Economic Growth in the Traditional and New Member States of the European Union?" *Energy Reports*, Vol.6(2020), pp.505—513. Daniel Stefan Armeanu, Georgeta Vintilă and Stefan Cristian Gherghina, "Does Renewable Energy Drive Sustainable Economic Growth? Multivariate Panel Data Evidence for EU-28 Countries", *Energies*, Vol.10, no.3(2017), p.381.

27 个国家的研究发现,可再生能源消费会对经济增长产生负面影响。[1]但这种负面影响在 2008 年后有弱化趋势,并且在国家间存在差异:人均国内生产总值较低的成员国可再生能源消费增长对经济增长具有负向影响,反之,人均国内生产总值较高的成员国可再生能源消费增长对经济增长有正向作用。[2]此外,对同一个国家的研究可能得出不同的结论。例如,对土耳其不可再生能源消费与经济发展的研究中,有学者发现两者没有因果关系,但也有学者发现土耳其可再生能源消费会抑制经济发展。[3]

(二) 可持续能源与经济发展关系假说的理论框架缺陷

这些研究虽然都探讨了不可再生能源消费与经济发展之间的关系,但其研究发现背后是许多仍待解决的问题。

首先是理论框架的差异。如果将可再生能源消费视为一种投资,则认为可再生能源可以促进经济增长。这一框架认为,虽然可再生能源的初始投资成本较高,但可再生能源技术的进步和创新能够带来成本的下降,从而提高可再生能源的经济效益,促进经济增长。[4]一项对欧盟的研究发现,用于推广和实施可

① Gagan Deep Sharma, Aviral Kumar Tiwari, Burak Erkut and Hardeep Singh Mundi, "Exploring the Nexus between Non-renewable and Renewable Energy Consumptions and Economic Development: Evidence from Panel Estimations", *Renewable and Sustainable Energy Reviews*, Vol.146(2021), ID: 111152.

② 齐绍洲、李杨:《可再生能源消费影响经济增长吗? ——基于欧盟的实证研究》,载《世界经济研究》2017 年第 4 期,第 106—119、136 页。

③ Umit Bulut and Gonul Muratoglu, "Renewable Energy in Turkey: Great Potential, Low but Increasing Utilization, and an Empirical Analysis on Renewable Energy-growth Nexus", *Energy Policy*, Vol.123(2018), pp.240—250. Oguz Ocal and Alper Aslan, "Renewable Energy Consumption—Economic Growth Nexus in Turkey", *Renewable and Sustainable Energy Reviews*, Vol.28(2013), pp.494—499.

④ Chen Chaoyi, Mehmet Pinar and Thanasis Stengos, "Renewable Energy Consumption and Economic Growth Nexus: Evidence from a Threshold Model", *Energy Policy*, Vol.139(2020), ID: 111295. Melissa A. Schilling and Melissa Esmundo, "Technology S-curves in Renewable Energy Alternatives: Analysis and Implications for Industry and Government", *Energy Policy*, Vol. 37, no. 5 (2009), pp.1767—1781. Edward S. Rubin, Inês M.L. Azevedo, Paulina Jaramillo and Sonia Yeh, "A Review of Learning Rates for Electricity Supply Technologies", *Energy Policy*, Vol.86(2015), pp.198—218.Wang Qiang, Dong Zequn, Li Rongrong and Wang Lili, "Renewable Energy and Economic Growth: New Insight from Country Risks", *Energy*, Vol.238(2022), ID: 122018.

减少温室气体排放的可再生能源,不仅降低了温室气体排放量,也促进了人均国内生产总值的增长。①可再生能源产业还有望创造更多的就业机会,从而推动经济增长。伯格斯特龙和兰德尔估计可再生能源已在全球创造了 570 万个工作岗位,其中在中国创造了 175 万个工作岗位,在欧盟国家创造了 120 万个工作岗位,在巴西创造了 80 万个就业机会。②莱尔等人发现了德国可再生能源投资促进就业的证据。③因此,可再生能源通过创造就业机会、增加家庭收入和提高人民的生活质量来增加国家的社会福利。④

如果将可再生能源消费视作消费行为,则可再生能源消费成本高,可能对经济增长产生负面影响。一方面,可再生能源技术和设备的成本较高,需要高昂的前期成本和较长的成本回收周期,可能会使得企业和政府在承担这种成本时产生财政压力,从而抑制经济增长。例如,奥卡尔和阿斯兰对土耳其的研究⑤,马克斯和菲安哈斯针对 24 个欧洲国家的研究⑥,巴塔查里亚等人针对印度、乌克兰、美国和以色列的研究都发现了可再生能源消费的成本较高,可能对土耳其的经济增长产生负面影响。⑦

其次,研究对象存在差异。许多对发达国家的研究表明,可再生能源的使

---

① Serhiy Lyeonov, Tetyana Pimonenko, Yuriy Bilan, Dalia Štreimikienė and Grzegorz Mentel, "Assessment of Green Investments' Impact on Sustainable Development: Linking Gross Domestic Product Per Capita, Greenhouse Gas Emissions and Renewable Energy", *Energies*, Vol.12, no.20 (2019), p.3891.

② John C. Bergstrom and Alan Randall, *Resource Economics: An Economic Approach to Natural Resource and Environmental Policy*, Cheltenham: Edward Elgar Publishing, 2016.

③ Ulrike Lehr, Christian Lutz and Dietmar Edler, "Green Jobs? Economic Impacts of Renewable Energy in Germany", *Energy Policy*, Vol.47(2012), pp.358—364.

④ Muhammed Haseeb, Irwan S. Z. Abidin, Qazi M. A. Hye and Nira H. Hartani, "The Impact of Renewable Energy on Economic Well-being of Malaysia: Fresh Evidence from Auto Regressive Distributed Lag Bound Testing Approach", *International Journal of Energy Economics and Policy*, Vol.9, no.1(2019), p.269.

⑤ Oguz Ocal and Alper Aslan, "Renewable Energy Consumption—Economic Growth Nexus in Turkey", *Renewable and Sustainable Energy Reviews*, Vol.28(2013), pp.494—499.

⑥ António Cardoso Marques and José Alberto Fuinhas, "Is Renewable Energy Effective in Promoting Growth?"*Energy Policy*, Vol.46(2012), pp.434—442.

⑦ Mita Bhattacharya, Sudharshan R. Paramati, Ilhan Ozturk and Sankar Bhattacharya, "The Effect of Renewable Energy Consumption on Economic Growth: Evidence from Top 38 Countries", *Applied Energy*, Vol.162(2016), pp.733—741.

用可以促进经济增长,但对一些发展中国家的研究表明,可再生能源的使用没能促进,反而抑制了经济增长。例如,一项对西非 15 个国家的研究显示可再生能源消耗制约了这些国家的经济增长,其原因可归结于西非使用的可再生能源的性质和来源,主要是木材生物质,这些生物燃料可导致严重污染。另外,太阳能、风能、水力等对人体健康和环境无副作用的清洁能源在西非的使用较少。当使用不清洁和低效的能源时,可再生能源的使用会降低生产率,从而减缓经济增长。①正如图 3 所示,OECD 国家(主要由发达国家构成)和非 OECD 国家(由发展中国家构成)在能源消费结构上存在较大差异:从不可再生能源消费趋势上看,发达国家不可再生能源消费趋于稳定,并且对石油和煤炭的消费量在2010 年后呈下降趋势,而发展中国家对不可再生能源的消费量在 2000 年后急剧增加。而从可再生能源消费上看,OECD 国家和非 OECD 国家的基本趋势一致。从能源消费结构上看,非 OECD 国家的经济增长主要是由不可再生能源消费驱动,而 OECD 国家的经济增长主要是由可再生能源消费驱动。

再次,可再生能源对经济发展的作用取决于成本、技术、资源禀赋等多方面的因素。以太阳能和风力发电为例,太阳能和风力发电的前期投入大,后期运维成本低,是典型的长周期投资产业,加上前期需要大量技术研发、产业配套等,因此这两项技术前期成本高。但随着技术的进步成熟、产能上升,太阳能和风力发电的成本将持续下降。图 4 展示了 2010—2020 年全球太阳能光伏、陆上风电和海上风电的平准电力成本的变化趋势,清晰地表明,三种技术路线的发电成本在 10 年间分别下降 85.04%、56.18% 和 48.15%,其中陆上风力发电的成本已经低于化石燃料成本,而太阳能光伏发电的成本已达到化石燃料成本的下限,其他两种技术的成本已经达到化石燃料成本的中位数。②因此,现有文献得出的可再生能源与经济增长关系的矛盾结论,可能源自研究时间跨度上的差异:时间越早越可能处于投资周期的前期,意味着可再生能源技术的成本越高。

---

① Ibrahim K. Maji, Chindo Sulaiman and A. S. Abdul-Rahim, "Renewable Energy Consumption and Economic Growth Nexus: A Fresh Evidence from West Africa", *Energy Reports*, Vol.5 (2019), pp.384—392.

② 太阳能光伏发电成本已低于化石燃料成本,见 IRENA, "Renewable Power Generation Costs in 2021", https://www.irena.org/publications/2022/Jul/Renewable-Power-Generation-Costs-in-2021, 2023-05-23。

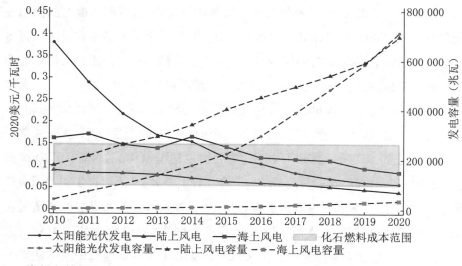

资料来源:https://www.irena.org/。

图4 2010—2020年全球不同可再生能源技术发电的平准电力成本和发电容量

最后,规模效应是影响可再生能源消费与经济增长的关系的另一个重要因素。大规模使用可再生能源不仅会降低可再生能源的边际成本,也可以影响更多的生产性行业,从而促进经济增长。图4清晰地展示了2010—2020年太阳能光伏发电、陆上风电和海上风电的电力成本与发电容量之间的负相关关系,即随着发电容量的增加,电力成本逐步下降。这也可以解释为何有研究利用2005—2016年经合组织国家数据发现可再生能源消费的增加超过一定数量(阈值)后,可再生能源消费对经济发展的促进作用就会更加显著。①

四、可持续能源对经济发展的影响机制

可持续能源对经济发展的影响机制复杂而广泛。总体上,可以将可持续能源视为经济的一部分,从投资、就业、国际贸易、能源安全等视角理解可持续能源对经济发展的直接影响;还可从可持续能源带来的福利,即通过改善环境,促

---

① Wang Qiang and Wang Lili,"Renewable Energy Consumption and Economic Growth in OECD Countries:A Nonlinear Panel Data Analysis",*Energy*,Vol.207(2020),ID:118200.

进劳动者的身心健康,从而增加人力资本,最终提高劳动生产率的视角理解可持续能源对经济发展的间接影响。

(一)可持续能源对经济发展的直接影响机制

首先,可持续能源发展拉动投资需求。全球能源转型技术的投资从 2015 年的 0.66 万亿美元增加至 2022 年的 1.3 万亿美元,增长 97.6%。从投资结构看,2015 年以可再生能源和能源效率为主,约占投资总额的 3/4;2022 年尽管这两个部分的总投资额达 7 720 亿美元,但占总投资额的比重下降到 59%。这主要是其他技术投资的增长,其中最主要的是电动交通技术(包括电动汽车和相关充电基础设施),2022 年达 4 660 亿美元,占总投资额的 35.6%。①更重要的是,要实现国际可再生能源机构《2023 年世界能源转型展望》中提出的 1.5 摄氏度情景实现能源转型,需要在 2023 年至 2050 年间累计投资约 150 万亿美元。在短期内,2023 年至 2030 年,每年的投资需要超过 5 万亿美元,包括每年从化石燃料向能源转型相关技术的 1 万亿美元。②这意味着在未来相当长的时期内,全球能源转型技术将是重要的投资领域。

其次,可持续能源发展创造就业机会。可再生能源单位投资所创造的就业机会远高于化石燃料的投资。据联合国气候行动估计,可再生能源每一美元投资所创造的就业机会,是化石燃料行业的三倍。国际能源署估计,到 2030 年,向净零排放的过渡将净增加 900 万个工作岗位。此外,与能源有关的行业,例如在电动汽车和超高效电器的制造或氢等创新技术方面,还需要 1 600 万工人。这意味着到 2030 年,清洁能源、低排放技术等领域总共可以创造 3 000 多万个就业岗位。③随着对全球可再生能源投资的扩张,全球可再生能源行业创造就业机会已从 2012 年的 728 万增长至 2021 年的超过 1 267 万个,其中超过 76.3%的职位集中在中国、巴西、印度、美国和欧盟。中国可再生能源行业直接和间接就业岗位达到 536.8 万个,占全球的 42.3%,巴西 127.2 万个(10%),印度 86.3 万个

---

①② IRENA and CPI, "Global Landscape of Renewable Energy Finance, 2023", International Renewable Energy Agency, Abu Dhabi, 2023.

③ 见联合国气候行动官网:https://www.un.org/zh/climatechange/raising-ambition/renewable-energy, 2023-05-23。

（6.8%），美国 92.3 万个（7.3%），欧盟 124.2 万个（9.8%）。①

再次，可持续能源投资的区域不平衡和区域结构差异影响了国际贸易。从可再生能源投资的区域分布上而言，东亚和太平洋地区吸引了全球大部分可再生能源投资。2022 年该地区的投资份额占全球投资总额的 66%。中国主导了该地区对可再生能源的投资。2020 年中国投资额占该地区总投资的 79%，通常情况下，中国占全球可再生能源投资的 23%—39%，北美和欧洲次之，各占 12%，三个地区占全球总投资的 90%。②从可再生能源的投资结构上看，全球可持续能源设备生产主要集中在东亚和太平洋地区及欧盟。2021 年全球 96% 的硅片、79% 的电池、78% 的组件在中国生产。因此，2020 年中国太阳能设备出口份额占全球的 40.9%，是全球主要经济体中最大的太阳能设备净出口国。欧盟、美国、印度和巴西等国家和地区虽然对太阳能投资额持续上升，但这些国家和地区是太阳能设备净进口国。2017—2021 年，欧盟进口了 84% 的组件，比美国（77%）或印度（75%）更多。③与太阳能行业类似，风能行业的集中度非常高。全球前十大制造商占据了全球装机市场的 85%。其中五家公司就控制了一半以上的全球市场份额，这些公司主要集中在欧美和中国。这最终体现在国际贸易上。2020 年，德国、丹麦和比利时在风能行业国际出口市场上分别占据了 30.1%、26.3% 和 13.8% 的市场份额，中国的市场份额与比利时相同，西班牙占据了全球风能行业出口市场份额的 8.3%。这五个国家亦是当年主要的净出口国。从太阳能和风能行业的产业布局而言，中国和欧盟已形成明显的竞争优势，这将对未来国际贸易产生深远影响。

最后，可持续能源发展影响能源安全。传统化石燃料的区域不均衡分布，使得全球大约 80% 的人口生活在化石燃料的净进口国。这使得国家能源安全容易受到地缘政治冲击和危机的影响。无论是 20 世纪 70 年代以来的三次石油危机还是 2022 年俄乌冲突，对全球石油和天然气供给和价格的影响都充分说明了这一点。可再生能源的特点注定了其可降低地缘政治对能源安全的影响。可再生能源（如风能、水能、太阳能和生物能源等）几乎是所有国家都可以获得但当前未被充分利用的能源形式。随着可再生能源的成本下降至化石燃料成

①③　IRENA and ILO, "Renewable Energy and Jobs: Annual Review 2022", International Renewable Energy, Abu Dhabi and International Labour Organization, Geneva, 2022.

②　IRENA and CPI, "Global Landscape of Renewable Energy Finance, 2023", International Renewable Energy Agency, Abu Dhabi, 2022.

本范围及以下,扩大可再生能源投资不仅是少数新能源大国,也是大多数国家可能的选项。国际可再生能源署估计,到 2050 年,世界上 90% 的电力可以来自可再生能源。因此,发展可再生能源是化石能源进口国摆脱能源进口依赖,保护能源价格平稳,实现国家能源安全的重要途径。

(二)可持续能源对经济发展的间接影响机制

空气污染通过影响劳动者的身体健康[1],降低认知能力[2],改变情绪、增加焦虑[3],减少工作时间、降低预期寿命[4]等途径对生产率产生影响[5]。长期暴露

---

[1]　Chen Yuyu, Avraham Ebenstein, Michael Greenstone and Li Hongbin, "Evidence on the Impact of Sustained Exposure to Air Pollution on Life Expectancy from China's Huai River Policy", *Proceedings of the National Academy of Sciences*, Vol. 110, no. 32(2013), pp. 12936—12941. Avraham Ebenstein, Fan Maoyong, Michael Greenstone, He Guojun, Yin Peng and Zhou Maigeng, "Growth, Pollution, and Life Expectancy: China from 1991—2012", *American Economic Review*, Vol. 105, no. 5(2015), pp. 226—231. Kira Matus, Kyung-Min Nam, Noelle E. Selin, Lok N. Lamsal, John M. Reilly and Sergey Paltsev, "Health Damages from Air Pollution in China", *Global Environmental Change*, Vol. 22(2012), pp. 55—66.

[2]　Zhang Xin, Chen Xi and Zhang Xiaobo, "The Impact of Exposure to Air Pollution on Cognitive Performance", *Proceedings of the National Academy of Sciences*, Vol. 115, no. 37(2018), pp. 9193—9197.

[3]　Zhang Xin, Zhang Xiaobo and Chen Xi, "Happiness in the Air: How Does a Dirty Sky Affect Mental Health and Subjective Well-being?" *Journal of Environmental Economics and Management*, Vol. 85(2017), pp. 81—94. Chen Fanglin, Zhang Xin and Chen Zhongfei, "Air Pollution and Mental Health: Evidence from China Health and Nutrition Survey", *Journal of Asian Economics*, Vol. 86(2023), ID: 101611.

[4]　Chen Yuyu, Avraham Ebenstein, Michael Greenstone and Li Hongbin, "Evidence on the Impact of Sustained Exposure to Air Pollution on Life Expectancy from China's Huai River Policy", *Proceedings of the National Academy of Sciences*, Vol. 110, no. 32(2013), pp. 12936—12941. Avraham Ebenstein, Fan Maoyong, Michael Greenstone, He Guojun, Yin Peng and Zhou Maigeng, "Growth, Pollution, and Life Expectancy: China from 1991—2012", *American Economic Review*, Vol. 105, no. 5(2015), pp. 226—231. Avraham Ebenstein, Fan Maoyong, Michael Greenstone, He Guojun and Zhou Maigeng, "New Evidence on the Impact of Sustained Exposure to Air Pollution on Life Expectancy from China's Huai River Policy", *Proceedings of the National Academy of Sciences*, Vol. 114, no. 39(2017), pp. 10384—10389. He Guojun, Fan Maoyong and Zhou Maigeng, "The Effect of Air Pollution on Mortality in China: Evidence from the 2008 Beijing Olympic Games", *Journal of Environmental Economics and Management*, Vol. 79(2016), pp. 18—39. Avraham Ebenstein, Victor Lavy and Sefi Roth, "The Long-Run Economic Consequences of High-Stakes Examinations: Evidence from Transitory Variation in Pollution", *American Economic Journal: Applied Economics*, Vol. 8(2016), pp. 36—65.

[5]　陈帅和张丹丹的研究表明,空气污染指数每增加 10 个单位,劳动生产力会显著降低 4%,并且空气污染与劳动生产力之间存在非线性关系,这意味着极端污染会严重降低劳动生产力。见 Chen Shuai and Zhang Dandan, "Impact of Air Pollution on Labor Productivity: Evidence from Prison Factory Data", *China Economic Quarterly International*, Vol. 1, no. 2(2021), pp. 148—159。

在空气质量差的环境中会导致心血管和呼吸系统疾病进而引发过早死亡。[1]据世界卫生组织统计,每年有700万人因空气污染过早死亡。2019年,接触PM2.5使全球平均预期寿命缩短了大约一年。[2]化石燃料造成的空气污染导致高昂的健康和经济成本。据估计,2018年,全球该成本高达2.9万亿美元。[3]

增加可再生能源消费在能源消费中的比重有助于控制慢性疾病,从而提高预期寿命,降低死亡率,并减少结核病的发病率,从而改善健康,提高劳动者生产力,并减少医疗健康公共支出,从而提高生产率。[4]有研究表明,中国PM2.5每立方米每减少1微克,短期内会使制造业部门生产率增长0.82%,而PM2.5每下

---

[1] Paolo Giani, Stefano Castruccio, Alessandro Anav, Don Howard, Hu Wenjing and Paola Crippa, "Short-term and Long-term Health Impacts of Air Pollution Reductions from Covid-19 Lockdowns in China and Europe: A Modelling Study", *The Lancet Planetary Health*, Vol.4, no.10(2020), pp.e474—e482. Fan Maoyong, He Guojun and Zhou Maigeng, "The Winter Choke: Coal-fired Heating, Air Pollution, and Mortality in China", *Journal of Health Economics*, Vol.71(2020), ID: 102316.

[2] 见气候行动"Pollution Action Note—Data You Need to Know",联合国环境规划署官网: https://www.unep.org/interactive/air-pollution-note/,访问日期:2023年5月23日。

[3] 见联合国气候行动,联合国官网:https://www.un.org/zh/climatechange/raising-ambition/renewable-energy#,访问日期:2023年5月23日。

[4] Jonathan J. Buonocore, Patrick Luckow, Gregory Norris, G., John D. Spengler, Bruce Biewald, Jeremy Fisher and Jonathan I. Levy, "Health and Climate Benefits of Different Energy-efficiency and Renewable Energy Choices", *Nature Climate Change*, Vol.6, no.1(2016), pp.100—105. Muhammad K. Khan, Teng Jianzhou, Muhammad I. Khan and Muhammad O. Khan, "Impact of Globalization, Economic Factors and Energy Consumption on CO2 Emissions in Pakistan", *Science of the Total Environment*, Vol.688(2019), pp.424—436. Nicholas Apergis, Arusha Cooray and Mobeen U. Rehman, "Do Energy Prices Affect Us Investor Sentiment?" *Journal of Behavioral Finance*, Vol.19, no.2(2018), pp.125—140. Nicholas Apergis, Mehdi B. Jebli and Slim Ben Youssef, "Does Renewable Energy Consumption and Health Expenditures Decrease Carbon Dioxide Emissions? Evidence for Sub-saharan Africa Countries", *Renewable Energy*, Vol.127(2018), pp.1011—1016. Nicholas Apergis and James E. Payne, "CO2 Emissions, Energy Usage, and Output in Central America", *Energy Policy*, Vol.37, no.8(2009), pp.3282—3286. Andrew A. Alola, Festus V. Bekun and Samuel A. Sarkodie, "Dynamic Impact of Trade Policy, Economic Growth, Fertility Rate, Renewable and Non-renewable Energy Consumption on Ecological Footprint in Europe", *Science of the Total Environment*, Vol.685(2019), pp.702—709.反之,中国的研究表明空气污染将增加公共健康支出,见 Panle Jia Barwick, Li Shanjun, Rao Deyu and Nahim B. Zahur, "Air Pollution, Health Spending and Willingness to Pay for Clean Air in China", *SSRN Electronic Journal*, (2017), p.10。

降1%,国内生产总值年增长率会上升0.039%。[1]

五、结　论

能源消费与经济增长的关系是能源经济学中的核心议题,其有着长期的研究历史。随着工业化和人口扩张,人类发展与生态环境承载力之间的矛盾日益凸显。人类逐渐认识到可持续发展模式可能是解决这一矛盾的重要选项。因此,自20世纪70年代起,人类开始更加关注可再生能源技术的发展。1992年《联合国气候变化框架公约》的达成标志着全球社会开始逐步迈入应对由温室气体排放导致气候变化的集体行动时代。在可持续发展框架下,能源消费与经济发展的关系逐步向可持续能源发展和经济发展之间的关系演变。

现有对可持续能源发展与经济发展之间关系的研究基于增长假说、节约假说、反馈假说和中立假说。然而,四种假说只是简单地描述可持续能源发展与经济发展之间的关系,但未能对背后的机制进行探讨。在这样的研究框架下,研究者检验了不同时期、不同国家的可持续能源发展和经济发展之间的关系,并得出相互矛盾的结果。这些矛盾的研究结论凸显了既有研究理论框架的缺陷。首先是可持续能源是投资品还是消费品。不同的视角决定了研究对象关系的差异。如果将可持续能源视为投资,则关注技术进步和投资带来经济长期

---

[1]　Fu Shihe, V. Brian Viard and Zhang Peng. "Air Pollution and Manufacturing Firm Productivity: Nationwide Estimates for China", *The Economic Journal*, Vol.131, no.640(2021), pp.3241—3273. 反之,空气污染导致生产率的下降在许多行业(如水果采摘、服装制造和呼叫中心等)都被发现,见 Joshua G. Zivin and Matthew Neidell, "The Impact of Pollution on Worker Productivity", *American Economic Review*, Vol.102(2012), pp.3652—3673; Achyuta Adhvaryu, Namrata Kala and Anant Nyshadham, "Management and Shocks to Worker Productivity: Evidence from Air Pollution Exposure in an Indian Garment Factory", Working paper(2014); Tom Chang, Joshua G. Zivin, Tal Gross and Matthew Neidell, "Particulate Pollution and the Productivity of Pear Packers," *American Economic Journal: Economic Policy*, Vol.8(2016), pp.141—169; Tom Y. Chang, Joshua G. Zivin, Tal Gross and Matthew Neidell, "The Effect of Pollution on Worker Productivity: Evidence from Call Center Workers in China", *American Economic Journal: Applied Economics*, Vol.11, no.1(2019), pp.151—172; He Jiaxiu, Liu Haoming and Alberto Salvo, "Severe Air Pollution and Labor Productivity: Evidence from Industrial Towns in China", *American Economic Journal: Applied Economics*, Vol.11, no.1(2019), pp.173—201。

发展的影响，反之，如果将可持续能源视为消费，则关注投资带来的成本的增加及对经济的短期影响。其次，是未能关注研究对象。不同国家的经济发展水平、资源禀赋存在差异，因此可持续能源发展对经济发展的影响可能因国家而异。再次是未能意识到长期技术进步带来的可持续能源成本的下降。可持续能源成本的下降可能改变其与经济发展之间的关系。最后，未能考虑规模效应的影响。可持续能源的应用只有实现规模效应，才可能对经济产生显著影响，进而才能实现统计学意义上的显著关系。

尽管没有进一步发展出检验可持续能源与经济发展关系的理论框架，本文仍然尝试性地讨论了可持续能源对经济发展的影响。一方面，作为投资行为，可持续能源在投资、就业、国际贸易和国际能源安全等领域对经济发展产生深刻的影响；另一方面，可持续能源发展会推动环境的改善和人力资本的增长，最终提高生产率。

通过对四种假说及其理论缺陷的讨论，为理解相关研究的矛盾的结论提供了视角，并在此基础上为进一步研究两者的关系提供可能。对影响机制的讨论使得我们意识到可持续能源对经济发展的影响可通过多种途径实现，这为讨论两者之间的关系进一步扩展了研究议题。除了可持续能源发展对投资、就业、国际贸易和国家能源安全等的影响外，可持续能源对人类身体和精神健康的研究、对人类认知能力的研究等都可以纳入可持续能源发展与经济发展的框架中进行讨论。

可持续发展与大数据应用

曲　文*

　　自 1987 年《我们共同的未来》由世界环境与发展委员会发布以来,可持续发展(sustainable development)就成了一项全球共识和必要之举。全社会应当在保护环境和促进经济发展之间寻求平衡,以满足当前和未来世代的发展需求。①为了实现可持续发展,技术手段发挥着重要作用。随着数据量的急剧增长、科学技术的进步以及社会需求的变化,大数据技术及其应用成为 21 世纪最重要的技术变革之一。本文旨在深入探讨大数据技术及其应用对于可持续发展的潜力和意义。通过综述研究,本文阐明大数据与可持续发展的关系,并对大数据在可持续发展的各领域的应用进行系统总结。同时,探讨大数据应用所面临的挑战和未来发展的方向,为决策者提供科学依据和政策建议。

一、大数据与可持续发展

(一) 可持续发展与大数据的关系

　　2015 年,联合国将可持续发展的定义与范围进一步细化与扩大,制定出持续到 2030 年,涉及教育、公平、环境和经济等多个领域的 17 项可持续发展目标

　　* 　曲文,复旦大学社会科学高等研究院青年副研究员、专职研究人员,美国圣母大学定量心理学博士。

　　① 　World Commission on Environment and Development, *Our Common Future*, Oxford：Oxford University Press, 1987.

(sustainable development goals, SDG)。①与此同时,随着大数据时代的到来,大数据促进可持续发展(big data for sustainable development)也成为一个全球议题。②

大数据(big data)的起源可以追溯到20世纪90年代后期③,互联网和数字化技术的蓬勃发展催生了海量数据,从个人的社交媒体数据到企业的市场数据再到政府的政务数据,这些数据不仅数量巨大,而且种类繁多、来源丰富、更新速度极快④,传统的数据处理和存储技术已经无法满足处理需求⑤。除了研究有效存储和处理数据的技术外,人们也开始重视数据分析,即如何从这些数据中获取更有价值的信息并作出更好的决策。⑥在接下来的二十多年里,随着云计算、物联网和人工智能等技术的兴起,人类通过大数据探索了更多可能性,对大数据的特征也有了更深入的认识,同时进一步完善了大数据技术。⑦

(二) 大数据的种类、来源与应用技术

大数据按照结构类型可以分为三类,分别是结构化数据、非结构化数据和

---

① Bandy X. Lee et al., "Transforming Our World: Implementing the 2030 Agenda Through Sustainable Development Goal Indicators", *Journal of Public Health Policy*, Vol.37(2016), pp.13—31.

② 联合国:《大数据促进可持续发展》,联合国官网:https://www.un.org/zh/global-issues/big-data-for-sustainable-development,访问日期:2023年1月6日。

③ 学界普遍认为,将"大数据"概念化,是由SGI前首席科学家约翰·马西(John Mashey)在1998年一次报告中首次公开提出的,报告可参见John R. Mashey, "Big Data and the Next Wave of InfraStress", April 5, 1998, https://static.usenix.org/event/usenix99/invited_talks/mashey.pdf,访问日期:2023年1月29日。

④ 道格·莱尼(Doug Laney)提出了3V框架来解释"大数据"的特征,即数据的体量(volume)、速度(velocity)和多样性(variety)。在大数据的中着数据量很大,数据会迅速地被创建出来,并且数据类型更多样化,且来源不同。Doug Laney, "3D Data Management: Controlling Data Volume, Velocity and Variety", *META Group Research Note*, Vol.6, no.70(2001), p.1.

⑤ Tsai Chun-Wei, Lai Chin-Feng, Chao Han-Chieh and Athanasios V. Vasilakos, "Big Data Analytics: A Survey", *Journal of Big data*, Vol.2, no.1(2015), pp.1—32.

⑥ Kapil Bakshi, "Considerations for Big Data: Architecture and Approach", Paper in IEEE Aerospace Conference, 2012, pp.1—7.

⑦ 从最初的3V框架(参见注④),大数据的特征被扩展到4V、10V,甚至更多(截至目前,可以找到的最高描述是42V),其中包含了准确性(veracity)、有效性(validity)、价值(value)、多样性(variability)、模糊性(vagueness)等,参见Tom Shafer, "The 42V's of Bigf Data and Data Science", April 1, 2017, https://www.elderresearch.com/blog/the-42-vs-of-big-data-and-data-science/,访问日期:2023年1月29日。

半结构化数据。①

结构化数据是以明确定义的格式存储的数据,具有规范化的模式和明确的数据模型,例如电子表格中的数据。这种数据的组织方式使得它们易于存储、检索和分析,因为每个数据字段的含义和关系都被明确定义和标记。传统统计分析使用的数据都是这种类型。

非结构化数据指没有特定格式或组织形式的数据,通常以文字、图像、音频或视频的形式存在。这类数据没有明确的模式或结构,难以用传统的关系型数据库进行存储和处理。

半结构化数据介于结构化数据和非结构化数据之间,常见的社交媒体数据就是这种类型,其中的文本评论、图片、视频本身是非结构化的,但它也伴随着一些结构化的元数据,包括用户信息、时间戳、地理位置等,为数据提供一定的结构和组织形式。

了解数据的结构和组织方式对于正确处理和分析数据至关重要,不同类型的数据需要不同的处理方法和技术,因此在进行大数据分析时,需要首先考虑数据的结构,因为相较于传统分析,大数据分析使用的数据量巨大,在分析处理时需要大量的算力和物力的投入,因此了解原始数据的来源以及在分析之前判断需要如何处理十分重要,以确保大量的投入是值得的。

按照来源划分,大数据可以分为国家内部数据、国家及区域间数据、组织间数据、个人数据等。②

国家内部数据,指由一个国家的政府和相关机构收集和管理的数据。这些数据包括政府部门的统计数据、经济指标、社会指标等。同时也包括普查数据,例如贫困率、教育普及率等。这些数据提供关于人口、社会、经济等方面的统计信息。

国家及区域间数据,指不同国家或地区之间交流和共享的数据。这些数据可以包括国际贸易数据、跨国公司的经营数据、地区间的合作项目数据等。世

---

① Philip Russom, "Big Data Analytics", *TDWI Best Practices Report*, *Fourth Quarter*, Vol.19, no.4(2011), pp.1—34.

② Seref Sagiroglu and Duygu Sinanc, "Big Data: A Review", Paper in International Conference on Collaboration Technologies and Systems(CTS), (2013), pp.42—47.

界银行以及联合国的数据也属于此类。

组织间数据,指不同组织之间共享和交换的数据,其范围涵盖合作伙伴之间的业务数据、供应链数据、市场数据等。在现代商业环境中,组织间数据的交流和共享成了促进合作和提升效率的重要手段。通过共享关键数据,组织可以更好地了解市场需求、优化供应链管理、开展跨界合作,从而实现共同的商业目标。

除去国家和组织的数据,个人数据也是大数据的一大来源,包括个人在日常生活中产生的数据,如个人手机、电脑、社交媒体活动等留下的数据。这些数据可以包括个人的健康数据、购物数据、位置数据等。同时用户在社交媒体上发布的文本、图像、视频以及与其他用户的互动等信息也属于此类数据。

在现实的应用场景中,比如在可持续发展领域,一项应用往往会涉及不同类型和不同来源的数据,其中地球大数据是非常重要的一类综合数据,是指融合地球科学、信息科学和空间科技等领域的数据,涵盖空间对地观测数据以及涉及陆地、海洋、大气和人类活动等方面的数据。这些数据具有海量、多源、异构、多时相、多维度、高复杂度、非平稳以及非结构化等特点。地球大数据是我们认识地球和进行知识发现的新工具,对于促进可持续发展具有重要作用。[1] 2021 年 9 月 6 日,中国科学院牵头成立了可持续发展大数据国际研究中心,成为全球首个专注于利用大数据为可持续发展目标提供服务的国际研究机构。[2] 该机构利用地球大数据,搭建了可持续发展目标评价指标体系和决策支持平台,从而能够有效监测和评估经济、社会和环境三个方面的可持续发展情况,为决策提供支持。

(三) 大数据分析方法

在某一个领域或某一实际问题上应用大数据时,一般会关注六个方面的技

---

[1] Guo Huadong, Liu Zhen, Jiang Hao, Wang Changlin, Liu Jie and Liang Dong, "Big Earth Data: A New Challenge and Opportunity for Digital Earth's Development", *International Journal of Digital Earth*, Vol.10, no.1(2017); pp.1—12.

[2] 瞭望:《郭华东:地球大数据助力可持续发展》,中国科学院:https://www.cas.cn/zjs/202111/t20211115_4813989.shtml,访问日期:2023 年 2 月 15 日。

术：数据收集、数据预处理、数据存储、数据分析、数据可视化、数据解释与决策。通过整合这些技术，使人们可以从更广泛、更多层次的数据中获取更有价值的信息，并进行更准确的预测，以帮助个人、企业和政府做出更明智的决策。大数据应用已被广泛使用于各个领域，包括医疗、零售、制造业、农业、能源、交通和环境等。因此，大数据技术及其应用是促进可持续发展的必然选择和有力抓手。①

在有效收集和预处理多种类型数据后，可以根据具体任务，使用不同方法对海量数据进行分析。大数据分析的基本目的可分为三大类：预测、描述、发现不同子群体间的相似与区别。②

在可持续发展应用中，大数据分析有助于描述现状、揭示规律以及进行未来预测或干预。与传统小样本相比，大数据样本可以更好地展示各数据子群体的隐藏结构，而非将其视为异常值。另外，即便存在较大的子群体差异，庞大的数据量亦可从众多子群体中提取关键共同特征。

针对不同的使用目的，常用的大数据分析方法有描述性分析、机器学习（如监督式学习、半监督式学习、非监督式学习、深度学习和强化学习等）、文本与图像分析、数据挖掘（如关联分析、聚类分析、回归分析等）和可视化分析等。③需要注意的是，这些方法并非相互独立，许多方法是相互关联的，例如，文本分析可与机器学习算法结合使用，从非结构化文本数据中提取信息；而数据挖掘技术可以用于揭示数据中隐藏的模式和关系，丰富描述性分析的结果。在实际应用中，大数据分析中使用的方法的选择取决于研究问题、数据类

---

① Seref Sagiroglu and Duygu Sinanc, "Big Data：A Review", Paper in International Conference on Collaboration Technologies and Systems(CTS), (2013), pp.42—47.

② Fan Jianqing, Han Fang and Liu Han, "Challenges of Big Data Analysis", *National Science Review*, Vol.1, no.2(2014), pp.293—314.文章第 294 页中提到的"subpopulation"指代的是统计学中"总体"(population)的子集，有学者翻译为"亚群""子总体"，笔者使用了"子群体"一词来指代。

③ 受篇幅限制，在此就不一一赘述每一种方法，感兴趣的研究者可以参考 Trevor Hastie, Robert Tibshirani, Jerome H. Friedman and Jerome H. Friedman, *The Elements of Statistical Learning：Data Mining, Inference, and Prediction, Vol.2*, New York：Springer, 2009；Lyman Ott and Micheal T. Longnecker, *An Introduction to Statistical Methods and Data Analysis*, Boston：Cengage Learning, 2015。

型以及可用于分析的资源。通常来说,研究者会融合多种方法,以便更全面地理解数据。

二、大数据应用在可持续发展各领域的表现

本部分详细探讨了大数据技术在可持续发展中的应用,并以联合国的十七项可持续发展目标为参考,归纳了六大应用领域,分别为:农业与农村发展,健康与医疗,教育与就业,智慧城市与基础设施,自然资源与环境保护,全球平等、治理与合作。涵盖了人类生活、生产以及生存环境的方方面面。通过对近年来大数据应用在这些领域中的表现的概述,并总结大数据应用在可持续发展过程中面临的挑战与机遇,可以深入了解其在可持续发展中的作用和影响。

(一) 农业与农村发展

"国以民为本,民以食为天",从古到今,粮食一直是人类赖以生存的基础。农业不仅可以满足人们对食品与营养的需求,也为经济发展提供支持。作为可持续发展的重要组成部分,农业生产需要采取一系列可持续的方法,比如有效的土地管理、水资源管理、种植作物的多样性和保护自然生态系统等。这些方法不仅可以减少农业对自然资源的依赖,同时也能减少对环境污染和生态系统的破坏。[1]此外,农业发展有助于消除饥饿和贫困,特别是在发展中国家,这也是可持续发展目标之一。全球约十分之一的人口正在遭受饥饿,而俄乌战争使得食品价格飙升,进一步扩大了受影响的地区。[2]饥饿还会导致儿童发育迟缓,并对其成长产生长远的负面影响。同时,农业生产和农村发展的改善可以提高农民的收入和生活水平,减少贫困。因此,高效的农业和农村发展对于可持续发展的众多方面都有着积极的推动作用。

---

① Neill Schaller, "The Concept of Agricultural Sustainability", *Agriculture*, *Ecosystems & Environment*, Vol.46, no.1—4(1993), pp.89—97; Dariush Hayati, Zahra Ranjbar and Ezatollah Karami, "Measuring Agricultural Sustainability", *Biodiversity*, *Biofuels*, *Agroforestry and Conservation Agriculture*, 2011, pp.73—100.

② Jeffrey Sachs, Christian Kroll, Guillame Lafortune, Grayson Fuller and Finn Woelm, *Sustainable Development Report 2022*, Cambridge: Cambridge University Press, 2022.

　　大数据应用在农业方面实施范围广，从生产到销售，再到农产品质量监测等方面都有所作为。①在生产方面，大数据可以帮助农民实现智能化种植和精准施肥，通过监测和预测天气、土壤和气候等因素，提高农作物的产量和质量。例如，在传统农业中，获知农田的信息主要是依赖人力观察、记录以及经验，这不仅耗费人力，也无法做到大规模无差错标准化，而基于大数据的智慧农业系统通过从各类传感器收集包括土壤湿度、天气温度和化肥含量等信息，实现自动分析后再通过物联设备精准浇水、施肥和收割。②大数据还可以应用于防治病虫害，如印度的一个研究团队搭建了一个基于物联网和机器学习的防治预测模型，帮助克什米尔地区的果农预测苹果黑星病的发生，采取实时措施，从而有效降低了苹果患病率，提高了苹果的产量。③此外，大数据还可以应用于农业机械的智能化控制，提高机器的使用效率并促进节能，以此来提高生产同时又能减少污染。

　　在销售方面，大数据可以帮助农民更好地了解市场需求和价格趋势，调整生产和销售策略，提高销售效率和收益，促进经济的发展。各大平台通过"电商+直播"方式帮助农民销售农产品，使用基于大数据的推荐算法将农产品精准推送给消费者，并通过分析消费者数据，及时调整策略，实现"从农田到餐桌"的销售模式，增加了销量并减少了采购与销售成本。

　　在农产品质量监测方面，大数据应用于监测农产品生产、加工、运输和销售等全过程，可以实现全程追溯和质量安全监测，从而保障消费者的健康。同时食品质量检测系统可以为研究者和政策决策者提供数据以及决策依据，促进物

---

①　Md Nazirul Islam Sarker, Wu Min, Bouasone Chanthamith, Shaheen Yusufzada, Li Dan and Zhang Jie, "Big Data Driven Smart Agriculture: Pathway for Sustainable Development", In 2019 2nd International Conference on Artificial Intelligence and Big Data(ICAIBD), 2019, pp.60—65; Andreas Kamilaris and Francesc X. Prenafeta-Boldú, "Deep Learning in Agriculture: A Survey", *Computers and Electronics in Agriculture*, Vol.147(2018), pp.70—90.

②　Robin Gebbers and Viacheslav I. Adamchuk, "Precision Agriculture and Food Security", *Science*, Vol.327, no.5967(2010), pp.828—831. 王昌海、丛静、赵庆建、朱秀峰、冯杰:《基于大数据的智慧农业管理系统开发》,载《江苏科技信息》2017 年第 36 期。

③　Ravesa Akhter and Shabir Ahmad Sofi, "Precision Agriculture Using IoT Data Analytics and Machine Learning", *Journal of King Saud University-Computer and Information Sciences*, Vol.34, no.8 (2022), pp.5602—5618.

种的改良和生产。随着互联互通时代的到来,不同组织、不同国家可以共享技术与数据,互相学习借鉴并促进合作发展。①

2022年度的《地球大数据支撑可持续发展目标报告》指出,我国科研人员基于地球大数据的研制出多种模型与产品,推动中国以及全球农业可持续发展。例如,2020年全球30米分辨率耕地复种指数分布产品、中国农业耕层土壤碳密度时空变化和中国种植业县域碳排放数据产品,提升了农业生产力和可持续粮食生产,为可持续发展目标中的第二项目标"零饥饿"做出了突出贡献。②

乡村振兴是中国发展的重要战略③,大数据技术可为之提供有力支持。尽管大数据应用主要服务农业发展,但随着社会关注和技术进步,越来越多的研究转化为实践,乡村发展的其他方面也逐渐开始应用大数据技术④,涉及提升农村生态宜居环境、优化农村治理体系、促进乡风文明建设和提高农民生活水平等方面。例如,通过建立农业自然资源、生态环境和居住环境资源大数据系统,实现实时监测以防控洪水、火灾和地震等风险,保障农村宜居建设。⑤再如,运用大数据技术为乡村"画像",帮助政府开展农业普查、因乡施策、评估政策,为进一步调整政策措施提供依据和支持。⑥

综上所述,大数据在农业方面的应用有助实现智能化、可持续发展,提高农产品的产量和质量,满足不断增长的人口需求和消费者的需求,为农业发展和粮食安全做出贡献,同时促进农村治理和发展。然而,大数据在农业和农村发

---

① 冯献、李瑾、崔凯:《乡村治理数字化:现状、需求与对策研究》,载《电子政务》2020年第6期。

② 中国科学院可持续发展大数据国际研究中心:《地球大数据支撑可持续发展目标报告(2022)》,中科院官网:http://www.cbas.ac.cn/yjcg/yjbg/202209/P020220922379872363452.pdf,访问日期:2023年3月12日。

③ 乡村振兴是在2017年党的十九大报告中提出的战略发展目标。

④ 刘瑾、丁尚宇、孟庆庄:《乡村振兴大数据画像系统研究与实践》,载《西部经济管理论坛》2022年第3期。

⑤ 张才明:《大数据助力乡村振兴》,载《学习时报》2021年5月7日,https://paper.cntheory.com/html/2021-05/07/nw.D110000xxsb_20210507_2-A3.htm,访问日期:2023年3月12日。

⑥ 赵瑞雪、赵华、朱亮:《国内外农业科学大数据建设与共享进展》,载《农业大数据学报》2019年第1期。

展中的应用仍处于初步阶段,存在一些有待解决的问题。①首先,大数据技术需要相应的技术能力和专业知识,乡村地区的教育水平、科学技术水平普遍较低,因此无法有效利用这些技术。同时,农民对高科技的认知度和接受度也较低,很少去主动了解智慧农业与精准农业技术。②其次,需加强监管数据隐私和安全问题,农业数据的泄露可能导致农民利益受损。最后,大数据的收集和应用都需要高昂的成本,前期需要大量的资金投入,产出需要一定的时间,这些成本对于一些贫困地区和农民而言是难以承受的,如果只有少数地区和少数人拥有数据资源和技术能力,可能会导致数字鸿沟的加剧,进一步加大社会和经济不平等问题。③

(二) 健康与医疗

随着新冠疫情的到来,人们对健康和医疗的关注越来越多。根据世界卫生组织(WHO)的定义,健康不仅仅指一个人身体没有疾病,同时也指一个人在精神以及社会适应方面具有良好的状态。④因此可以得出,除了疾病以外,环境污染、冲突战争、社会不平等等因素也都影响着人类的健康状况。良好的健康与福祉是可持续发展的重要目标,同时也与实现其他可持续发展目标息息相关。比如,优质教育不光可以促进个人秉持健康行为和生活方式,也可以影响到下一代,研究显示,母亲的受教育程度与儿童的生存概率以及健康程度均呈现正相关关系。⑤

---

① Andreas Kamilaris, Andreas Kartakoullis and Francesc X. Prenafeta-Boldú, "A Review on the Practice of Big Data Analysis in Agriculture", *Computers and Electronics in Agriculture*, Vol.143 (2017), pp.23—37.

② Mohsen Marjani, Fariza Nasaruddin, Abdullah Gani, Ahmad Karim, Ibrahim Abaker Targio Hashem, Aisha Siddiqa and Ibrar Yaqoob, "Big IoT Data Analytics: Architecture, Opportunities, and Open Research Challenges", *IEEE Access*, Vol.5(2017), pp.5247—5261.

③ Huang Yan, Zhou Chuanai, Cao Ning and Zhou Li, "Research on Application of Local Fruit E-commerce Based on Internet of Things", *2017 IEEE International Conference on Computational Science and Engineering(CSE) and IEEE International Conference on Embedded and Ubiquitous Computing (EUC)*, Vol.2(2017), pp.191—194.

④ Daniel Callahan, "The WHO Definition of 'Health'", *Hastings Center Studies*, 1973, pp.77—87.

⑤ United Nations Educational, Scientific and Cultural Organisation, "Teaching and Learning: Achieving Quality for All", EFA Global Monitoring Report, 2013—2014, https://www.unesco.org/gem-report/en/teaching-and-learning-achieving-quality-all; Chen Yuyu and Li Hongbin, "Mother's Education and Child Health: Is There a Nurturing Effect?", *Journal of Health Economics*, Vol.28, no.2 (2009), pp.413—426.

同时教育也是经济增长的关键驱动力,经济发展可以改善医疗状况,医疗状况的提升又可以反过来促进经济发展。

从数据来源上来说,我们可以从非常多样的数据源获取健康与医疗相关的数据,比如电子病历、社交媒体、基因组和药物数据库、临床试验、移动应用程序、传感器、医患分享等等。①2015 年,美国国立卫生研究院发起了"All of Us"研究计划,旨在收集全国至少 100 万人的健康数据,包括遗传、环境和生活方式等信息。通过分析这些数据,研究人员希望更好地了解基因、环境和生活方式的个体差异以及这些因素如何导致疾病产生,并开发更加个性化的预防、诊断和治疗方法。②各个国家和机构都在建立这样的数据系统,并通过海量的数据催生更多的大数据应用,这样有助于优化医疗资源配置、提高医疗质量、更快地预测和控制疾病暴发等,进而促进可持续发展。

在优化医疗资源配置方面,通过数据和信息共享实现的远程医疗,可以平衡地区间不均衡的医疗发展水平,为偏远地区的人提供更好的医疗帮助。比如在宁夏回族自治区,一些地区的医院通过互联网技术把一些基础医疗图像传送到上一层级的医疗中心进行诊断,用技术分类指导推动医疗更好地服务于社会。③

在提高医疗质量方面,使用人工智能来辅助医生并对患者进行诊治并不是21 世纪的新产物,自 20 世纪 60 年代开始兴起与发展的人工仿生、人工神经网络等技术就为智慧医疗提供了一条新的有效途径,促使近年来人工智能在医疗行业的全面发展。除了可以辅助医生和医疗研究者进行病历与文献分析、网络问诊、医疗影像分析、诊断结果分析、药物开发等,还可以有效降低保健和就医的门槛,例如,越来越多的手机软件和可穿戴设备(如智能手表)可以帮助人们监测体重、睡眠、心肺力量等健康指标,并可以帮助人们养成及时运动、按时饮

---

① Roberta Pastorino, Corrado De Vito, Giuseppe Migliara, Katrin Glocker, Ilona Binenbaum, Walter Ricciardi and Stefania Boccia, "Benefits and Challenges of Big Data in Healthcare: an Overview of the European Initiatives", *European Journal of Public Health*, Vol.29(2019), pp.23—27.

② "All of Us Research Program Overview", July 16, 2021, https://allofus.nih.gov/about/program-overview, 访问日期:2023 年 2 月 25 日。

③ 参见《人类智慧与人工智能:医生的 AI,还是 AI 医生?》,北京大学医疗健康大数据国家研究院:http://www.nihds.pku.edu.cn/info/1039/1314.htm,访问日期:2023 年 4 月 20 日。

水等行为习惯。基于大数据分析,医生和医疗研究者可以向个体提供个性化反馈和指导,帮助人们改善整体健康状况并降低医疗保健成本。

近年来,随着新冠病毒在全球的快速传播,越来越多的研究人员使用基于大数据的人工智能平台来帮助识别流行病学风险,为有效预测、预防和检测健康风险开辟了一条道路。[①]在疫情暴发初期,疫情实时更新地图以及预测模型帮助人们更直观地了解身边以及全世界的疫情状况,并为施政者提供了宝贵的决策依据。研究者还通过人工智能技术帮助寻找潜在的治疗方法和药物,比如中国的研究者通过网络药理学系统地筛选了各类中药,发现了13种在病毒复制调节等方面具有潜在的抗新冠病毒作用的中药成分。[②]在线问诊也为不便出行的人提供了获取医疗资源的便利途径,大数据技术可以支持这些问诊平台的运作,例如在线预约、医疗记录管理与智能推荐等。

心理健康也越来越被社会所重视,特别是疫情期间,因为我们的生活模式和社交方式都发生了巨大的改变,长时间居家工作生活以及变动的世界,都对我们的内心产生了或短或长的消极影响。同时由于就医与出行不便,许多以医院精神科、高校心理系和心理咨询专业机构为依托的在线心理诊室为人们寻求心理援助提供了途径。例如,中山大学附属第三医院的"掌上智慧医疗平台"提供了"疫期心理自测",除了帮助人们通过填写专业的自助评估表格并提供反馈之外,还可以筛选出中度或重度焦虑/抑郁症患者(包括前线医护人员),并引导他们免费进行线上咨询和治疗。[③]使用大数据技术来研究并改善心理健康并不

① Maksut Senbekov, Timur Saliev, Zhanar Bukeyeva, Aigul Almabayeva, Marina Zhanaliyeva, Nazym Aitenova, Yerzhan Toishibekov and Ildar Fakhradiyev, "The Recent Progress and Applications of Digital Technologies in Healthcare: A Review", *International Journal of Telemedicine and Applications*, Vol.2020(2020), pp.1—18; Ahmed Shihab Albahri et al., "Role of Biological Data Mining and Machine Learning Techniques in Detecting and Diagnosing the Novel Coronavirus(COVID-19): A Systematic Review", *Journal of Medical Systems*, Vol.44(2020), pp.1—11; O.S. Albahri et al., "Systematic Review of Artificial Intelligence Techniques in the Detection and Classification of Covid-19 Medical Images in Terms of Evaluation and Benchmarking: Taxonomy Analysis, Challenges, Future Solutions and Methodological Aspects", *Journal of Infection and Public Health*, Vol.13, no.10(2020), pp.1381—1396.

② Zhang Deng-hai, Wu Kun-lun, Zhang Xue, Deng Sheng-qiong and Peng Bin, "In Silico Screening of Chinese Herbal Medicines with the Potential to Directly Inhibit 2019 Novel Coronavirus", *Journal of Integrative Medicine*, Vol.18, no.2(2020), pp.152—158.

③ 脑病中心医学人工智能中心:《"云上三院"智慧平台实现疫期精神心理闭环诊疗》,搜狐网:https://www.sohu.com/a/379346336_456100,访问日期:2023年3月26日。

是在疫情后才出现的,通过人工智能技术,特别是自然语言处理技术,研究人员对社交平台数据进行分析并搭建模型,用于识别抑郁、焦虑、睡眠障碍和创伤后应激障碍等心理问题以及自杀、自伤和反社会等行为,并对其有针对性干预。①

大数据技术正在并将持续改变医疗的方方面面,既可以帮助医生从一些烦琐的工作中解脱出来,同时一些专业也面临着被取代的风险,比如病理学、放射学和药理学等人工智能可以更好发挥作用的专业。除此之外,大数据技术在医疗方面的应用还存在着一些伦理上的问题和挑战,比如,如何预防患者数据隐私被泄露,如何平衡智能医疗产品的普惠性和盈利性,如何平衡不同经济发展地区的技术水平,如何标准化跨系统数据和需求以及如何在不造成技术冗余问题的前提下更好地使用数据资源等等。②同时,在心理健康领域,特别是在大规模使用社交媒体上用户发布的内容来做研究时,研究人员应该关注社交媒体用户的隐私和期望,并应该注意从社交媒体数据中得出的关于心理健康的结论的普适性与敏感性。③

(三) 教育与就业

在人类的发展与进步过程中,教育一直都是关键的一环,是可持续发展之根本。④通过教育,人们可以获得必要的知识和技能,以应对生活中的各种挑战,作出明智的决策,并为社会做出贡献。在可持续发展的过程中,教育的重要性更是不言而喻,与其他的可持续发展目标也息息相关。⑤首先,教育能够提高人们对可持续发展理念的认知和理解,从而使人们充分意识到环境保护、资源管

---

① Stevie Chancellor and Munmun De Choudhury, "Methods in Predictive Techniques for Mental Health Status on Social Media: A Critical Review", *NPJ Digital Medicine*, Vol.3, no.1(2020), p.43.

② Maksut Senbekov, Timur Saliev, Zhanar Bukeyeva, Aigul Almabayeva, Marina Zhanaliyeva, Nazym Aitenova, Yerzhan Toishibekov and Ildar Fakhradiyev, "The Recent Progress and Applications of Digital Technologies in Healthcare: A Review", *International Journal of Telemedicine and Applications*, Vol.2020(2020), pp.1—18.

③ Mike Conway and Daniel O'Connor, "Social Media, Big Data, and Mental Health: Current Advances and Ethical Implications", *Current Opinion in Psychology*, Vol.9(2016), pp.77—82.

④ Sobhi Tawil and Rita Locatelli, "Rethinking Education: Towards a Global Common Good?" UNESCO, 2015.

⑤ Jeffrey D. Sachs, "From Millennium Development Goals to Sustainable Development Goals", *The Lancet*, Vol.379, no.9832(2012), pp.2206—2211.

理以及社会公平等方面的重要性。其次,教育有助于培养具备创新精神和环保意识的人才,为可持续发展提供智力支持。再次,教育能够提升社会公平性,通过消除贫困、降低不平等,为实现可持续发展营造良好的社会氛围。最后,教育能够促进文化交流与多样性,从而增强全球合作,实现可持续发展目标的共同追求。

随着信息技术和互联网的发展,大数据技术已被广泛应用于教育领域,在学与教、考与评、学校管理以及研究与创新等方面,为教育的发展和改进提供了有力支持。2020 年,联合国教科文组织发布的名为《教育数字化转型:联通学校,赋能学习者》的报告,提出了新时代教育数字化改革的国际共识。随后,在2021 年,教育部批复上海市进行教育数字化转型实验的申请,上海成为实验的领头羊,全面推动教育数字化转型的行动。紧接着,2022 年,党的二十大报告提出了"推进教育数字化战略行动"的目标①,并呼吁建设全民终身学习的学习型社会和学习型大国。

大数据技术在个性化学习和智能辅助教学方面发挥重要作用。通过收集和分析学生的学习数据,通过大数据技术的精准分析与建模使教育者了解每个学生的学习需求和进展情况,为其提供个性化的学习内容和指导,达到真正的"因材施教"。北京师范大学未来教育高精尖创新中心构建了一个用于全面描述学习者的数据模型和一个用于挖掘和分析区域教育数据的模型,同时在实践中建立了一个公共教育服务平台来支持学生的个性化发展,并形成基于大数据的解决方案,以提高区域教育质量。②

数字时代下的学习方式已经发生变化,从传统的课堂教学逐渐演变为可以随时随地通过移动终端设备进行的学习。③在这个背景下,优秀的学习平台如中国大学 MOOC、Coursera 和可汗学院(Khan Academy)等,利用大数据技术对学生的学习进展进行评估,并提供个性化的反馈。这些平台收集学生的学习数据,包括学习时间、答题情况和知识点掌握情况,通过对这些数据的分析,了解

---

① 中国教育报:《以二十大精神为指引,深入推进教育数字化战略行动》,中国教育与科研计算机网:https://www.edu.cn/xxh/focus/li_lun_yj/202212/t20221223_2262673.shtml,访问日期:2023 年 4 月 1 日。

② 余胜泉、李晓庆:《基于大数据的区域教育质量分析与改进研究》,载《电化教育研究》2017 年第 7 期。

③ 康叶钦:《在线教育的"后 MOOC 时代"》,载《清华大学教育研究》2014 年第 1 期。

学生的需求和薄弱领域。基于这些数据,平台能够为每个学生提供定制的学习路径和个性化的练习,填补知识的漏洞,提高学习效果。大数据应用使得平台能够实时监测学生的学习进展,并根据学生的表现来调整教学内容和方法,提供精准的指导和支持。个性化学习促进了学生的学术发展,同时平台利用数据分析来改进教学内容和方法,以满足学生的需求。

传统的评估方式主要基于单一的考试成绩,无法全面反映学生的综合能力和潜在能力,而使用大数据技术,通过分析学生的学习数据,如在线测验结果、作业完成情况和学习行为,可以得到更全面、客观的评估结果。

同时,大数据技术对就业市场起促进作用。在全球化市场的趋势下,利用大数据技术能够实现传统时代无法达到的效果,包括如何找到适合的职位和聘用合适的人才。例如,领英(LinkedIn)作为全球最大职业社交平台,利用大数据分析用户的职业资料、技能和行为数据,为企业提供高效人才招聘和匹配服务。个性化职位和机会推荐有助于求职者发现新机会和优化职业发展,同时平台还提供职业趋势分析,帮助求职者了解市场需求。[①]

在教育和就业领域,大数据技术的应用也面临着一些困难和挑战。首先,数据隐私和安全问题需要特别关注,在确保学生和教师的个人数据得到安全保护的同时,实现资源和数据的共享,并增加数据和技术使用的公平性。其次,不同系统和平台之间的数据标准化和互操作性也是一个挑战,需要教育学家、一线教育者、信息技术专家以及心理学家等多领域专家的合作,不断改进数据分析和解读的技术和方法,以创建更符合教育逻辑的大数据技术和平台。克服这些困难将为教育和就业领域的大数据应用带来更大的潜力。

(四)智慧城市与基础设施

在实现可持续发展目标方面,智慧城市和基础设施建设扮演着至关重要的

---

① Kawaljeet Kaur Kapoor, Kuttimani Tamilmani, Nripendra P. Rana, Pushp Patil, Yogesh K. Dwivedi and Sridhar Nerur, "Advances in Social Media Research: Past, Present and Future", *Information Systems Frontiers*, Vol.20(2018), pp.531—558; Megan Robin Kennedy, "LinkedIn Learning Product Review", *Journal of the Canadian Health Libraries Association*, Vol. 40, no. 3 (2019), pp.142—143.

角色,这既是可持续发展的目标,也是其他目标的前提条件。智慧城市和社区的建设可以通过智能化、数字化和可持续化的手段来提高资源利用效率,促进经济、社会和环境的可持续发展。在基础设施方面,清洁水和卫生设施、能源、交通、通信等方面的基础设施建设都是实现可持续发展目标的必要条件。在城市智慧化和基础设施的建设和运营中,涉及包括技术、管理和政策等众多方面的问题,使用大数据技术去协助解决问题也成了其中不可或缺的一部分。

在智慧城市和社区的建设方面,大数据技术可以辅助更好地管理和优化城市和社区的资源利用和环境质量监测。"智慧城市"概念自 21 世纪初期提出[1],各地政府利用各种大数据收集处理和分析技术,包括传感器、物联网、云计算、机器学习和人工智能等,实现城市智慧化建设与管理。例如荷兰的阿姆斯特丹市设立的智能垃圾桶,通过传感器和控制设备,实时监测垃圾的填充量、垃圾桶的位置和状态等数据,并将这些数据上传到云计算系统中进行处理。阿姆斯特丹市政府使用人工智能算法对收集到的数据进行整合,对垃圾桶的填充量进行预测和优化,并向清洁工人发送信息以便其进行及时的垃圾收集。[2]

可持续发展目标关注饮水清洁和卫生设施的建立,也是基础设施中的一大任务。大数据技术可以更好地监测水源的水质和用水情况,以便更有效地管理和分配水资源。2015 年,印度的智慧城市计划需要实现水资源的可持续利用,故而通过物联网、云计算和大数据等技术对水资源进行全面监控和管理。通过传感器实时监测,政府可以及时发现水质污染和漏水问题,并制定对应的解决方案,提高了水资源的利用效率和可持续性,同时政府可以更好地了解哪些区域需要更多的水资源,并采取相应的措施来保证公平分配。[3]

利用大数据技术,可以更好地评估和规划基础设施建设,从而提高建设的效率和质量。在很多国家借助大数据技术评估城市交通拥堵情况,并规划出更

---

① Nicos Komninos, "Intelligent Cities: Variable Geometries of Spatial Intelligence", *Intelligent Buildings International*, Vol.3, no.3(2011), pp.172—188.

② Luca Mora and Roberto Bolici, "How to Become a Smart City: Learning from Amsterdam", *Smart and Sustainable Planning for Cities and Regions: Results of SSPCR* 2015, Vol.1(2017), pp.251—266.

③ Rajneesh Dwevedi, Vinoy Krishna and Aniket Kumar, "Environment and Big Data: Role in Smart Cities of India", *Resources*, Vol.7, no.4(2018), p.64.

加智能和高效的交通网络,改进公共交通,降低能源消耗。①中国政府推出的"中国制造 2025"计划中②,大数据技术被视为推动智能制造和工业升级的重要手段之一。通过对制造业数据的分析和应用,政府可以更好地了解产业发展趋势和市场需求,从而指导企业的技术创新和产品开发,提高产业的竞争力和可持续性。

综上所述,在智慧城市和基础设施领域,大数据的应用为实现智能化和可持续发展提供了重要支持,有助于实现城市基础设施的智能监测、管理和优化,从而提高城市的效率和可持续性。但同时也存在着一些挑战,比如,由于涉及多个领域和子系统,数据的多样性和复杂性增加了整合和分析的难度。不同领域的数据类型和格式各异,需要统一的数据标准和互操作性来实现数据的整合和共享。同时,智慧城市和基础设施需要实时响应和快速决策,因此大数据应用需要具备实时数据收集、处理和分析的能力。确保数据的实时性和可靠性对于支持及时决策至关重要,这也是一个具有挑战性的任务。此外,智慧城市和基础设施涉及大规模的数据和系统,数据的规模和复杂性带来存储、处理和分析的挑战。强大的计算和存储基础设施是必要的,以满足大规模数据的处理需求。克服这些挑战需要综合运用技术、标准和基础设施的创新,以实现智慧城市和基础设施的可持续发展。

(五) 自然资源与环境保护

自然资源,指人类可以利用并且在自然界中产生的物质和能量。简言之,自然界中具有价值的一切物质都可以被视为资源。③环境保护的目标是维护和保护自然资源的可持续利用,确保其长期的健康和可再生性。可持续发展追求经济、社会和环境的协调发展,保护自然资源有助于维持生态平衡,保护生物多

---

① Fotios Zantalis, Grigorios Koulouras, Sotiris Karabetsos and Dionisis Kandris, "A Review of Machine Learning and IoT in Smart Transportation", *Future Internet*, Vol.11, no.4(2019), p.94.

② 《国务院关于印发〈中国制造 2025〉的通知》,中央人民政府网:https://www.gov.cn/zhengce/content/2015-05/19/content_9784.htm,访问日期:2023 年 4 月 26 日。

③ 《中国资源科学百科全书》编辑委员会:《中国资源科学百科全书》,北京:中国大百科全书出版社 2000 年版。

样性,维护生态系统的功能和稳定性。环境保护措施可以减少污染、减缓气候变化、保护水资源、维护土壤质量等,为人类提供一个健康、洁净和可持续的生存环境。

能源作为自然资源的一种,包括各种可供利用的能量形式,如化石燃料(如石油、天然气、煤炭)、可再生能源(如太阳能、风能、水能、生物质能)以及核能等[1],被广泛用于工业生产、交通运输、电力和农业等领域。传统能源资源,例如石油、煤炭的过度开采和使用所带来的环境污染和气候变化等问题早已引起了全球的关注。可再生能源的推广和利用可以减少对有限的化石能源的依赖,降低温室气体排放,应对气候变化。同时,提供可靠、可持续的能源供应可以促进经济增长和社会进步,改善能源贫困地区的生活条件,提高生活品质。

面对气候变化的威胁、全球资源需求的增长以及保护生物多样性的要求,践行可持续发展的目标变得更加紧迫。大数据应用已经在自然资源与环境保护方面发挥着重要的作用。既可以提高能源使用效率,又可以开发清洁能源,还可以帮助监测和管理自然资源和生物多样性,进而进行环境和气候的治理。同时,收集和分析野生动物种群、生态系统健康和其他影响自然环境的因素的大数据,可以用于制定保护策略,保护和维护生物多样性和自然资源。

在能源效率方面,大数据技术可以用于优化能源系统的设计并进行实时监测调控,实现更有效的能源资源分配。例如,浙江省能源大数据中心已实现对近3万家重点用电企业的用能数据的全部接入,累计汇聚电、煤、油、气、热五大品类能源数据。通过实时监测分析企业用能数据并提供节能减排方案与服务,助力全省节约用电和减少碳排放。[2]

在清洁能源方面,大数据技术可以帮助推动可再生能源的发展和应用。可再生能源如太阳能和风能的可靠性和效率与天气条件密切相关,而大数据分析可以帮助优化可再生能源的预测和集成,提高其利用率。举个例子,通过对太阳能和风能的天气数据进行分析,使技术人员可以更好地安排可再生能源的使

① 邹才能、赵群、张国生、熊波:《能源革命:从化石能源到新能源》,载《天然气工业》2016年第1期,第1—10页。

② 中国电力网:《浙江省能源大数据中心:"量身定制"减排方案》,中国电力综合新闻:http://mm.chinapower.com.cn/dlxxh/zhxw/20221227/181440.html,访问日期:2023年4月3日。

用,减少对传统能源的依赖。巴基斯坦一个研究团队联合其他国家的研究者设计了一个有效利用风能的深度学习算法,通过整合多个外部输入,如日历变量和数值天气预报数据,提高预测的准确性。研究提出的模型使用滞后风力、分解信号和其他变量作为预测风力的输入,采用高效深度卷积神经网络来预测未来一天每小时的风力,通过大数据分析和先进的预测模型,更准确地预测风力发电的情况。①此外,大数据还可以通过跟踪电动汽车的使用情况和充电需求,促进清洁能源与交通的结合,推动可持续交通发展。韩国的一个研究团队提出了一个电动汽车充电需求预测模型,模型利用大数据技术处理韩国历年来的交通和天气条件数据,通过聚类分析、关联分析等技术来预测电动汽车的充电需求。②

大数据应用还可以用于收集和分析气象模式、地震活动和其他可能导致自然灾害的因素。这些信息可以用于制定预警系统和灾害应对计划,有助于缓解自然灾害对社区和环境的影响。在 2022 年度《地球大数据支撑可持续发展目标报告》中,可以看到我国科学家通过地球大数据方法体系,在过去的一年里,在灾害监测与减灾行动、气候变化预警、全球陆地和海洋碳汇估算以及气候变化教育这四个气候行动分指标上均有贡献。比如通过将卫星数据和气象台站数据结合,利用绝对和相对阈值方法进行空间统计分析,监测全球高温热浪事件的发生情况。这种分析方法可以评估近十年来全球范围高温热浪的影响程度和分布范围,并进一步估计受到热浪影响的全球人口数量,通过这些空间分布信息,可以更好地了解全球不同地区的热浪风险,从而制定相应的应对措施和政策,以保护人们免受高温热浪带来的不利影响。③

大数据技术在自然资源和生物多样性保护方面的另一个重要应用是物种监测和管理。通过使用传感器网络、卫星跟踪和其他技术,研究人员可以收集

① Sana Mujeeb, Turki Ali Alghamdi, Sameeh Ullah, Aisha Fatima, Nadeem Javaid and Tanzila Saba, "Exploiting Deep Learning for Wind Power Forecasting Based on Big Data Analytics", *Applied Sciences*, Vol.9, no.20(2019), p.4417.

② Mariz B. Arias and Sungwoo Bae, "Electric Vehicle Charging Demand Forecasting Model Based on Big Data Technologies", *Applied Energy*, Vol.183(2016), pp.327—339.

③ 中国科学院可持续发展大数据国际研究中心:《地球大数据支撑可持续发展目标报告(2022)》,中科院官网:http://www.cbas.ac.cn/yjcg/yjbg/202209/P020220922379872363452.pdf,访问日期:2023 年 3 月 12 日。

有关濒危物种的活动、行为和栖息地偏好的数据。然后,这些信息可用于为保护策略提供信息,并帮助保护这些物种免受栖息地丧失和偷猎等威胁。2022年度《地球大数据支撑可持续发展目标报告》指出,科学家利用数字高程模型数据,确定中国山地的空间范围,基于自然保护地科学考察报告统计该区域内的物种数量,并实施山地物种监测和外来入侵物种风险评估。

尽管大数据应用在自然资源和环境保护以及保护生物多样性方面具有很多好处,但也存在一些挑战。例如在这些应用程序中,使用的许多数据集是由不同来源生成的,彼此不兼容,这可能会导致数据集成和分析出现问题。同时需要专门的硬件和软件来处理和分析大量数据,如果一些敏感信息(如濒危物种位置和本土土地使用模式等)处理不当,可能导致不利后果;如果数据不具有代表性或未经适当处理,可能会得出不准确或者有偏见的结果,基于这样的结果进行的决策会带来相应的不良后果。

(六) 全球平等、治理与合作

在全球化的今天,无论身处地球哪一个角落,人类的命运都紧密相连,世界是一个不可分割的整体,可持续发展也需要全球的合作。全球治理需要各个国家通力合作,齐心协力应对全球挑战。同时平等、公正的全球治理和合作,也为全球的可持续发展提供了必要的保障,使各国能够平等地分享发展的成果,从而构建一个公正、公平和可持续的全球社会。因此,可持续发展和全球治理与合作之间的关系,实际上是构建人类命运共同体的基石。

海量的多模态数据以及多样化的需求促使了大数据技术在全球治理与合作上的应用,为政府、国际组织和学术组织提供了合作收集、分析和共享信息的机会。哈佛大学的一个研究团队使用多种数据来源,包括人口普查数据和联邦所得税申报记录,创建了一个跨度数十年的纵向大数据集。分析发现,在过去的50年中,美国儿童超越父母的收入的机会从90%下降到50%,并讨论了多种因素对这一下降的影响,包括社区和种族对经济流动性的影响。[①]这个研究的开

---

① Raj Chetty, "Improving Equality of Opportunity: New Insights from Big Data", *Contemporary Economic Policy*, Vol.39, no.1(2021), pp.7—41.

展离不开信息技术的支持和各个部门的通力合作,为全球治理提供了数据支持。如果没有这些条件,许多研究将无法进行。

联合国在大数据应用上起着关键的作用,它通过制定原则和标准,引导全球在使用大数据时采取集体行动,并确保数据的安全使用。除此之外,联合国还主张数据以更开放和透明的形式进行交流,以缩小地域间数据的不平等,同时避免侵犯隐私和人权。大数据在可持续发展中的应用由联合国领导和协调,以填补数据空白、消除不平等,并实现可持续发展目标。联合国各机构和项目正在加速运用大数据分析,推动发展和人道行动。[①]

虽然取得一些进展,不过可持续发展目标监测仍存在严重的数据缺口。联合国 2022 年度的可持续发展目标报告显示,全球可持续发展目标数据库中的指标数量从 2016 年的 115 个增加到 2022 年的 217 个。然而,在地理覆盖、及时性和细分水平方面仍存在重大数据缺口,其中有 8 个指标在全球 193 个国家和地区中,只有不到一半的地区拥有 2015 年之后的数据。[②]

总的来说,由于地域经济、文化、科技水平的差异,实现人权平等、性别平等、教育公平等的目标自古以来都是不容易的,大数据应用的出现可以为决策者提供更加科学准确的数据支持,缩小地域间的差异。不过,技术壁垒、数据不透明等问题也可能会加大这种差距,甚至创造新的差距,如何合理使用大数据也是全球合作的重要议题,同时确保所有利益相关者公平分享大数据的成果,以免在数据的加持下形成更大的发展壁垒。

三、结论:挑战与展望

本研究首先对可持续发展的概念和大数据应用进行概述,之后将十七项可持续发展目标分为六大领域,并对每个领域中大数据的应用进行综述。基于预

---

① 联合国:《大数据促进可持续发展》,联合国官网:https://www.un.org/zh/global-issues/big-data-for-sustainable-development,访问日期:2023 年 1 月 6 日。

② 参见 United Nations Department of Economic and Social Affairs,"The Sustainable Development Goals:Report 2022",p.4,https://www.unep.org/resources/report/sustainable-development-goals-report-2022。

测、描述、发现不同子群体间的相似与区别这三种不同的目的,大数据应用可以被用于可持续发展目标的监测和评估的不同部分。

通过合理规划和收集数据,可以确保以往被忽视的人群和数据得到充分考虑,从而促进更全面、公正和可持续的发展。大数据的应用使我们能够深入了解资源利用、环境状况和社会经济发展等方面的情况,为制定可持续发展策略提供科学依据。大数据技术还可以通过优化生产过程、降低能源消耗、提高资源利用效率等方式直接促进可持续发展。通过监测、评估和预测可持续发展目标的实现进展,能够为制定政策提供数据依据。此外,大数据的应用也有助于促进各国之间的信息共享和合作。在可持续发展领域,各国需要共同努力,共享信息和资源,以合作应对全球挑战。通过大数据的应用建立起更加紧密的国际合作网络,推动可持续发展议程的实现。

在大数据应用方面,并不一定需要复杂的分析模型。有时候,由于数据量巨大,简单的模型就可以得出具有高可信度和有效性的结果,关键在于确定解决何种问题和聚集何种数据,这是确保分析有效性的必要前提。

任何方法的使用一定都会伴随着限制和挑战,在大数据技术应用于协助和促进可持续发展的过程中,也显示出一些问题。

首先,大数据的代表性仍然需要重视。尽管大数据涵盖了大量的数据样本,但仍然不能保证代表所有研究对象,仍然是一种抽样。如果仅仅因为数据量大而误认为其代表性更强,可能导致分析结果偏差和不可靠。为了解决数据分析带来的偏见,并确保算法在运行和应用过程中对所有人都具有公平和公正的影响,需要采取一些措施。①在分析之前,减少原数据的偏见。这意味着在收集和处理数据时,尽量避免或减少数据中的偏见和不平等。例如,在招聘过程中,确保采集的数据不包含与性别、种族或其他受保护特征相关的偏见。在分析之中,将公平性标准融入算法。在设计算法时,考虑公平性的原则,确保算法在决策和结果方面具有公正性。例如,在贷款审批算法中,可以设置公平性准则,以确保不歧视特定群体或个体。算法运行后,进行结果和规则的修正。也

---

① Betsy Anne Williams, Catherine F. Brooks and Yotam Shmargad, "How Algorithms Discriminate Based on Data They Lack: Challenges, Solutions, and Policy Implications", *Journal of Information Policy*, Vol.8(2018), p.100.

就是说,对结果进行评估和监控,并对可能出现的不公平情况进行纠正。例如,在社交媒体平台上,可以监测算法推荐系统的效果,并根据用户反馈进行调整,以减少可能带有偏见和歧视的推荐。

其次,大数据的清理和整理也是一个挑战。数据庞杂且难以有效整理,在一些经济欠发达的地区,人才稀缺,缺乏可用的方法和开源应用。

再次,需要强调数据隐私和安全问题。[①]在当今人类产生的数据规模远远超过我们处理和分析能力的情况下[②],特别是在诸如 GPT 等大语言模型出现的情况下,如何安全有效地利用这些数据成为一个重要问题。在这个背景下,有必要建立适当的法律和监管框架来保护个人和组织的数据隐私,并确保数据的安全性。同时,促进数据共享和协作也是至关重要的,以实现更广泛的数据应用和协同分析。通过建立合适的数据共享机制和协作平台,可以促进各方之间的合作与交流,推动创新和发展。此外,需要不断发展更先进的分析工具和算法,以提高数据处理和分析的效率和准确性。这涉及计算机科学领域的研究和发展,需要不断探索新的技术和方法,以应对不断增长的数据挑战。通过技术的创新和进步,我们可以更好地利用大数据,并充分发挥其在各个领域的潜力。

最后,为了下一代更好地与时代共同成长,需要加强可持续发展、人工智能技术和大数据应用的培养,推动大学教育的改革。新时代必将产生与数据革命相关的许多新型工作,需要我们培养具备复合型能力的人才。不同学科的教育者应展开合作,探索学科之间的联系并创新,培养跨学科的人才,以应对通用人工智能时代的挑战。通过加强对人工智能和大数据的教育,为下一代打开通向未来的大门,让他们在这个充满机遇的世界中发挥无限的潜力,引领可持续发展的未来。

---

① Rob Kiton, "Big Data, New Epistemologies and Paradigm Shifts", *Big Data & Society*, Vol.1, no.1(2014), pp.1—12.

② Alfons Weersink, Evan Fraser, David Pannell, Emily Duncan and Sarah Rotz, "Opportunities and Challenges for Big Data in Agricultural and Environmental Analysis", *Annual Review of Resource Economics*, Vol.10(2018), pp.19—37.

可持续发展与环境治理

张田田[*]

一、引　　言

　　环境是人类生存和活动的场所。人类为满足生活和生产活动的需求,一方面利用环境的自然资源和能源,另一方面将生活和生产过程中产生的废物排入环境。因此环境不仅为人类提供足够的生存空间、物质资源和能源,还要消化人类活动产生的各种废弃物。随着全球人口的增长和人类活动能力的提高,当人类向环境索取的物质和能源超出了环境的承受能力,环境污染超越了环境的消化能力范围,环境质量下降,人类和其他生物的正常生存和发展也会受到威胁。[①]人类社会取得的进步,很大程度上是以破坏自然环境和危害自身健康为代价的。面对此种困境,人类需要立刻作出决断:是继续被绝对的人类中心主义思想主导,从而彻底摧毁人类赖以生存的地球家园,还是在一种全新的环境伦理的引领下坚定不移地走可持续发展之路。[②]

　　在全球关注生态危机的情况下,人类社会开始反思和警醒,并最终意识到解决生态危机的关键是达成全球共识。人类必须对生存和发展理念进行深刻变革,将资源环境、人口、资本和技术等要素整合到一个新的目标框架中,以寻

　　[*]　张田田,上海大学社会学院实验师,管理学博士,政治学博士后。

　　[①]　Shahgiraev Ismail, Bekmurzaeva Rashiya and Dzhandarova Luiza, "Management of Environmental and Economic Risks in the System of Sustainable Economic Development", *Reliability：Theory & Applications*, Vol.17(2022), pp.203—207.

　　[②]　樊越:《可持续发展理念的历史演进及其当前困境探析》,载《四川大学学报》(哲学社会科学版)2022年第1期,第11页。

求并建立一种新的战略和行动,旨在保护人类的地球家园和实现可持续发展。可持续发展理论和概念提出的历程可以追溯到20世纪初期,但直到20世纪80年代末期才被广泛认可。20世纪初期,美国生态学家亨利·戴维·梭罗(Henry David Thoreau)给出了"生物共同体"这一概念,并倡导"人与自然环境和谐共生"的思想①,为可持续发展理论奠定了基础。1972年,《增长的极限》报告提出了有限的自然资源难以满足不断增长的人口和经济需求的问题。②20世纪80年代,联合国成立了世界环境与发展委员会,以解决当代人类面临的环境与发展问题,该委员会在1987年提交了《我们共同的未来》这个纲领性报告,正式提出了可持续发展的概念,并将其定义为:可持续发展是这样的发展,它满足当代的需求,而不损害后代满足他们需求的能力。这个报告提出,为了克服危机、保障安全和走向未来,人类必须实施可持续发展的战略。这拉开了当代人类从全球范围具体推行可持续发展战略的行动和实践的序幕。

此后,各种国际会议相继召开,均呼吁实现可持续发展。1992年,联合国环境与发展大会通过的《里约环境与发展宣言》指出,要公平地满足后代在环境与发展方面的需求,城市发展的前提必须实现当代人与后代人之间的代际公平。2015年9月,在联合国发展峰会上,193个国家一致通过了报告《变革我们的世界:2030年可持续发展议程》(以下简称《2030年可持续发展议程》),标志着国际社会对全球可持续发展转型迫切性的认同,同时意味着新兴国家和发展中国家所关注的经济、社会、环境协调发展模式成为新的全球发展共识,这对于开启全球治理创新与转型具有里程碑式的意义。③对于发达国家和发展中国家而言,可持续发展都是在21世纪正确协调人口、资源、环境和经济社会之间相互关系的共同发展战略,是全人类得以生存与发展的唯一途径。④

然而,短期完成兼顾经济、社会和环境三个维度的转型目标,任何一个国家都将面临前所未有的实施困难。⑤加之2020年全球新冠疫情的爆发,给各国的

---

① [美]亨利·戴维·梭罗:《瓦尔登湖》,徐迟译,上海:上海译文出版社2009年版,第177页。

② [美]丹尼斯·米都斯等:《增长的极限——罗马俱乐部关于人类困境的报告》,李宝恒译,长春:吉林人民出版社1997年版。

③ 薛澜:《促进全球可持续发展的三大支柱》,载《求是》2015年第19期,第94页。

④ 张一鹏:《环境与可持续发展》,北京:化学工业出版社2006年版,第113页。

⑤ Sachs D. Jeffrey, "From Millennium Development Goals to Sustainable Development Goals", *The Lancet*, Vol.379(2012), pp.2206—2211.

可持续发展转型带来了更大的压力。深入研究全球治理与可持续发展,提出解决方案,是学术界义不容辞的共同责任。

全球可持续发展目标框架的建立与完善,一直围绕几个主题,即致力于将当代与后代、区域与全球、空间与时间、环境与发展、效率与公平等有机统一起来。①随着可持续发展理念的不断深化,人们开始认识到环境、社会和经济三个方面的平衡是实现可持续发展的必要条件,将可持续发展视为生态与资源系统、社会系统和经济系统之间的交互作用。②明确追求社会、经济和环境的共同发展,逐渐成为当前国际国内政策关注的重点。

作为公共产品,环境具有对不同收入、不同阶层人群无差别供应的特点。③与之相应的是,环境问题具有鲜明的广泛性、动态性、复杂性等特征。④以解决环境问题、提升环境质量为主的环境治理(environment governance),是可持续发展的核心行动内容之一,也是处理人与自然、人与人关系的重要途径。

鉴于此,本文尝试分析可持续发展背景下环境治理的理论来源,阐述可持续发展与环境治理的关联,梳理基于可持续发展原则框架的国内环境治理演进历程,剖析中国环境治理实践面临的挑战,以助力凝练使环境治理高效运转的中国方案。

二、可持续发展背景下的环境治理

(一) 可持续发展的维度和原则

可持续发展的普适定义是既满足当代人的需要,又不对后代人满足其需要的能力构成危害的发展,最终目的是实现共同、协调、公平、高效、多维的发展。

---

① 牛文元:《中国可持续发展战略报告(年度报告)》,北京:科学出版社 2004 年版。

② Edward B. Barbier, "The Concept of Sustainable Economic Development", *Environmental Conservation*, Vol.14, no.2(1987), p.109.

③ 陈润羊:《我国环境治理的基本关系与完善建议》,载《环境保护》2022 年第 15 期,第 35—38 页。

④ 詹国彬、陈健鹏:《走向环境治理的多元共治模式:现实挑战与路径选择》,载《政治学研究》2020 年第 2 期,第 12 页。

可持续发展是生态与资源系统、社会系统和经济系统之间的交互作用①，可持续发展理念应当至少保证经济、社会和生态这三个领域的可持续性②。

在经济可持续发展方面，可持续发展目标可理解为在人口、资源、环境各个参数的约束下，人均财富可以实现非负增长的总目标。③在这一总目标下，"在自然资本不变前提下的经济发展，今天的资源使用不应减少未来的实际收入"④。可持续发展强调和推行一种新型的生产和消费方式，以生态型的生产和消费方式去代替过去靠高消费带动经济增长的传统生产和消费模式。为实现这一目标，传统工业化发展模式必须向新的可持续发展模式转变。⑤

在社会可持续发展方面，美国著名环境保护学家德内拉·梅多斯在一份名为《可持续发展：指标和信息系统》的报告中强调："可持续发展是一种源自一个高度复杂的系统长期进化的社会建构，在这个系统中，人口数量和经济发展能够融入生态系统和地球的生物化学过程之中。"⑥社会学界通常将"经济效率与社会公平取得合理的平衡"作为可持续发展的重要判据和基本诉求。

在生态可持续发展方面，一些学者尝试站在生态和环境的立场认识可持续发展，并将其完全等同于生态可持续性。这种理解包含两大特点：第一，视"可持续性"为生态层面的可持续性；第二，认为可持续发展是一种以生态可持续性为重要目标之一的发展过程。⑦

可持续发展将环境问题与发展问题有机结合起来，鼓励经济增长是追求经济发展的质量，要求实施清洁生产和文明消费。它强调发展是有限制的，人类的发展必须控制在地球的承载能力之内，它也强调我们不能简单将环境保护与

① Edward B. Barbier, "The Concept of Sustainable Economic Development", *Environmental Conservation*, Vol.14, no.2(1987), pp.101—110.

② 樊越：《可持续发展理念的历史演进及其当前困境探析》，载《四川大学学报》（哲学社会科学版）2022年第1期，第11页。

③ Klugman Jeni, "Human Development Report 2011", *Sustainability and Equity*：*A Better Future for All*, Vol.14(2011).

④ 洪兴银：《可持续发展经济学》，北京：商务印书馆2000年版，第10—11页。

⑤ 诸大建：《世界进入了实质性推进可持续发展的进程》，载《世界环境》2016年第1期。

⑥ Donella H. Meadows, *Indicators and Information Systems for Sustainable Development*, Hartland：Sustainability Institute, 1998, p.7.

⑦ Lele Sharachchandra, "Sustainable Development：A Critical Review", *World Development*, Vol.19, no.6(1991), p.608.

社会发展对立起来,而是应该通过转变发展模式去解决环境问题。

因此在人类可持续发展系统中,经济可持续是基础,生态可持续是条件,社会可持续是最终目的。与联合国的可持续发展目标相一致,其本质都应包括改善人类生活质量,提高人类健康水平,创造一个保障人们平等自由和免受暴力的社会环境。

为了实现人类可持续发展,必须遵循三项基本原则:一是公平性原则,本代人不能因为自己的发展与需求而损害后代人的发展,要给予后代人公平利用自然资源的权利;二是持续性原则,人类的经济建设和社会发展不能超越自然资源与生态环境的承载能力;三是共同性原则,可持续发展以全球发展为总目标,所体现的公平性原则和持续性原则应是全体人类共同遵从的。

经过几十年的认知升级和实践,人类对可持续发展的维度和原则形成相对完善的理解,即可持续发展是一个科学概念,是一个生态的、经济的、政治的综合性的跨学科理念,是一种社会发展模式,更是处理人与自然、人与人关系的准则。

(二) 可持续发展背景下的环境治理

在可持续发展背景下,环境治理在全球治理领域和国内社会成为一个重要的议题。可持续发展的可持续性原则,由环境、公平和经济三个维度构成。具体而言,环境是可持续性的重要组成部分,在人类迈向未来的过程中,始终要使环境决策的公平性处于最突出的位置。可持续性的经济部分强调,在致力于为当代人及后代人治理环境的同时,人类需要确保自身的生存与发展得到保护和加强。这三者都是为确保未来可持续发展所做出的任何决策的重要内容和组成部分。[1]

可持续发展强调的是经济、社会和环境三个方面的平衡与协调。环境治理是在保障人类生存环境的前提下,对于自然资源的开发和利用进行合理的规划和管理,通过制定政策和实施措施,以达到预防、减少、修复和控制环境污染、生态破坏和资源浪费等环境问题的目的的社会行为。[2]环境治理的范围包括空气、

---

① [美]罗伯特·布林克曼:《可持续发展概论》,刘国强译,天津:天津出版传媒集团、天津人民出版社 2022 年版,第 2—3 页。
② 陈涛:《环境治理的社会学研究:进程、议题与前瞻》,载《河海大学学报》(哲学社会科学版)2020 年第 1 期,第 53—62 页。

水、土壤、生物多样性、气候变化、噪声、废物等多个方面。其主要目标是保护人类健康、促进生态平衡、维护生态系统的完整性、提高资源利用效率等。环境治理的基本构成要素包括治理主体(执政党、政府、企业、社会组织和公众)、治理手段(经济、政策、法律)及治理效果(技术)三个方面。①

环境治理是一个覆盖多领域和部门的综合性任务,需要政府、企业、公民等各方面共同参与,并协同"作战"。②如果把环境治理理解为集体行动的过程和结果,从这个维度就可将环境治理的成果之一——环境质量——视为一种公共产品或准公共产品,其具有不同于私人产品的公共事务的属性和特征,是政府提供的一种公共服务。③大部分与环境治理相关的理论与经济学紧密关联。

在新古典经济学的框架内,消费者做出理性的选择,生产者将寻求利润最大化。新古典主义的环境经济学相信,市场力量最终将保护环境,人类将做出理性的选择,从而带来环境的改善。环境经济学扩大了新古典主义方法的分析范围,开发了一系列评估外部环境成本和效益的方法,以便寻求更为全面的环境治理方案。④环境经济学的关键要素之一是重视环境,主要研究污染和资源枯竭,以试图了解如何更好地保护环境,使其免受污染,或研判消耗资源的经济活动给社会带来的挑战。前两种经济学关注的是使用基本的经济理论来管理环境系统,而绿色经济学更多地关注应用领域,旨在促进特定经济策略,以推动地方、国家或国际的可持续发展。⑤

中国政府近年来不断加强环境治理的力度,采取一系列政策措施,包括建立环境保护法律制度、推进污染源治理、推广清洁生产技术、加强环境监管等。⑥

---

① ⑥　孔凡斌、王苓、徐彩瑶等:《中国生态环境治理体系和治理能力现代化:理论解析,实践评价与研究展望》,载《管理学刊》2022年第5期,第15页。

②　褚松燕:《环境治理中的公众参与:特点,机理与引导》,载《行政管理改革》2022年第6期,第66—76页。

③　陈润羊:《区域环境协同治理的内涵、特性与限度辨析》,载《华北电力大学学报》(社会科学版)2023年第3期,第28—36页。

④　张晓玲:《可持续发展理论:概念演变、维度与展望》,载《中国科学院院刊》2018年第1期,第10页。

⑤　World Commission on Environment and Development, *Our Common Future*, Oxford：Oxford University Press，1987.

同时,中国也积极参与国际环保合作,为全球环境治理作出了积极的贡献。①

简而言之,可持续发展在环境、公平和经济之间寻求最优解。在这个框架下,环境治理是一项综合的系统性工作,需要政府、企业、公民等各方面共同参与,以达到维护人类健康和生态环境的目标。

三、可持续发展与环境治理的关联

(一) 环境治理与可持续发展相辅相成

2015 年 9 月,联合国通过了《2030 年可持续发展议程》,其中包含了 17 个可持续发展目标(sustainable development goals,SDG),明确了社会进步、经济发展、环境保护是可持续发展的三大支柱②,旨在实现经济、社会和环境三方面的可持续发展。这些目标涵盖从消除贫困到实现负责任的消费和生产,以及保护生态系统和应对气候变化等范围。其中,第 13 个目标(SDG13)是采取紧急行动应对气候变化和其影响;第 14 个目标(SDG14)是保护、恢复和促进可持续利用陆地生态系统,管理森林,打击沙漠化,停止和扭转土地退化并停止生物多样性的丧失;第 15 个目标(SDG15)是保护、恢复和促进可持续利用海洋和海洋资源,遵守国际法,加强渔业管理,减少海洋污染,加强海洋科学研究。这些目标显示出联合国对环境治理的重视,将环境问题置于可持续发展的核心位置。在实现这些目标的过程中,环境治理不仅需要政府部门的支持和领导,还需要社会各界的参与和协作。因此,加强环境治理、实现可持续发展已经成为全球范围内的共识和行动方向,也是全球各国政府和社会各界需要面对的共同挑战。

可持续发展和环境治理是密不可分的,两者之间有着紧密的关联。首先,环境治理是可持续发展的前提。环境污染和生态破坏严重影响人类的生存和发展,而环境治理就是解决这些问题的基础。只有通过环境治理,才能实现可持续发展的目标。其次,环境治理是实现可持续发展的重要途径,可以促进自

---

① 于宏源:《中国生态文明领导力建设——基于全球环境治理体系视阈的分析》,载《国际展望》2023 年第 1 期,第 24—41 页。

② 张军泽、王帅、赵文武、刘焱序、傅伯杰:《可持续发展目标关系研究进展》,载《生态学报》2019 年第 22 期,第 8327—8337 页。

然资源的合理利用和节约,减少环境污染和生态破坏,提高环境质量和生态系统的稳定性,从而为可持续发展提供有力支撑。作为经济可持续发展的内驱力,环境治理既能满足人民对美好生态环境的需要,又能实现稳健的可持续发展。最后,可持续发展与环境治理是相互促进、相互依存的。实现可持续发展需要环境治理的支持,而环境治理的实践也需要以可持续发展为目标的指导和支持。通过推进环境治理,可以实现资源的可持续利用,保护生态环境,从而为实现可持续发展奠定坚实基础。

(二)环境治理与可持续发展之间的矛盾和冲突

可持续发展和环境治理所强调的重点和目标存在差异,因此两者之间易出现冲突和矛盾,体现在以下几个方面。

第一,经济增长和环境治理。许多国家政府希望通过经济增长来提高国民生活水平和国民经济的总体规模,而这往往需要开采自然资源和使用大量能源,工业化和城市化进程的加速往往导致水污染、大气污染和垃圾问题等一系列环境问题,这可能对环境造成不可逆转的损害。可持续发展的落脚点是发展,而环境治理在初始阶段是会限制经济发展的。吉恩·格罗斯曼和艾伦·克吕格以及帕纳约托·西奥多先后发现,环境退化率和经济发展水平存在倒"U"形关系[1],即环境库兹涅茨曲线。在 1992 年的《世界发展报告》中,世界银行指出,有效率的增长不必成为环境的敌对力量,良好的环境保护政策将会助力而非损害经济发展。[2]事实上,在经济发展和环境治理之间寻找平衡是非常困难的。可持续发展的主题之一是经济,因此如何创造一个绿色的未来、维护后代的环境安全,同时保持经济稳定增长,是贯穿始终的重要课题。

第二,环境治理和公平原则。在全球环境治理中,存在着国家内部治理的

---

① Gene M. Grossman and Alan B. Krueger, "Environmental Impact of a North American Free Trade Agreement", NBER Working Paper, Cambridge:MIT Press, 1991. Panayotou Theodore, "Empirical Tests and Policy Analysis of Environmental Degradation at Different Stages of Economic Development", World Employment Programme Research Working Paper, Geneva:International Labour Office, 1993.

② World Bank, *World Development Report 1992:Development and the Environment*, New York:Oxford University Press, 1992, p.178.

有序性和公共环境治理"集体行动困境"之间的矛盾,发达国家和发展中国家的发展程度差距较大、利益诉求不同,在全球环境治理中往往容易发生矛盾。环境问题往往具有跨国性质,需要国际合作来解决。发达国家更注重本国治理,对全球公共环境治理缺乏责任和关注,不愿兑现对发展中国家的环境帮扶承诺,甚至将污染较大的产业转移到发展中国家。发展中国家由于面临脱贫、经济发展、社会稳定等多重压力,缺乏人力、技术和资金支持,难以有效完成环境治理任务。①一些国家受到资本逻辑的驱使,认为"利益大于道义,效率胜过公平",更重视本国利益而轻视人类共同利益,更关注经济发展的短期利益而忽视环境保护的长期利益,这可能会对全球生态环境和人类社会发展造成深远的影响。

上述问题需要政府间、治理主体间的协调和合作,以实现可持续发展和环境保护的目标。可持续发展理论强调,经济发展与环境保护是相互联系和不可分割的。环境治理需要经济发展带来的资金和技术,环境治理的效果也是衡量发展质量的指标之一,发展也离不开环境与资源的可持续保障与支持。要使环境与资源基础长期保持稳定,使经济发展具备可持续性,就应将环境治理与可持续发展切实结合起来,特别是在经济复苏和增长的阶段,必须完善环境保护法律制度,推进污染源治理,推广清洁生产技术,加强环境监管,强化环境治理,巩固资源集约。

四、基于可持续发展原则框架的国内环境治理

1949 年新中国成立以来,中国环境保护政策随着环境问题的显现和恶化,经历了从无到有并不断完善的历史过程。②中国环境治理的历程,可追溯至 1979年《中华人民共和国环境保护法(试行)》的出台,环境治理随之被纳入国家治理范畴。这部法律成为中国环境治理的重要里程碑,规定了污染物的排放标准和

① 王帆、凌胜利:《人类命运共同体:全球治理的中国方案》,长沙:湖南人民出版社 2017年版。

② 张连辉、赵凌云:《1953—2003 年间中国环境保护政策的历史演变》,载《中国经济史研究》2007 年第 4 期。

环境质量标准,建立了环境监测和评估制度,为中国环境治理的发展奠定了基础。此后,中国将可持续发展的原则纳入国家政策和计划,逐步建立绿色低碳循环的经济体系,通过产业结构调整、生产方式升级、生活方式转变,减少能源消耗、污染排放和生态破坏,扭转环境资源流失,减少生物多样性的损失①,从而达到保护生态环境、应对和减缓气候变化的目的,走出一条人与自然和谐共生的现代化道路。1994 年,中国政府率先制定《中国 21 世纪议程》,作为实施可持续发展战略的国家级行动纲领,从此拉开了可持续发展的实践序幕。

中国环境治理政策的演变过程,是从基本国策逐步发展为可持续发展战略的过程,重点从偏重污染控制发展到污染控制与生态保护并重,方法从末端治理发展到源头控制,范围从点源治理发展到流域和区域的环境治理,手段从以行政命令为主导发展到以法律、经济手段为主导。②中国环境制度体系包括环境监管体系、环境保护经济政策体系、环境保护法治体系、环境保护社会行动体系,具体内容包括环境治理体制机制、法律制度安排,基本构成要素包括治理主体(执政党、政府、企业、社会组织和公众)、治理手段(经济、政策、法律)及治理效果(技术)三个方面。③

本部分基于可持续发展的"公平性、持续性、共同性"三大原则,梳理国内环境治理的历程。

(一) 基于公平性原则的环境治理

可持续发展的公平性原则,是指在推动可持续发展系统走向理想目标的过程中,始终要求发展成果必须被全体社会成员分享,同时本区域的发展不能以牺牲其他地区发展为前提,当代人的发展也不能以牺牲后代人的发展为前提,从而充分体现人际关系、代际关系、区际关系的合理支配性。④可持续发展理论

---

① [美]罗伯特·布林克曼:《可持续发展概论》,刘国强译,天津:天津出版传媒集团、天津人民出版社 2022 年版,第 30—31 页。

② 张坤民:《中国环境保护事业 60 年》,载《中国人口·资源与环境》2010 年第 20 期。

③ 孔凡斌、王苓、徐彩瑶等:《中国生态环境治理体系和治理能力现代化:理论解析、实践评价与研究展望》,载《管理学刊》2022 年第 5 期,第 15 页。

④ Lubchenco Jane, "Entering the Century of the Environment: a New Social Contract for Science", *Science*, Vol.279(1998), pp.491—497.

的核心是公平,包括代内公平和代际公平,其内涵中的公平元素,不应理解成绝对平均,最优解应当是寻求效率与公平的"黄金分割点"。本部分尝试阐述地区环境治理与经济可持续发展、为低收入群体提供财政补贴、差异化的消费税政策等案例,以分析国内环境治理在实现公平性原则方面的相关举措。

首先,各地区的社会需求和利益冲突会影响环境治理政策的制定和试点。例如,一些经济水平较为领先的地区居民更加关注环境质量和生态保护,对环境治理的要求更为严格;而一些资源禀赋型地区可能更关注经济增长和就业,可能在环境治理和经济发展之间有一定的平衡考虑。为了增强可持续发展的公平性,缩小地区之间的差异,1998 年开始,中国政府启动"西部大开发"计划,旨在促进西部地区的经济发展,同时加强环境治理的资金和人力投入。生态环境建设被列为西部开发的核心内容,亦是其题中之义。我国先后实施天然林保护、江河上游水土保持、京津周边沙漠治理、退耕还林还草等重大生态工程①,实现了良好的环境效益。2006 年,国内经济与社会发展进入"十一五"时期,西部大开发也随着"十一五"规划的实施,进入新阶段。根据《国民经济和社会发展第十一个五年规划纲要》提出的新目标,即西部地区要加快改革开放步伐,通过国家支持、自身努力和区域合作,增强自我发展能力,西部地区巩固和发展退耕还林等生态建设成果,将资源优势转化为产业优势,大力发展特色产业,深化"增强自我发展能力",由"国家输血型"的开发逐步过渡为"自我造血型"的发展。这表明在区域工业振兴与经济发展过程中,为减少对自然环境的损害,可通过工业的适度发展及环境治理技术的改善来达到对外部性的控制。

为实现可持续发展的公平性,并兼顾各个社会经济群体的实际情况,政府推行清洁能源政策的重要举措之一是提供财政补贴。此处以北方地区"煤改气"治理为例:自 2000 年起,京津冀地区面临严重的空气污染,体现为严重的冬季雾霾,其主要形成物 PM2.5 来自冬季工业企业的散煤燃烧,同时居民冬季取暖的主要来源也是成本低廉的散煤。为推进清洁取暖、助力清洁能源革命、污染防治攻坚,2017 年 12 月,国家发展改革委、国家能源局、财政部、原环境保护

---

① 韦苇:《论西部大开发新阶段的战略重点及东中西部关系问题》,载《江西社会科学》2006 年第 9 期,第 8 页。

部等十部门联合印发《北方地区冬季清洁取暖规划(2017—2021)》,并配套出台《北方重点地区冬季清洁取暖"煤改气"气源保障总体方案》,围绕"煤改气"工作机制、政府财政补贴、天然气价格保供等方面细化工作方案,制定具体行动措施。相对于煤炭资源而言,工业和居民部门使用天然气的成本更高,且用户需改善采暖基础设施,包括支付部分入户的天然气基础设施的成本,在后期使用和维护的过程中,也需要承担比煤炭采暖更多的成本。推广使用天然气作为供热能源,虽然更加清洁环保,但增加了低收入群体的经济负担。因此政府通过加大财政补贴的方式,为低收入居民的天然气供热设施建设提供大量财政补贴,降低采暖设施成本,增强群众安装天然气供热设施的积极性,推进"煤改气"的普及程度和速度。

城市中等收入群体和高收入群体是中国家庭碳排放量的主要增长驱动力,因此学术界倡议对不同收入阶层的减排责任予以划分,例如制定差异化的税收政策。①国内环境治理实践中,已出台能源消费税等措施,对不同收入群体的能源消费实行差异化的税收政策,以鼓励节能减排。例如2014年11月,国家提高成品油等部分产品消费税,同时取消小排量摩托车的消费税。小排量摩托车已经成为县城和村镇居民的主要代步工具,这一举措可以有效减轻这部分中低收入群体的负担。新增收入纳入一般公共预算统筹安排,主要用于增加治理环境污染、应对气候变化的财政资金,改善人民生活环境。

(二) 基于持续性原则的环境治理

党的十九大提出,应加快生态文明体制改革,建设美丽中国。"人与自然是生命共同体,人类必须尊重自然、顺应自然、保护自然。人类只有遵循自然规律才能有效防止在开发利用自然上走弯路,人类对待自然的伤害最终会伤及人类自身,这是无法抗拒的规律。"②这与可持续发展的持续性原则相一致,即人类的经济建设和社会发展不能超越自然资源与生态环境的承载能力。为实现持续

①　Wei Liyuan et al., "Rising Middle and Rich Classes Drove China's Carbon Emissions", *Resources, Conservation & Recycling*, Vol.4(2020), p.159.

②　万健琳:《习近平生态治理思想:理论特质、价值指向与形态实质》,载《中南财经政法大学学报》2018年第5期,第44—49页。

性原则,国内环境治理逐步从"战役化、运动化、任务化"的治理模式,向常态化治理机制过渡。

地方官员绩效考核体系对环境治理效果有较明显的影响。在"战役化、运动化、任务化"的治理模式中,地方政府迫于临时行政命令,通过应付性遵从(通过做表面工作应付考核,而不是将政策任务落到实处)或者恶意造假(伪造数据或者"拉闸限电"等违规方式)等方式①,低质量完成环保目标。同时,地方财政的压力和环保责任的向下推诿导致基层政府在环境治理中的应付行为。科层体制的层层施压和发包、环境管理体系的分权结构使得地方政府忽视环境治理行为,甚至通过共谋来应对环保检查,最终使得基层环境治理中的应付行为泛滥。②这些手段虽可通过短期突击取得表面效果,获得政策执行所需的资源以推动政策,实则抬高了治理的长期成本,影响了政府公信力,很难保持政策的可持续性,并非环境治理与污染控制的长效手段。而环境治理的最大特点就是其长期性和复杂性,没有可持续性的政府治理,很难达到良好的治理效果。

将环境治理绩效逐步纳入官员考核体系,且考核内容不断细化,这一举措激发了官员在环境治理中的作用,确保在发展经济的同时,环境质量呈总体向好的方向发展。③在此过程中,环境治理促进官员晋升。环境绩效的作用被强化、经济绩效的作用被弱化的官员考核方式,形成长效机制,避免区域环境治理模式重蹈运动式治理的覆辙。

在法律法规的完善方面,环境治理模式向常态化治理机制过渡,以健全的环境影响评价制度规范和约束各方行为,包括环境保护法、资源利用管理法、污染防治法等相关法律法规的制定和完善。1979 年《中华人民共和国环境保护法(试行)》首次确定环境影响评价制度在我国的法律地位,1989 年《中华人民共和国环境保护法》重申环境影响评价制度的法律地位。2002 年 10 月我国颁布

---

① 陈少威、贾开:《数字化转型背景下中国环境治理研究:理论基础的反思与创新》,载《电子政务》2020 年第 10 期,第 20—28 页。

② 崔晶:《运动式应对:基层环境治理中政策执行的策略选择——基于华北地区 Y 小镇的案例研究》,载《公共管理学报》2020 年第 4 期,第 12 页。

③ 赵丽、胡植尧:《环境治理是否促进了地方官员晋升?——基于中国地级市样本的实证研究》,载《经济学报》2023 年第 2 期,第 153—174 页。

《中华人民共和国环境影响评价法》（2003 年 9 月实施），2018 年对该法进行修订。通过法律法规的制定，可以明确环境治理的责任主体、权责关系和管理机制，为常态化治理提供法律保障。

在大数据时代，常态化治理机制强调科学、数据驱动的决策支持，政策和技术的双重支持使数字化技术赋能环境治理现代化具有可行性。[①]数字化技术赋能环境治理过程，是大数据的采集、存储、关联分析与共享同步贯穿于环境治理的过程，也是充分发挥数字技术对其放大、叠加、倍增作用的过程。环境治理主体通过对历史环境数据隐藏规律的挖掘，更快捷地研判环境风险形成、发展、衰退、转化到突变的演化机理，并提前制定治理预案，实现事前环境治理的精准预测。环境治理权力和事项分布在不同部门并因此导致碎片化治理的问题，可借助大数据技术，通过分析数量庞大、分布广泛、结构复杂、属性各异的环境监测数据，从海量数据中挖掘出有效的环境治理信息，实现事中环境治理的精准施策。此外，依托数字技术分析及时总结和提炼环境治理中的实践经验，能为政府后续治理提供指导和经验传承、警示，而大数据平台所提供的评价反馈会督促政府对环境政策执行效果进行监督和评估，实现事后环境治理的有效监管。通过收集、整合和分析环境数据，可以更好地了解环境问题的状况和趋势，为环境治理提供以数据为基石的决策支持。常态化治理机制需要建立健全的监测和评估体系，以跟踪环境状况、评估治理效果，并及时调整和优化治理策略。

（三）基于共同性原则的环境治理

可持续发展作为全球发展为总目标，旨在实现经济、社会和环境三方面的平衡发展，所体现的公平性原则和持续性原则应是全体人类共同遵从的，全社会均有责任对环境付出努力。为实现可持续发展的共同性原则，党的十九大报告针对生态文明建设提出了"构建政府、企业、社会和公众共同参与的环境治理体系"的指导思想，国内环境治理主体正在逐步演变。

---

① 陈建：《数字化技术赋能环境治理现代化的路径优化》，载《哈尔滨工业大学学报：社会科学版》2023 年第 2 期，第 11 页。

可持续发展目标下的环境治理可被归类为四种执行模式,即政府主导、社会主导、共同治理和执行阻滞。①20世纪80年代至90年代初,政府是环境治理的唯一主体,主要通过制定环境保护法律法规和行政管理手段来控制环境污染。在政府主导模式的国家中,社会参与水平总体较低。大多数的社会参与属于"政府邀请"形式,而非社会组织或企业主动采取行动。②作为公共产品的环境,其治理的责任主体无疑是政府。但从改善环境质量、降低治理成本、增进治理效果的角度看,除政府外的企业、公众、社会组织等其他主体也需要共同参与环境治理。③中国环境治理模式的取向是从"控制"走向"激励"④,在"双碳"目标下符合多元共治的逻辑。⑤20世纪90年代中期至21世纪初,随着市场经济的发展,政府开始引入市场机制,推广环保产业,鼓励企业自主治理污染。环保企业、环境服务机构等新型环保主体逐渐涌现。

21世纪初至今,政府开始推动社会力量、公众和行业组织等多元主体参与环境治理。公民社会组织、环保志愿者等新型环保力量成为环境治理的重要组成部分。政府强调建立环境信息公开制度,促进公众参与环境治理,强化政府与公众之间的互动。2019年6月5日,在当年的世界环境日全球活动主会场,生态环境部发布《中国空气质量改善报告(2013—2018年)》⑥,与全世界分享中国近六年大气污染治理实践中探索出来的中国模式,即"政府主导、部门联动、企业尽责、公众参与"⑦。回顾新中国成立以来的环境治理政策,整体经历了从政府干预到市场激励,再到公众参与和全社会共同监督的演进历程。⑧

---

① 关婷:《2030年可持续发展议程的现实挑战与落实之道》,北京:社会科学文献出版社2022年版,第2页。

② 同上书,第45页。

③ 陈润羊:《我国环境治理的基本关系与完善建议》,载《环境保护》2022年第15期,第35—38页。

④ 臧晓霞、吕建华:《国家治理逻辑演变下中国环境管制取向:由"控制"走向"激励"》,载《公共行政评论》2017年第10期,第105—128页。

⑤ 罗良文、马艳芹:《"双碳"目标下环境多元共治的逻辑机制和路径优化》,载《学习与探索》2022年第1期,第102页。

⑥ 《节能与环保》编辑部:《自信,我们能打赢蓝天保卫战》,载《节能与环保》2019年第6期,第1页。

⑦ 周仕凭:《切实解决人民群众的"心肺之患"》,载《环境教育》2019年第6期,第1页。

⑧ 张小筠、刘戒骄:《新中国70年环境规制政策变迁与取向观察》,载《改革》2019年第10期,第16—25页。

全球治理委员会认为,治理是公共部门和私人部门通过协调彼此之间的冲突和利益最终采取合作行动的过程,治理的基础是协调,核心是主体间的持续互动。[①]环境治理的演进过程中,衍生出一类高技术企业与地方政府合作进行环境监管和决策支持的政企合作模式。以阿里云的"ET环境大脑"[②]为例,企业凭借操作系统与技术创新,为政府提供对污染企业的监管解决方案。前者具备技术优势,后者具备资源、信息方面的优势,各方发挥比较优势,解决环境治理过程中的信息不对称问题,并通过信息公开推进环境监督和参与,各环境治理主体形成相对良性的互动,促进各主体参与环境治理的行动。这种新型技术赋能创新有效提升各治理主体的自身发展和参与公共事务的能力,重塑不同治理主体之间的沟通方式,使得多元互动治理模式的构建成为可能。

国内环境治理正在从行政主导、举国体制、分地区分部门负责统一监管的制度框架转向行政、市场和社会的合作治理,整合行政、市场和社会公众三种机制,破除"区域边界"和"功能边界",发挥协同效应。这是我国环境治理制度改革的现实选择:政府制定政策和法规,市场引导资源配置,社会公众积极参与,实现跨地区、跨部门的协同合作。环境问题是超越地理和行政限制的议题,需要发挥可持续发展的共同性原则,形成整体合力。国内环境治理主体的演变呈现出政府主导向市场机制和多元主体参与的转变,通过这一制度框架转变,促进协同合作治理,这是可持续发展目标下环境治理的必然趋势。政府需要继续扮演引领和规范作用,同时鼓励市场机制发挥作用,激发多元主体参与,形成环境治理的合力,实现可持续发展目标。

五、可持续发展视角下环境治理的挑战

可持续发展理论视角下,中国环境治理的基本原则之一就是,必须在经济

---

① 武照亮:《公众个体如何参与环境治理? ——路径选择及优化策略》,载《中国环境管理》2022年第4期,第14页。

② 关婷:《2030年可持续发展议程的现实挑战与落实之道》,北京:社会科学文献出版社2022年版,第137页。

规模约束条件下,寻找到发展与环境保护的平衡点。①本部分以可持续发展的公平性、持续性、共同性三个原则为视角,分析国内环境治理面临的挑战。

(一) 从公平性原则维度看环境治理的挑战

可持续发展思想不仅强调代内公平,还强调代际公平。不可持续的发展模式是不公平的,这种不公平体现在发达国家和少数富人消耗了过多的资源,破坏了环境,使得当代穷人和后代人不得不生活在环境恶化、资源匮乏的状态中,以至于后代人不得不花费巨大代价治理前代人遗留下的环境问题。代际公平被为可持续发展公平性原则的核心内容:"一个广泛的共识是,损害后代福祉的政策是不公平的。"②代际不公平问题也是全球环境治理和可持续发展的重要问题。环境治理面临的挑战一定程度上来自代内和代际不公平、区域间不公平。

从代内公平性的角度,不同收入阶层的环境治理责任是需要被谨慎界定的。人民群众日益增长的优美生态环境需要与优质生态产品的供给能力不足之间的矛盾,是社会主要矛盾新变化的一个重要方面。③一些研究者发现,随着人均收入水平的提高,会自发产生对"优质环境"的需求,收入水平越高,这种需求越强烈。如果从商品的角度看待环境质量,可以把它看成"奢侈品",具有高收入群体的收入弹性高于低收入群体的收入弹性的特性。伴随着收入水平的提高,公众会主动自发采取环境友好和参与环境治理的举措,使得环境污染降低。与此相对应地,农村环境治理的公民参与度不高、环保意识不强。④代内不公平是原有的发展模式和此种发展模式的政治、经济和社会结构造成的,然而贫穷是不平等发展的后果,也是环境资源压力不断加重的必然现象,

---

① 朱德米:《基层环境管理的困境与出路:基于经济发达地区 SH 镇的调研》,载《中共浙江省委党校学报》2014 年第 1 期,第 6 页。

② Robert Repetto, *World Enough and Time*：*Successful Strategies for Resource Management*, New Haven：Yale University Press, 1986, p.17.

③ 赵丽、胡植尧:《环境治理是否促进了地方官员晋升？——基于中国地级市样本的实证研究》,载《经济学报》2023 年第 2 期。

④ 张静:《农村生态环境治理中的困境及解决路径》,载《普洱学院学报》2023 年第 1 期,第 7—10 页。

贫穷问题的解决之道蕴含于发展之中,需通过加速发展来实现。①因此,如何在发展中解决贫富阶层差异和城乡区域差异引发的环境治理责任,是未来的挑战之一。

区域间环境压力与经济发展水平的不平衡,也抑制了环境治理绩效。例如,东部地区承受着最大的环境治理压力,其能源和资源储备有限,开发清洁能源需要政府大量财政资金的投入。然而财政支出的压力增加了地方经济增长的负担,导致清洁能源的碳减排效果难以有效体现。相比之下,中部地区适宜发展以生物质能为代表的清洁能源,但生物质能面临着资源分散、开发成本高以及规模较小等问题,其环境治理压力与经济发展水平之间的矛盾并不显著。而西部地区拥有丰富的水电和太阳能资源,政府通过对固定资产的投资来推动清洁产业的发展,因而西部地区的环境治理与经济发展之间存在一定协同效应。东中西部区域在应对环境问题方面存在差异,这证实了区域间环境治理水平发展的不平衡。只有执行合理有效的环境治理政策,避免粗放型经济增长方式,东中西部区域才能从根本上破解环境与经济恶性循环的困境,最终促进绿色可持续增长。②

(二)从持续性原则维度看环境治理的挑战

持续性原则要求发展必须是持续的,不能以污染环境为代价换取一时一地的发展。持续性原则的贯彻落实,要求健全的可持续发展指标体系,以规范和约束各方行为。然而大部分国家在推动可持续发展目标的落实过程中存在共性挑战:目标内容极其复杂,目标间存在多种关联或冲突关系;政策执行压力大,难以依赖传统监管或国际谈判机制落实;缺乏评价指标体系,难以精准评估各国落实可持续发展目标的进展。③这些问题会对环境治理的持续性产生消极

① 张一鹏:《可持续发展概论》,北京:化学工业出版社 2008 年版,第 150 页。
② 周兵、刘婷婷:《区域环境治理压力,经济发展水平与碳中和绩效》,载《数量经济技术经济研究》2022 年第 8 期,第 100—118 页。
③ Xue Lan, Weng Lingfei and Yu Hanzhi, "Addressing Policy Challenges in Implementing Sustainable Development Goals through an Adaptive Governance Approach: A View from Transitional China", *Sustainable Development*, Vol.26(2018), pp.150—158.

影响。对标联合国可持续发展议程的新要求,也是当下环境治理的挑战之一。较为理性的对策是结合中国国情,制定一套国家层面的、统一且具有执行力的可持续发展指标体系,探索实现可持续发展目标的综合评价方法,同时参考中国现有各种规划与统计年鉴中的指标,构建国家指标评估体系。[1]

我国环境治理存在着分散化和碎片化的问题,在一段时间内,政府间的纵向和横向协同并不健全,具体而言就是中央政府与地方政府、不同地方政府之间以及同级政府的不同部门之间缺乏有效的沟通和协调。[2]这导致各相关部门的职能重叠,职权界定不清,政策冲突屡见不鲜,制约了政府的治理能力。因此,可持续的环境治理需借鉴"协同政府"理念和实践。这既包括建立中央与地方之间的纵向协同机制,也包括构建不同地区和同级政府部门之间的横向协同机制。具体的措施包括:设立跨部门协同的领导和管理机构,完善跨部门协同机制的建设;根据环境保护内容和范围设立不同级别的协调机构,例如联席会议制度、部门之上及省级以下政府的协调机构;加强跨部门的规则协同和行动协同,形成长期有效的机制。此外,技术手段的夯实,包括建立环境大数据治理平台,实时监测、采集、筛选、存储、分析和可视化水、大气、噪声和土壤等环境数据,可有效提升环境信息的利用广度和深度,构建横向一体化和规范化的环境数据系统,使不同区域之间的环境数据得以互联、互通和共享。通过数据平台,有效整合跨部门和跨区域的环境治理资源,能实现环境治理从孤立的问题管理过渡至整体性框架管理。大数据的运用在未来能为环境治理提供发展契机和技术支持。[3]通过这些措施,可有效解决部门之间的协调问题,提升环境治理能力,推动绿色经济的发展。

(三) 从共同性原则维度看环境治理的挑战

可持续发展是一种新的价值观,新价值观的建立必须有公众的广泛参与、

① 张志丹、张睿文、杨晓华:《德国与中国推动可持续发展之经验比较》,载《世界环境》2022 年第 4 期,第 48—52 页。

② 王洛忠:《气候变化与中国环境能源治理新发展》,载《2011 中国民生发展报告》,北京:北京师范大学出版社 2011 年版,第 249 页。

③ 彭小霞:《大数据促进环境智慧化治理:生成逻辑,现实困境与创新路径》,载《新疆社会科学》2022 年第 5 期,第 11 页。

社会的积极倡导、政府的大力支持。国内的环境治理行动,仍采取自上而下的政府主导、企业、社会和公众共同参与的模式,以此落实可持续发展的共同性原则。其挑战之一便是明确政府、市场和社会各方的治理边界、优化及完善公众参与机制,进一步推动不同社会主体在参与可持续发展目标落实行动中发挥积极作用,探索新治理机制。我国环境治理制度正从以行政主导、举国体制为基础、分地区分部门负责监管的框架,转变为行政、市场与社会之间的合作治理框架。这一新的制度框架整合了行政、市场和社会公众三种机制,旨在突破"区域边界"和"功能边界",以发挥协同效应。与此对应的国家与地方行动,采取了目标责任制与政策试点等方式,应用行政手段与市场化工具推动碳减排和减缓气候变化目标的实现。这种制度转变是我国环境治理的现实选择,并且具备替代传统制度的潜力。

此外,完善健全环境保护标准体系仍是国家环境治理共同性的一项挑战型议题,是各级政府主管部门进行环境治理的重要依据,亦是产废、排污、治污企业履行环境保护责任的主要依据。所有相关的行为主体基于国家标准的环保标准体系,遵从本领域、本行业、本环节特点的标准构架和执行构架,从而支撑国家环境管理,提高国家环境管理效能。

在全球环境治理领域,中国正在扮演较为重要的引领型角色,始终以互利共赢为原则,积极参加气候议题磋商谈判,推动应对气候变化的国际合作。然而环境治理是全球问题,国际环境治理合作仍需要进一步深化,应促进形成公平、有效的全球环境治理和应对气候变化机制。特别是积极同气候适应能力较弱的广大发展中国家开展合作,发挥气候变化"南南合作"与共建"一带一路"绿色发展伙伴倡议机制作用,凝聚全球气候治理合力。①摆脱可持续发展理念的实施困境,关键之处在于如何在社会发展和环境保护之间寻求一个合适的"度"。一方面,去除人类中心主义,建构将人类视为生命共同体成员的认知准则,将生态中心主义作为可持续发展理念的核心指导思想。另一方面,在利用可持续发展理念制定具体的经济和社会发展政策的过程中,抛弃那种只讲究效率而忽视

---

① 杨小玄:《气候变化、环境治理与经济增长——基于中国的实证分析》,载《金融发展评论》2022 年第 6 期,第 15 页。

公平的做法,维护生态正义,在发展中国家和发达国家之间寻求共同解决发展和环境保护问题的行为准则,①以促进全球的可持续发展。

国内环境治理面临的困境和挑战不容忽视,需要全社会共同努力,采取科学有效的对策和措施,从而实现经济和社会的可持续发展。

六、结 语

人类发展的价值取向正在从"人类战胜自然"向"人与自然和谐共处"转变,人类社会的物质发展从"经济发展"向"可持续发展"行动转变,人类社会的意识形态正在从"各自为政"向"理解包容、互鉴互助"的思想转变。克服可持续发展实施中的困境需要找到社会发展和环境保护之间的适度平衡,需要摒弃人类中心主义,确立将人类视为生命共同体成员的认知准则,并将生态中心主义作为可持续发展理念的核心指导思想。

在凝练高效的环境治理中国方案过程中,在为符合中国国情的经济和社会发展政策提供参考时,不能只追求效率而忽视公平,而是要坚持生态正义的原则。在环境治理与可持续发展中,寻求公平、效率与环境的平衡点。通过在公平性、持续性和共同性原则框架下的持续探索与实践,环境治理主体正在逐步摆脱可持续发展理念实施中的困境,致力于实现社会发展和环境保护的双赢局面。

---

① 樊越:《可持续发展理念的历史演进及其当前困境探析》,载《四川大学学报》(哲学社会科学版)2022 年第 1 期,第 88—98 页。

可持续发展与城市治理

覃　漩[*]

工业革命以来,人类社会对发展的认识不断迭代,从重视资本累积的"增长理论"到关注生态极限的"可持续发展理论",强调经济系统、社会系统与自然系统之间互利共生的绿色发展观逐渐成为新的共识。对于这样一种发展观的实现依赖于多层级的协同治理。1992 年,联合国大会通过了《联合国气候变化框架公约》,为共同应对环境危机提出具体的行动指南,并呼吁全球各国将其纳入本国的发展规划中。这一公约为全球性和区域性的环境治理提供了平台。而在国家内部,有效的治理依赖于国家层面、城市层面和社区层面的共同努力。本文从城市治理的角度出发,探索政府、市场、社会等多元行动主体之间的互动,以及构成良序治理的组织基础。

一、治理理论的演变

自 20 世纪末起,"治理"(governance)概念在政治学、公共管理、社会学等诸多领域得到广泛的讨论,取代"统治"(government)成为一系列活动领域的理想管理机制。不同于以国家为主导的传统统治模式所依赖的高度等级化的权力结构,治理强调多元社会主体的平等协作,号召市场与社会的广泛参与:"社会治理本质上是多元主体协商合作的一种机制和过程。现代社会治理是多元的、公共和私人部门之间的、基于横向协商合作基础之上的互动关系,政府是其中

---

*　覃漩,复旦大学社会科学高等研究院专职研究员、副教授。

的行为者之一,而非全部。"①

这一思潮的出现源自多方面的政治文化助力。英国在 20 世纪 70 年代撒切尔主政以来推进新自由主义改革,实施减税、去监管、公共事业私有化等一系列措施,导致大量的公共-私有部门合作;此外,欧盟内部的国家间协作也为去等级化的政策制定和管理方式提供了模板。②在这样的背景之下,公共管理领域涌现出大量有关治理的论文与著述,奠定了从传统的等级化统治到新公共管理运动(new public management),再到治理网络的三阶段转变。③而在社会学的视角之下,这一思潮受到吉登斯关于后传统社会和反身现代性理论(reflexive modernity)的影响,尤其是他对于逐渐式微的国家力量所进行的讨论。④在后传统社会,先前积累的政治和文化资源不再足够维持公民的服从,个人主义和全球化从内外两个维度对国家的统治方式施加压力,使得基于信任的治理网络成为国家应对社会问题的替代性选择。因此,"治理理念的出现成为后传统时代和反身性条件之下的一种表达,摆脱了与传统政府相关的僵化的等级结构。在早期的治理理论中,逐渐式微的国家和新兴的网络治理与'政府空心化'(hollow state)和'无政府治理'等概念交相呼应"⑤。这种将国家视为障碍的早期治理理论,也被称为"第一波治理理论"(first wave of governance theory),它认为国家提供的等级化架构无法应对日渐复杂的现代社会,从而不再能够对其进行有效的组织,而包含着多元平等主体的治理框架则是解决这一问题的答案。然而,由于对国家的排斥和对多元行动主体的过高期待,第一波治理理论受到诸多的批评。例如,乔纳森·戴维斯指出,将治理网络理解成完全平等的主体间基于信任的相互协作,是对于现实的过分理想化,与实际情况存在诸多出入。⑥

---

① 郭苏建:《六次产业与社会治理关系研究》,载《人民论坛·学术前沿》2022 年第 10 期。

② Christian Lo,"Going from Government to Governance", in Ali Farazmand(ed.), *Global Encyclopedia of Public Administration, Public Policy, and Governance*, New York: Springer International Publishing, 2018.

③⑤ Stephen Osborne,"Introduction, the(New)Public Governance: A Suitable Case for Treatment?" in Stephen Osborne(ed.), *The New Public Governance? Emerging Perspectives on the Theory and Practice of Public Governance*, London: Routledge, 2010.

④ Anthony Giddens, *Beyond Left and Right: The Future of Radical Politics*, Stanford: Stanford University Press, 1994.

⑥ Jonathan Davies, *Challenging Governance Theory: From Networks to Hegemony*, Bristol: Policy Press, 2011.

在此基础上,一种重新强调国家权力重要性的治理理论,即"第二波治理理论"(second wave of governance theory)随之出现。不同于第一波治理理论中以横向主体间协作完全取代纵向权力结构的诉求,第二波治理理论承认国家在社会调控中具有不可替代的功能,从而倾向于将治理理解为对现有权力结构的补充,而非取代。他们认为,实际互动当中,私有部门、自组织等横向行动主体并不会天然形成平等有效的协作,仍然需要一个凌驾于其上的权力主体进行监督,来确保公共利益得到保障。这一理念被称为"元治理"(metagovernance),即对理论上自我调节的治理网络进行更高层级的管控——对于治理的治理(governance of governance)。①不同于将"统治—治理"理解为一个单向度的转变,元治理的框架认为这是一个辩证性的过程,统治与治理同时存在并相互影响。在元治理的视角下,治理网络的流行改变了政府行使权力的方式,但并不会直接将其架空,催生出一个"空心国家"。政府仍然需要承担其责任,通过制度设计和监管,使等级化的权力机构、市场及水平网络之间形成有效的协作,来保证结果和效率上的最佳。

第一波治理理论与第二波治理理论,虽然就国家应当扮演怎样的角色存在着分歧,但仍然分享着重要的共性。在方法论上,它们关注国家、市场及水平网络作为制度对个体产生的影响,认为实现良序治理的关键,在于改变和重构当前制度,进而调整个体的行为、认知、偏好甚至对于身份的自我认同。马克·贝维尔和罗德·罗兹在近年来的著述中批评了这样一种新制度主义倾向。他们的理论更强调彰显行动者的主体性,并被称为"第三波治理理论"(third wave of governance theory)。②他们提出使用去中心化的方法来重新思考治理理论,鼓励和关注行动主体对于实践所采取的解释,从自下而上的角度来考察相互竞争的信念和传统如何塑造了彼此不同的治理形式。③因此,他们不仅关注国家、市场

---

① Bob Jessop, "Capitalism and its Future: Remarks on Regulation, Government and Governance", *Review of International Political Economy*, Vol.4(1997), pp.561—581; Jan Kooiman, "Governing as Governance", *International Public Management Journal*, Vol.7(2004), pp.439—442.

② Mark Bevir and Rod A.W. Rhodes, *The State as Cultural Practice*, Oxford: Oxford University Press, 2010.

③ Stephen Osborne, "Introduction, the(New) Public Governance: A Suitable Case for Treatment?" in Stephen Osborne(ed.), *The New Public Governance? Emerging Perspectives on the Theory and Practice of Public Governance*, London: Routledge, 2010.

和水平网络作为制度发生了怎样的变化,更加关注这些变化是如何发生的,以及行动主体在其中施加了怎样的影响。通过这样一种自下而上地去中心化方法,国家不再被理解为一种铁板一块的均质化存在,而"统治—治理"的变化过程也不再被简述为一种整全式的转变,而是包含着更多的细节、交互甚至冲突。

该领域的关键人物之一罗兹总结道,"治理"指向"公共、私人和志愿部门之间边界的变化以及国家角色的变化"。他将这一概念应用于公共生活,阐述了公共治理的四项原则:第一,制定和实施政策的组织网络(包括国家和非国家主体)之间的相互依存;第二,这些网络之间持续进行着的互动,以满足资源和信息共享的需要;第三,这些互动是"游戏式的"(game-like),因为它们基于公开明确的规则;第四,这些网络是自组织的,不向国家负责,尽管它们可以由国家间接管控。①因此,公共治理的概念伴随着以下三种行政趋势:第一,将提供服务的权力下放给较低层级的政府;第二,公共物品和公共服务的私有化、放松管制和外包;第三,国家与非国家伙伴关系的形成——减少了国家对制定和实施公共政策所需信息的垄断。政策网络和其他"治理创新"的发展是为了整理决策所需的信息和专业知识,这些信息和专业知识现在分布在第三部门组织和私营公司之间。②因此,治理突出了新的统治方法,这些方法由不同组织间的横向网络组成,从而改变了更传统的、等级分明的政治权力形式。它意味着在决策过程和提供服务方面提高多元化和公民参与的水平。

二、可持续性与绿色发展观

1987 年 2 月,世界环境与发展委员会发布了报告《我们的共同未来》,可持续发展的概念在报告中首次得到明确的阐述。根据联合国第 38 届大会通过的第 38/161 号决议,世界环境与发展委员会于 1983 年成立。经过三年的工作,委员会在 1987 年的日本东京会议上公布了这部长篇报告,对人类生存环境和发展

---

① Rod A. W. Rhodes, "Understanding Governance: Ten Years On", *Organization Studies*, Vol.28(2007), pp.1243—1264.

② Christopher Koliba et al., *Governance Networks in Public Administration and Public Policy*, New York and London: Routledge, 2018.

进行翔实的讨论,并发出全球性的倡议。挪威首相布伦特兰任当时的委员会主席,因此,报告也被称为"布伦特兰报告"。

报告指出,我们的星球和生态系统,正在面临着越来越多的压力,维持人类生存所需要的基本条件,因为这些破坏而岌岌可危。如果维持当前代际的生活状态,尤其是那些铺张、奢侈和过分消耗性的生活状态,需要以牺牲未来世代的基本生活条件为代价,那么这样的选择在规范性上是存在着问题的。报告因此指出"可持续发展"的重要性,并对其进行如下定义:可持续发展是指这样一种发展模式,即满足当代人生活需要的同时,也不损害后代人满足其生活需要的能力。它包含两个关键概念。首先是"需要"的概念,不同阶级和群体对于"需要"的定义各不相同,但世界穷人的基本需要应当被给予优先考虑;其次是"有限性"的概念,即技术和社会状况对环境满足当前和未来需要的能力所施加的限制,必须根据所有国家——无论是发达国家还是发展中国家,无论是市场导向国家还是计划经济国家——的可持续性来确定经济和社会发展的目标。不同国家对于可持续性的解释存在着差异,但在核心观念和原则方面需要拥有共识性的理解,需要对可持续发展的基本概念和实现可持续发展的广泛战略框架达成一致。①

报告进一步解释可持续性概念并思考它如何有助于政策的实际制定,并借用资源经济学中的"可持续性产量"(sustainable yield)来对其进行讨论。可持续产量指的是以可持续的方式,对可再生的自然资源(如木材或鱼类)进行收获。理论上说,如果将收获量保持在可持续产量的范围之内,收获便可以无限期维持下去,因为它与自然系统的再生能力相匹配。森林、河流、海洋和其他生态系统,包括生活在其中的自然物种,都被视为"生态资本"(ecological capital),它们是商品和服务得以产生的物质基础。只要生态资本的供给不超过其产量边界,或者说对于生态资本的开发不影响其再生能力,系统就可以被视为可持续的。②

---

① World Commission on Environment and Development, *Our Common Future*, 1987, http://www.un-documents.net/wced-ocf.htm.

② Andrew Brennan and Norva Y. S. Lo (Summer 2022 Edition), "Environmental Ethics", Edward N. Zalta(ed.), The Stanford Encyclopedia of Philosophy, https://plato.stanford.edu/entries/ethics-environmental/, 访问时间:2024 年 1 月 5 日。

因此,一个可持续发展的社会是一个懂得在生态系统的极限之内进行生产劳动的社会。"最大可持续产量必须在考虑到开发生态资本的全系统影响之后再加以确定。"①

以生态边界(ecological boundary)取代生产力边界,来指导和限定生产劳动,对于传统发展观来说是一个冲击。工业革命以来,资本主义所倚重和巩固着的是增长至上的发展观,资本的高投入刺激消费的快速增长,并导致了对于自然资源不加限制的过度消耗。与之相对,可持续的发展观强调人力资本的投资以及对自然资源承载能力的充分审慎。在此基础上,作为第二代可持续发展观的绿色发展观逐渐得到国际社会的认可。除了强调资源消耗与人类生活基本需求之间的矛盾,绿色发展观格外关注气候变化所带来的负面影响和整体性危机。胡鞍钢与周绍杰将绿色发展观的特征概述为以下三点。第一,绿色发展强调经济系统、社会系统与自然系统的共生性和发展目标的多元化。第二,绿色发展强调绿色经济增长模式,即以绿色科技、绿色能源和绿色资本取代对于传统能源的消耗,实现经济增长的同时确保低能耗和低排污。第三,绿色发展要求全球性的协作与治理。虽然可持续的发展观早已获得全球性的共识,但由于缺乏有效的协同机制,在实践上并未形成有规模、有效率的全球行动。②发达国家依赖先发优势,相比于发展中国家而言更早完成了工业改革、资本积累和产业升级,可以在控制核心技术的前提下,通过产业链分工,将高消耗和高排污的产业转移至其他国家。然而,正如布伦特兰报告指出的那样,发达国家的早期发展来自对生态资源的整体性消耗,正因如此,发达国家也有更多的义务对本国生产进行限制,并对其他国家提供技术和资金援助。而这些援助与安排,要求一个全球性的治理机制的存在。

关于可持续发展的全球治理机制,已经存在一些较为成熟的讨论。1992年,联合国大会通过了《联合国气候变化框架公约》(简称《公约》),同年6月在巴西里约热内卢召开的联合国环境与发展会议上,不同国家的首脑签署了

---

① World Commission on Environment and Development, *Our Common Future*, 1987, http://www.un-documents.net/wced-ocf.htm.

② 胡鞍钢、周绍杰:《绿色发展:功能界定、机制分析与发展战略》,载胡鞍钢主编:《国情报告》(第十六卷),北京:党建读物出版社 2015 年版。

《里约环境与发展宣言》，其中将"共同但有区别的责任和各自相应的能力"（common but differentiated responsibilities and respective capabilities）作为原则来指导不同国家在环境保护上应尽的义务。这一原则同时考虑了道德合法性与历史合理性，结合不同国家各自的能力、财政资源和技术成熟程度，将维护生态系统可持续性的任务有差别地分配给不同的国家。这种差别的实质性要求包括为某些缔约方提供更有利的执行时间表，在遵守一项或多项国际协定的方面为一些特殊缔约方提供豁免权，根据国家的总体实力和财政能力要求技术和物资捐助，等等。①《公约》于 1994 年 3 月 21 日生效。截至 2022 年 12 月，共有 198 个缔约方。为了加强《公约》的实施，1997 年《公约》第三次缔约方会议通过了《〈联合国气候变化公约〉京都议定书》（简称《议定书》），规定了对《公约》执行中所出现的实际问题的应对方法，截至 2022 年 6 月共有 192 个缔约方。2015 年 11 月，《公约》第 21 次缔约方大会暨《议定书》第 11 次缔约方大会在法国巴黎举行，并最终达成《巴黎协定》，对 2020 年后应对气候变化的国际机制做出安排。这些条约、会议及附属协定，为可持续发展的全球治理提供了平台。

三、多元主体与绿色治理

除开上述全球治理机制，可持续发展的实现依赖于国家、城市和社区方面的共同努力。本文主要谈论城市治理在推进可持续发展中所扮演的角色。不同的空间尺度对治理产生的各类影响是显而易见的。当我们将治理的规模从国家转移到城市，我们也有必要对治理主体做出相应的调整，因为主体进行互动的网络范围发生了变化。

城市治理的主要参与主体包括政府、市场和社会。非政府的参与主体应当以怎样的形式被整合到治理过程中，是许多研究的焦点。一方面，政府、市场和社会这三者之间的界限并不总是清晰明确的。如克拉伦斯·斯通所说："现实互动模糊了他们之间的界限。由于补贴、合同法、专利和版权法规、破产法规、

---

① Guo Sujian et al., "Conceptualizing and Measuring Global Justice: Theories, Concepts, Principles and Indicators", *Fudan Journal of the Humanities and Social Sciences*, Vol. 12（2019），pp.511—546.

财产权等的存在,市场与国家紧密地交织在一起。自愿活动的水平和社会资本的范围在很大程度上也是政府行动的功能之一。"①另一方面,他们三者中的任意一个都是由更多的个人、团体和机构组成的,这些个人或机构总是携带着属于自己的诉求和议程,它们之间常常是相互冲突和竞争的,因此,政府、市场和社会都不是铁板一块的均质存在。这些问题为治理在学理研究和实践操作上带来了困难。

与城市治理相关的现有文献,在分析参与主体时所采取的角度各有不同,但它们往往隐含着一个共同的预设,即三个主要行动主体中,总是一个担任核心而另外两个担任辅助性的角色。在这个预设之下,研究者可能采取政府中心、市场中心或社区中心的研究方法。②这一中心性的含义是非常宽泛的,并不一定意味着一种直接的权力关系。约翰·明纳里将这种围绕一个核心展开的三元关系描述为明星主角(star)和配角(supporting cast)间的互动。中心地位可能仅仅意味着关注的中心,也可能意味着某种形式的支配。即使没有正式的权力机制,主角仍然可以利用其明星身份来对辅助性角色施加非正式的影响。而在任何的三人戏份中,明星扮演的角色通常需要配角的全力参与。明纳里认为,中心性和非中心性之间的关系也具备相同的特征。

(一) 政府

国家是暴力的唯一合法垄断者,相比于治理中的其他主体,正式制度赋予了政府权威,科层制的组织方式和相应的问责系统令其在主导治理方面具备优势。由政府主导并对市场和社会进行整合的治理网络,是最为常见的治理模式,在不同文化背景中均能够找寻到模板。例如,罗德·罗兹在分析英国的治理模式如何从垂直的科层结构转变为分散化的社会服务时,也仍然强调中央政府具备最终控制权,只是这种控制从直接变为间接。③凯文·奥图尔和尼尔·伯

---

① Clarence N. Stone, "Rethinking the Policy Politics Connection", in Clarence N. Stone (ed.), *Innovations in Urban Politics*, London: Routledge, 2007, pp.11—30.

② John Minnery, "Stars and Their Supporting Cast: State, Market and Community as Actors in Urban Governance", *Urban Policy and Research*, Vol.25(2007), pp.325—345.

③ Rod A.W. Rhodes, "The Governance Narrative: Key Findings and Lessons from the ESRC's Whitehall Programme", *Public Administration*, Vol.78(2000), pp.345—363.

德斯在讨论澳大利亚的治理体系时,也明确指出:"治理被用来促进国家在更广泛的市场和公民社会背景下的意识形态重塑……治理仍然是以政府为中心的,谈判和协调仍然在等级制度的阴影下进行。"①

　　中国是典型的围绕政府展开治理的国家之一。与其他国家不同之处在于,除开政府,执政党也在中国的社会治理中扮演了重要的角色。由于党员间分享的政治认同,党能够渗透到社会的不同领域,形成政府无法实现的独特治理机制。在中国,共产党的组织方式体现了其"群众路线"的理念传统。党建活动,即把党和党员联系起来的正式和非正式的活动、仪式和事件的统称,为共产党参与社会治理提供了组织基础。这些活动是多种多样的,包括常规会议、集体学习、历史名胜参观等;它们也以更加休闲和年轻化的形式呈现,如瑜伽和萨克斯学习班、扑克比赛和拔河比赛等创新活动。②此外,党建活动也以区域为基础,将统一地区的党支部联合起来,以更精细化的网格为基本单元,整合包括国有企业、私营企业、事业单位、社会组织和非政府组织在内的社会资源,实现共建和共同行动。当然,系统的维持和扩张不仅依赖于对党的意识形态的共同信念,还依赖于资源、政策、保障等实际激励。近年来,越来越多的私营企业和社会组织成立党支部正体现了这一点。党的组织性质,为个人或团体获取政治身份、成为政治系统的一部分提供了正式的渠道。③此外,党的治理系统所辐射的范围也包括非党员群体。党提供的大部分公共服务和设施是面向社会全体开放的。城市、区以及街道均设有党群服务中心,内设图书馆、多媒体室、茶室和各种活动室。除此之外,其他类型的党群基础设施在近几年内也相继涌现,如位于购物中心和办公楼宇中的"白领驿站"。这些驿站以党的名义,为白领群体提供低价格、高质量的服务,如瑜伽课、健身房、亲子活动和托育服务等,服务对象不限于党员。这些活动尝试对原子化的个体进行再组织,并"将党和政府的

　　① Kevin O'Toole and Neil Burdess, "Governance at Community Level: Small Towns in Rural Victoria", *Australian Journal of Political Science*, Vol.40(2005), pp.239—254.

　　② Patricia M. Thornton, "The New Life of the Party: Party-building and Social Engineering in Greater Shanghai", *Critical Readings on the Communist Party of China*, Vol.4(2017), pp.1092—1116.

　　③ 李朔严:《政党统合的力量:党、政治资本与草根 NGO 的发展——基于 Z 省 H 市的多案例比较研究》,载《社会》2018 年第 1 期。

需求转化为白领的自觉行动"①。因此,党的制度提供了一种独特的治理形式,不同于政府将公民视为管理和动员的目标,党通过党建等一系列活动,渗透和贯穿了整个社会,促进了对于社会资源的全面调动。党所主导的治理模式,与"运动式治理"紧密联系在一起。

运动式治理,指代那些为了完成特定政治目标而发起的短时效、高强度运动,如植树造林、垃圾分类、脱贫攻坚等。它与常规化治理之间共生并存、相互作用,共同构成中国的双轨治理系统。周雪光将运动式治理的突出特点描述为"打断、叫停官僚体制中各就其位、按部就班的常规运作过程,意在替代、突破或整治原有的官僚体制及其常规机制,代以自上而下、政治动员的方式来调动资源、集中各方力量和注意力来完成某一特定任务"②。在周雪光看来,运动式治理的出现不是任意、随机的,而是建立在稳定的组织基础和象征性资源之上的。因此,他同意冯仕政所提到的,运动式治理在方式上具有"非制度化、非常规化和非专业化特征"③,但他认为这些非制度化的表现仍然是建立在制度化的组织基础上的。而这一制度化的组织基础,即共产党在中国当代所经历的卡里斯玛权威的常规化。周雪光借助韦伯对于合法性来源的分析框架,详细讨论了常规治理和运动式治理的异同。常规治理建立在法理理性(legal-rational)的基础上,依赖于科层制的权威类型及其支配方式,即等级分明的正式结构、上下级指令、明确清晰且普遍使用的规章制度等。其合法性在于"当根据规则所'委任'的支配者要求被支配者服从时,这一要求具有通常的约束性规范的力量……只要符合规则运作,那么支配者的权力就是正当的"④。相比之下,在历史上,运动型治理往往始于常规治理失效之时。常规治理强化秩序和组织边界,是对运动型治理的抑制;而运动型治理叫停和打断常规型治理的过程,对其进行整治。

周黎安的行政发包制是解释中国治理机制的另一视角。以可持续发展中

---

① 摘自位于静安区的党建服务中心的影像介绍短片。

②④ 周雪光:《运动型治理机制:中国国家治理的制度逻辑再思考》,载《开放时代》2012 年第 9 期。

③ 冯仕政:《中国国家运动的形成与变异:基于政体的整体性解释》,载《开放时代》2011 年第 1 期。

的水环境治理为例,周黎安从纵向行政发包与横向晋升竞争的角度,分析了环境治理问题的制度根源。①虽然环境治理属于地方官员的行政责任之一,但在较长时间内,并未进入地方官员绩效考核的核心指标之中,使得地方官员往往出于绩效压力,降低环境治理的优先级,令其为经济发展让路。2007年,由于太湖水质恶化,叠加气象因素等负面影响,导致太湖蓝藻危机,"河长制"在这一背景之下诞生。为了解决问题,太湖流域辖区内的64条河流分别设立了"河长",由各级党政负责人担任,对河流进行治理与养护。由于效果显著,2008年起,江苏全省境内水域要求每条河流设立省、市双级河长,包括浙江湖州、衢州、嘉兴、温州在内的其他试点城市陆续推行河长制度。在没有上级压力的情况下,河长制逐渐在全国推广,并在接下来的几年内完成国家层面的制度化。2016年12月,经中央全面深化改革领导小组第28次会议审议通过,中共中央办公厅、国务院办公厅印发《关于全面推行河长制的意见》,要求全面建立省、市、县、乡四级河长体系。各省(自治区、直辖市)设立总河长,由党委或政府主要负责同志担任;各省(自治区、直辖市)行政区域内主要河湖设立河长,由省级负责同志担任;各河湖所在市、县、乡均分级分段设立河长,由同级负责同志担任。县级及以上河长设置相应的"河长制"办公室。在这一制度文件的规定下,河长需要负责组织领导相应河湖的管理和保护工作,加强水资源保护、水环境治理和水生态修复。更重要的是,在监督考核上,该意见规定县级及以上河长负责组织对相应河湖下一级河长进行考核,考核结果作为地方党政领导干部综合考核评价的重要依据;实行生态环境损害责任终身追究制,对造成生态环境损害的,严格按照有关规定追究责任。

周黎安从三个角度解释了河长制奏效的原因。首先,环境治理在河长制施行之前,属于弱激励的领域,导致地方政府牺牲环境来为经济发展让路。河长制施行之后,由党政负责人担任河长,承担直接的领导责任,在考核上也由弱激励提升至"一票否决"的高度,使得地方政府在促进经济发展的同时,尽可能选择环境友好型企业,并重视产业结构的升级。其次,环境治理在很长一段时间内,面临"九龙治水"的困境,即对水环境的养护管理涉及环保、水利、国土、交

---

① 周黎安:《行政发包制与中国特色的国家能力》,载《开放时代》2022年第4期。

通、住建、农业、林业等多个部门,职能划分重叠,责任边界不清,导致具体执行上互相推诿,问题重重。而河长制通过委任党政负责人为一把手,借用其行政权威和政治势能,实现了领导小组统筹、多部门协调、社会多方力量共同参与的治理局面。最后,河长制效果显著,也得益于当地基础设施及技术治理能力的重构和升级,如一体化信息平台、物联网技术、生态修复技术的发展等。①

(二)市场

市场在城市治理中扮演着重要的角色。一些学者甚至将从统治到治理的转变等同于国家中心治理机制向市场中心治理机制的转变,即"治理"是国家对新自由主义及其社会重构的回应。②市场相较于政府来说,优势之一在于它能够穿越行政单位的地域边界。地方政府的权力范围受其行政区划的边界限制,但地方政府在可持续发展中面临的问题,如气候治理、水资源治理等,往往是超越边界范围的。而利用市场机制可以较好地解决这一问题。然而,不加干预的市场也会带来种种问题,如固化并不公正的现实秩序,扩大贫富差距等。此时仍然需要国家的监管和介入,来实现有效的治理。

通过市场机制对环境问题进行治理的例子有很多。例如,"爱回收"网作为盈利性的私营企业,先后推出两条与废弃物回收相关的业务线。一条是电子产品回收及环保处置平台"爱回收",通过免费上门、门店交易、快递邮寄三种方式完成废旧电子产品估价及回收服务,并提供"干电池免费以旧换新"等环保服务。因其在废旧品回收方面成功的盈利经验和硬件基础,2019 年在上海市推行垃圾分类的政策背景之下,"爱回收"网推出了智能垃圾分类项目"爱分类爱回收",成为上海市杨浦区"两网融合"承载企业,协同政府对垃圾分类进行治理。两网融合指垃圾分类网和再生资源回收网相融合,"通过提供线上线下结合的一站式可回收物分类、交投、积分兑换服务,建立可回收物有效循环再利用体系……回收网点通过积分提现的回报方式,以 1 元/公斤远高于市场价的价格,

---

① 周黎安:《行政发包制与中国特色的国家能力》,载《开放时代》2022 年第 4 期。

② Brendan Gleeson, Toni Darbas and Suzanne Lawson, "Governance, Sustainability and Recent Australian Metropolitan Strategies:A Socio-theoretic Analysis", *Urban Policy and Research*, Vol.22(2004), pp.345—366.

激发用户参与投递的意愿"①。2019 年 7 月,在《上海市生活垃圾管理条例》正式实施之时,杨浦区已落地 268 个两网融合回收网点,日均回收峰值超过 80 吨,每周平均有超过 15 万居民通过系统交投可回收物。②至 2019 年 9 月,落地的两网融合回收网点数量增至 500 个以上,用户每人每次约投放 3 公斤,每月约投放 2.5 次,用户月活跃度达到 70%。③

　　规范和监督市场秩序以确保有效治理,并不一定需要通过政府,非政府组织也可以实现这一功能。尤其在跨越国境的治理困境中,非政府组织往往能够产生积极且重要的影响。以森林经营活动上的全球林业治理为例,森林管理委员会(Forest Stewardship Council)就扮演着这一角色。森林管理委员会于 1993 年在加拿大创立,成员包括各种商业组织、环保组织和社会人文组织。不同于以制度化僵局告终的全球森林公约,森林管理委员致力于促进环境友好且经济上可行的森林经营活动,并在其成立后的十年里,根据可持续性标准在超过 80 个国家内完成了 6 800 多万公顷森林的认证,证明其为林业领域私人规则制定和实施的成功典范。④这一模式目前已扩散至海洋保护、水产养殖、矿产开采等领域。菲利普·帕特贝格从三个角度分析了森林管理委员会在私人治理(private governance)中发挥的作用。私人治理是指使用来源于市场或技术的经济性私权力实现的治理,与使用公权力进行的治理相对照。私人治理关注非政府主体在治理中的重要性、公营-私营部门合作以及非政府主体之间规则与规范的制定。⑤

　　帕特贝格认为,首先,森林管理委员会作为私人治理范例的原因,在于它在非政府主体间成功制定和执行了可持续森林管理的详细准则,即"通过准则的治理"(governance through regulation)。作为规则制定者,森林管理委员会制定

---

　　①③ 《两网融合小科普》,上海市杨浦区人民政府网:https://www.shyp.gov.cn/yp-zwgk/zwgk/buffersInformation/details?id=e327d59b-d341-496d-8415-c38c1ce34231。

　　② 《杨浦区加快分类回收系统建设,今年设 500 个两网融合回收点、2 000 台自助回收设备》,文汇客户端:https://wenhui.whb.cn/third/baidu/201906/30/274005.html。

　　④ Philipp Pattberg, "Private Governance and the South: Lessons from Global Forest Politics", *Third World Quarterly*, Vol.27(2006), pp.579—593.

　　⑤ A. Claire Cutler, Virginia Haufler and Tony Porter(eds.), *Private Authority and International Affairs*, New York: State University of New York Press, 1999.

了三种不同类型的标准:构成国家和区域标准制定基础的全球森林管理标准、产销监管链标准以及独立认证机构准入标准。标准制定程序包括与相关利益方进行协商,并确保利益相关的边缘群体在政策制定中拥有实权。在跨国境的环境治理中,全球南方(global south)所包含的低收入国家正是这些边缘群体的主要构成。高收入国家更容易遵守相对严格的监管标准,因为先发优势使它们能够更早完成产业升级,并且可持续发展概念在很大程度上源于西方社会。此外,由于发达国家对于跨国销售渠道的垄断,认证的成本和责任被压缩至供应链的低端,即作为木材生产商的南方国家。因此,获得认证本身无法为南方国家带来更高的利润,而成为它们竞争进入市场的门槛。在这种情况下,制定标准和认证程序时需要尤其注意,避免私人治理成为一些企业将另一些企业赶出有价值的"绿色市场"的战略工具。①

其次,森林管理委员会作为私人治理范例也承担了一定的认知功能,它为生产知识、传播知识和学习管理模式提供了制度环境。帕特贝格称之为"通过学习和话语进行的治理"(governance through learning and discourse)。森林管理委员会建立了多层级的网络结构和组织层次,包括国际秘书处、区域办事处及国家工作组等。这些网络的存在,为政策制定核心团队之外的广泛利益相关方提供了参与渠道。例如,区域办事处的存在,帮助了全球南方的木材生产商获得最新资讯和管理知识,提高了他们接收和处理信息的能力。②

最后,森林管理委员会作为私人治理机制也承担着整合的功能,即"通过整合的治理"(governance through integration)。帕特贝格指出了两种意义上的整合。第一,整合意味着国际规范和跨国标准朝向私人治理的转变。通过引入认证机制,使未经认证的生产商在市场竞争中承受不利局面,因此,之前并未实现或仅仅勉强实现的规则变得可执行。第二,整合意味着森林管理委员会所制定的原则及背后的理念被国家制度和国际协定所吸纳,或者本土及跨国性的公共政策受到森林管理委员会的影响,这使得曾经没有得到机会的边缘化主体能够参与国家级别的政策制定。③

---

① ② ③　Philipp Pattberg, "Private Governance and the South: Lessons from Global Forest Politics", *Third World Quarterly*, Vol.27(2006), pp.579—593.

（三）社会

政府与市场之外，社会也可以担任城市治理的中心角色。一些学者延续了帕特南有关社会资本的讨论，来解释社会在城市治理中承担的功能。例如，乔·比尔认为，公共行动作为一种社会过程包含了"社会资源进入政治过程的方式"，当这些过程变得更加正规化，并为国家和其他机构的公民参与提供可持续的途径，那么就可以使用"治理"一词来对这一过程进行描述。①

在可持续发展的公共治理中，自组织一直以来发挥着重要的作用。以垃圾分类为例，2019年上海市开始执行垃圾分类政策以来，如"绿色账户""清新家园"等大量自组织参与其中，与政府和企业协同合作，推进政策的落地。例如，"绿色账户"项目是由上海惠众绿色公益发展促进中心作为运营单位，由上海市绿化和市容管理局、上海市林业局作为主管单位，并同时受到上海城投、中国银行、支付宝等企业支持的平台。它提供了一个很好的政府-市场-社会三元协作案例。一方面，绿色账户作为服务平台，提供湿垃圾的扫码积分与兑换，提供可回收物免费在线下单、定时定点交投等相关环保回收服务。另一方面，作为资讯平台，市民可以在"上海绿色账户"应用上查询附近回收点、环保荣誉值和回收服务记录等。与之前提到的"爱回收"不同，这一项目由非政府组织发起，本身是非盈利性质的。维持项目运营的经费来自回收物焚烧发电的收益，即"末端补贴前端"。在具体分工上，惠众绿色公益发展促进中心负责互联网平台运营，包括手机端建设、平台维护等。而线下工作由各区绿化和市容管理局负责，包括社区工作人员培训、组织扫描员上岗、居民采集及消纳积分指导、组织礼品兑换等。企业在项目的全过程中提供力所能及的帮助，如线上平台技术支持、礼品赞助等。

此外，非政府组织也为跨国境的绿色治理提供了可能性，"全球大会"（Global Assembly）是范例之一。"全球大会"是一个开创性倡议，旨在为气候和生态危机提供全球性的协商平台。项目在世界各地随机选择100位公民聚集在一起，讨论"人类如何以公平有效的方式应对气候和生态危机"。经过为

---

① Jo Beall, "Valuing Social Resources or Capitalizing on Them? Limits to Pro-poor Urban Governance in Nine Cities of the South", *International Planning Studies*, Vol.6(2001), pp.357—375.

期 11 周的 68 个小时学习、交流与协商,大会成员听取了专家证据,在小组审议和全体会议上交换了意见,并制定了《关于地球可持续未来的人民宣言》。该宣言在 2021 年的第 26 届联合国气候变化大会上传播。它开创了一个制度先例,将世界范围随机挑选的一群普通公民的声音带入多边谈判。"全球大会"作为一种来自市民社会的自主创新,在五个方面推进了可持续发展的全球治理。第一,项目通过随机抽样的方式,将来自不同文化背景的公民聚集到一起,制造了一个"全球公民"的缩影。这一样本是通过多阶段的抽签形成的。项目首先通过算法在世界地图上确定 100 个随机地点,再由当地的社区领袖招募参与者,最终形成公民大会的 100 位参会人。第二,项目促进了气候和生态危机上的集体学习过程。会议成员、社区领袖及主持人,常常将会议描述为一个"教室",在听取专家证据和讨论的过程中,人们获得新的知识,并共同培养对于气候环境的危机意识。当然,需要注意的是,将交流环境视为学习的设计有可能形成权力关系,让参会者将专家证词视为权威来源,这也为创造自由平等的讨论空间带来了压力。第三,项目为全球实践社区的建立提供了基础。在 11 周的协商过程中,100 个抽样点的当地社区领袖也参与其中,这使得大会结束之后,当地社团仍然能够使用会议资料,来自由开展本地化的交流活动。第四,项目对全球性的公民参与所面临的结构性限制进行了考虑,并做出了克服限制的勇敢尝试。这些结构性限制主要体现在三个方面:数字差异(digital divide),即参会依赖于可靠的网络环境、配备了摄像头的电子产品、对线上参会软件的熟练使用等,而这些资源和能力并非人人具备,语言障碍,即英语作为全球交流语言所产生的障碍,以及闲暇时间上的不平等。第五,项目在制度化方面取得成功,确立了自己作为全球气候治理参与者的潜在作用。[①]

市民社会在城市治理中发挥了重要作用,但也带来了问题。首先,市民社会的参与有可能导致政府放弃或推诿本应承担的责任。如乔·比尔所言,社会资本框架的隐含前提所带来的副作用,允许政府将财政责任转嫁给较低层级的

---

① Global Assembly, "Report and Evaluation of the 2021 Global Assembly on the Climate and Ecological Crisis", https://globalassembly.org/resources/downloads/GlobalAssembly2021-FullReport.pdf.

机构和公民本身。①其次,与社区认同相伴发生的,是一种在"你的"和"我的"之间进行的区分。社区利益之间可能存在着分歧,而当分歧发展成排他性的诉求与行动时,这种邻避行为将为阻碍具有广泛公众影响和支持的政策倡议。因此,与市场作为治理主体所面临的困难一样,任何单一性的治理主体,都需要与其他机制协同合作,并接受一定程度的监管。

四、总　结

本文从治理理论的演变出发,梳理了国家、市场、社会这三个行动主体如何互动并在绿色治理方面发挥作用。

有关治理的讨论兴起于20世纪末,它的本质是多元主体共同协商,市场和自组织等非政府主体的广泛参与,从而取代传统的等级化"统治"。文章梳理了三波治理理论的异同。第一波治理理论受到20世纪70年代英国撒切尔主义的影响,欧盟内部的国家间协作也为新的管理方式提供了启发,从而奠定了从传统的等级化统治,到新公共管理运动,再到治理网格的三阶段转变。然而,将治理网络理解成完全平等的主体间基于信任的相互合作,是对现实的过分理想化,这导致第一波治理理论在后期遭受了诸多批评,并促成第二波治理理论的兴起。第二波治理理论重新强调了国家权力的重要性。这些理论认为,实际互动当中,横向行动主体并不会天然形成平等有效的协作,仍然需要一个凌驾于其上的权力主体进行监督,来确保公共利益得到保障。这被称为"元治理",也就是对于治理的治理。第一波治理理论与第二波治理理论,虽然就国家应当扮演怎样的角色存在着分歧,但都关注制度对个体产生的影响,认为实现良序治理的关键,在于改变和重构当前制度,进而调整个体的行为。与之相对,第三波治理理论批评了这样一种新制度主义倾向,更加关注行动者本身,使用去中心化的方法,重视行动主体对于实践所采取的解释,从自下而上的角度来考察相互竞争的信念和传统如何塑造了彼此不同的治理形式。在这样一种视角之下,

---

① Jo Beall, "Valuing Social Resources or Capitalizing on Them? Limits to Pro-poor Urban Governance in Nine Cities of the South", *International Planning Studies*, Vol.6(2001), pp.357—375.

国家不再被理解为均质存在,从统治朝向治理的过渡也不再被描述为一种单向转变,而是包含着更多的细节和交互。

接下来梳理了可持续发展的概念内涵。"布伦特兰报告"将可持续发展定义为既满足当代人生活需要,也不损害后代人的基本生活的那样一种发展模式。报告从两个子概念出发,进一步解释了可持续发展的内涵。其一是"需要"。报告认为,不同阶级和群体对于"需要"的定义各不相同,但世界穷人的基本需要应当被给予优先性的考虑。其二是"有限性"的概念,也就是技术和社会状况对人类满足自身生活需要所施加的限制。同"需要"一样,后发国家所面临的限制需要得到重视,而先发国家应该给予它们技术和资源上的支持。在此基础上,可持续的发展观意味着以生态边界取代生产力边界,指导和限定生产劳动。不同于传统发展观对于积累和效率的强调,可持续的发展观更加关注社会系统与自然系统的共生、绿色经济模式,以及全球性的协作与治理。《联合国气候变化框架公约》为这些全球性的协作提供了平台,截至 2022 年 12 月,全球已有 198 个缔约方承诺遵守公约内容,协同应对生态与自然危机。

在对治理和可持续性发展进行了概念梳理之后,文章继续讨论了三个最重要的行动主体——国家、市场和社会——是怎样相互协作,在环境治理上发挥功能的。一方面,政府、市场和公民之间的界限并非总是清晰明确的,它们之间有着诸多相互制约或相互重叠的部分;而另一方面,它们本身又是由更加细小的子团体构成,内部有着冲突和张力。这些问题有待更多理论和经验研究来加以解决。在现有文献当中,三者的关系常常被描述成围绕着一个中心来展开:政府中心、市场中心或社会中心的治理模式。中心属性未必意味着正式的权力结构,也可能意味着非正式的影响和辅助。中国采取典型的以政府为中心的治理模式。其中,围绕政府和政党又分别形成常规治理和运动式治理的双轨模式。常规治理依赖于科层制对于普遍适用的规则的尊重,而运动式治理依赖于动员和号召力。作为治理模式的运动在近年来被不断运用于政策的执行过程中,成为制度化的执行手段。相比于政府,市场作为行动主体的优势之一,在于它可以穿透行政区划的边界,这对处理环境治理的困境来说尤为重要。然而,不加干预的市场也会带来种种问题,如对现实秩序与贫富差距的固化等。因此,大部分时候,仍然需要国家的介入来调整和监督市场行为,确保对公共利益有帮助的治理后果。除了政府,市民社会也可以成为市场行为的监督主体,森林管理委员会就是范例之一。市民社会本身也可以充当城市治理的中心角色。以绿色治理为例,国内外均有大量非政府组织参与其中,文章以绿色账户和全球大会为例,阐述了这一治理模式。然而,市民社会作为治理主体,也存在其限制,这主要体现在两方面。其一,市民社会的参与有可能导致政府对应有责任的推诿。其二,伴随社区认同发生的邻避行为,往往会阻碍具有广泛公众影响和支持的政策倡议。因此,政府、市场和社会等多元主体的参与合作,是治理效果得到保证的组织基础。

可持续发展与社区治理

干一卿 *

一、引　　言

2017 年中,中共中央、国务院发布《关于加强和完善城乡社区治理的意见》,提出社区治理是社会治理的基本单元,并详细列举了具体的提升和完善社区治理的方式,其最终目标是形成中国特色的社区治理体系。该体系的建立,不仅是为提升当下社区治理的效能,更是为社区治理的可持续发展奠基。实现社区治理的可持续发展,不论在微观还是宏观层面,都是一个重要的命题。从微观上,持续、良好的社区治理可以保障社区内个体的发展,免受结构性变化的影响;从宏观上,持续、良好的社区治理可以促进社会治理的平稳发展。因此,本章节将讨论社区治理与其可持续发展之路。

具体而言,笔者将分别梳理社区治理理论与可持续发展思想,并基于此提出实现社区治理的可持续发展的多个要点。通过结合中国城市社区实际情境,本章节将会分别讨论满足上述要点时的难点,并在过往文献与实践经验的基础上,提出可能的解决思路或方向。期望通过上述讨论,为中国城市社区治理问题提供思路,为社区治理文献贡献中国经验。

* 干一卿,复旦大学社会科学高等研究院专职研究员,青年副研究员。

二、什么是社区治理的可持续发展

（一）社区治理的源起与内涵阐释

在讨论社区治理与其可持续发展之前，我们需要先来明确社区的定义。"社区"这一概念最早是在德国社会学家滕尼斯 1887 年《社区与社会》（*Gemeinschaft und Gesellschaft*，又译作《共同体与社会》）一书中被阐释的，学术界后来也多从其定义出发来进行社区研究。他对社区的界定是建立在与社会的区分之上的。他认为，不同于社会基于理性选择将人组成不同的利益团体，社区是基于自然意志的，建立在情感、习惯、地缘、血缘等关系之上的，浑然生长在一起的整体，社区内的个体具有较强的同质性，遵从类似的生产与生活方式。这一定义与涂尔干所说的社会发展早期的"机械结合"类似。

随着工业化和城市化进程的推进，社区是否继续存在引起了学者的广泛讨论。[1]社区孤存论者与社区消亡论者对于社区的存续持有相对悲观的态度。以美国社会学家路易斯·沃思[2]为代表的学者秉持滕尼斯界定的社区概念，认为社区受到了工业社会的强烈冲击。小团体的、紧密连结的社区或是进行"鸵鸟式的躲避"，或是被精细分化的社会结构吞噬而渐入凋敝。个体原子化程度加剧，与社区共同体的关系断裂。而与之相对的，社区继存论者与社区适应论者则保有相对积极的态度，认为社区依然存在。其中，继存论者仍秉持社区的传统定义，认为其依然可以在现代城市中维持并帮助人们抵御现代性风险。[3]社区适应论者则拓宽了社区边界（由小社区到大城市）与社群联结方式的限制（由紧密到松散），认为社区可以以一种新的组织方式适应城市环境的发展。[4]随着通

---

① 吴晓林、覃雯：《走出"滕尼斯迷思"：百年来西方社区概念的建构与理论证成》，载《复旦学报》（社会科学版）2022 年第 1 期，第 134—147 页。

② Louis Wirth, "Urbanism as a Way of Life", *American Journal of Sociology*, Vol.44, no.1 (1938), pp.1—24.

③ 参见赫伯特·J. 加恩（Herbert J. Gan）、欧文·T. 桑德斯（Irwin T.Sanders）等学者关于移民社区、少数族裔社区的研究。

④ Roland Warren, "Toward a Reformulation of Community Theory", *Human Organization*, Vol.15, no.2(1956), pp.8—11.

信技术的发展,社区解放论更进一步跨越了社区的地理限制。①至此,社区概念呈现了多样化的态势。本文选择在邻里社区的概念框架下进行讨论。邻里社区概念接近于滕尼斯所述的基于地缘的社区共同体,但我们并不要求其内部拥有高度同质性与紧密联结。

邻里社区的治理问题和国家治理实践转轨息息相关。20 世纪 70 年代,西方主要发达国家出现了经济滞胀与公共福利支出居高不下的问题,政府与市场这两个选择频频失灵,社区作为"利他主义""社会团结"的代名词,成为解决问题的办法之一。但是,以何种思路建设社区是未解的问题。70 年代石油危机之后占据主流地位的新自由主义(neo-liberalism)强调市场在资源配置中的决定性作用,要求避免一切不必要的政府干预。而与之相对的,80 年代登场的社群主义(communitarianism)反对新自由主义个体主义内核,强调个体与社群的联系,旨在恢复社群价值的重要性,在国家观上推崇"强国家"的模式。在社群主义的左派与新自由主义的右派的融合之下,"第三条道路"在 90 年代逐渐清晰。②作为第三条道路的社会民主主义是上述两个理论流派的折中,主张建立个体、社会和国家之间的责任体系,国家需要积极承担责任而非无限责任。"社区治理"概念正是在这一政治哲学基础上形成的。

第三条道路

图 1　社区治理的政治哲学基础

从全球治理委员会(commission on global governance)1995 年发布的《天涯成比邻》(*Our Global Neighborhood*)中,我们可以看到对于"治理"的清晰定义:治理是各种公共的或私人的个人和机构管理其共同事务的诸多方式的总和,它是使相互冲突的或不同的利益得以调和并且采取联合行动的持续的过程。它既

---

① Barry Wellman, *Networks in the Global Village: Life in Contemporary Communities*, London: Routledge, 2018.

② Anthony Giddens, *The Third Way: The Renewal of Social Democracy*, New Jersey: John Wiley & Sons, 2013.

包括有权迫使人们服从的正式制度和规则,也包括各种人们同意或以为符合其利益的非正式的制度安排。社区治理正是这一"治理"概念在社区领域的实际运用。社区治理有别于政府的由上而下的统治或管理的模式,亦有别于未经调控的市场的自由支配模式。它是各方利益群体(通常包括政府、社区组织、居民、营利及非营利组织)基于公共利益、社区认同和市场原则,进行参与、协调和磋商的完整过程,最终期望达成社区公共事务的良好治理,即善治(good governance)。①社区治理的这一定义是对上文政治哲学基础的印证与延展:印证在于参与主体的多元性,即同时包含了个体、社会、市场以及国家;延展在于建构的是一个动态而非静态的治理体系,协商方式和决策依据重心存在变动的可能。因此,本文将多元性与动态性视为社区治理的第一个重要内核。

在回溯现有社区治理文献后,本文进一步发现,绝大部分现有文献将社区治理局限于社区内部,而对于如何治理社区之间关系这一问题缺乏描述。城市界面由多个社区组成,各个社区是否能够均衡发展,避免贫困问题集中在单一社区并产生继发的负面影响,是社区治理中的重要一环。芝加哥学派早在 20 世纪上半叶就开始关注社区之间发展不平衡的问题,对社区分化可能产生的效应(neighborhood effect)作了系统性的阐述。这一部分研究有助于我们拓展社区治理概念的外延。社区治理不仅仅关乎社区内部,更关乎社区之间的动态发展关系。形成良性互动的社区边界、促使各个社区均衡发展,是社区治理的第二个重要内核。

(二)可持续发展思想在社区治理框架下的延展

可持续发展思想(sustainable development)的含义及其发展脉络已在上文完整阐述,本部分仅简单重申其核心意涵。可持续发展是一种既能满足我们现今的需求,又不损害子孙后代满足自我需求的能力的发展模式。②在提出之初,可持续发展思想的主要应用对象是环境和经济发展之间的矛盾关系。该思想在后续发展中,涵盖了更多社会性问题的解决思路。基于可持续发展的核心意

---

① 陈广胜:《走向善治》,杭州:浙江大学出版社 2007 年版,第 102 页。

② World Commission on Environment and Development, *Our Common Future*, https://archive.org/details/ourcommonfuture00worl/page/n3/mode/2up,访问日期:2023 年 1 月 26 日。

涵、社区治理的两个主要内核,可持续发展思想在社区治理框架下的延展可以呈现为三个要素:

其一,社区治理的可持续发展是为了寻求一种可随着环境条件的变化进行自我调适的社区治理结构。社区治理的静态目标是善治,而社区治理的可持续发展目标则更多体现在该治理结构是否既能够成功应对当下的问题,也能够处理未来多样的、变化的、复杂的内外部情境。在这一点上,社区治理的动态性内核和可持续发展思想达成了一致。我们需要致力于发展一种自我调试力强的社区治理的动态结构,既能满足当下,又不阻碍未来的变革与发展。中国社会自 20 世纪 80 年代起的结构调整为寻求这样一种社区治理结构提供了机遇,我们可以从中国社区治理框架的变迁中总结相关经验。

其二,社区治理的可持续发展维护个体与社区空间、社区群体之间关系的可持续性。[①]个体稳定地居住在社区空间,与社区群体形成长期、良好的社会交往和交换,是个体参与社区治理的必要前提,也是推动社区治理参与者多元化的重要前提之一。因此,维持个体与社区空间、社区群体的关系显得尤为重要。前者体现在个体的空间稳定性,即长时间、稳定地居住在该社区中,后者体现在个体与社区群体形成良好互动,避免"个体脱嵌"情况的发生。在部分中国城市社区中,特别是大型城市的社区中,人口流动性较高、生活方式个体化趋势(individualism)明显,这对上述可持续关系的维持形成挑战。

其三,社区治理的可持续发展需要着眼于社区之间的均衡发展,避免不均衡发展引发的负面外部效应,维护社区共同的良好发展趋势。过往的研究表明,社区在市场化原则下易产生分异,进而影响低质量社区中个体的发展机遇、社会心态。维持社区之间发展的动态平衡,也即保护了个体发展的公平性。这与可持续发展思想"既关注代际公平又关注代内公平"[②]的面向相一致,也与中国将"协调"作为可持续发展的内在要求相一致。

本文将基于上述三个要点分析中国社区治理在可持续发展过程中遇到的

---

① 吴军、营立成、王雪梅:《大都市社会治理创新:组织、社区与城市更新》,北京:人民出版社 2022 年版。

② World Commission on Environment and Development, *Our Common Future*, https://archive.org/details/ourcommonfuture00worl/page/n3/mode/2up,访问日期:2023 年 1 月 26 日。

问题,并总结或尝试提出可能的解决策略。由于中国城市社区与农村社区的发展历史、现实条件、急需治理的问题和可持续发展策略均有明显的差异性,为有的放矢,本文仅讨论中国城市社区。

三、中国城市社区的发展历程回顾

中国城市社区在社会转型的过程中经历了巨大的变动。了解中国城市社区及其治理模式的发展历程,是讨论社区治理及其可持续发展的第一步。本部分内容包括从单位制改制为社区制的转型过程,以及目前中国城市社区的治理模式及类别划分。

(一) 从"单位人"到"社区人"

20 世纪 80 年代前,我国采用"总体性"的社会管理模式[1],国家对于资源进行全面的配置,对经济进行全面的干预。城镇地区的"单位型"组织是这一社会管理模式之下的产物,与之相对应的是农村地区的"人民公社"组织。单位型组织包括国家行政机关、学校、社会团体及公有制企业等。城镇居民在单位组织内部接受政治化管理,进行劳动分工,获得社会保障,对于单位组织的依附程度极高。然而,这种"总体性"的社会管理模式在市场化改革之后难以适应新的需要。国有企业转换经营机制、强调效率优先,政府机构转变职能、减弱直接干预,在此过程中剥离出来的社会服务职能,包括住房、教育、医疗、养老等,急需相应的组织来承接。这一组织需要独立于企业和政府之外,致力于建立新的社会保障体系和社会服务网络。城市社区由此成为发展目标。

20 世纪 80 年代末,中国城市社区的发展开始了。1986 年,民政部首次把"社区"概念引入城市基层管理工作之中,提出了"社区服务"的口号。在政府逐步减少干预的过程中,居民可以通过自助、互助和他助,发展社区服务,增加居民社区归属感和认同感,逐步实现社区自治。由此,社区服务工作在全国范围

---

① 李强、葛天任:《社区的碎片化——Y 市社区建设与城市社会治理的实证研究》,载《学术界》2013 年第 12 期,第 40—50、306 页。

内逐步展开。1989 年 12 月,全国人民代表大会通过了《中华人民共和国城市居民委员会组织法》,进一步明确居委会的组织性质及其"提供社会服务"的工作目标。这一阶段的社区发展主要是为了应对城市单位制解体之后,社会服务主体缺位引起的社会服务严重不足的问题。

从 20 世纪 90 年代到 21 世纪初,民政部将社区发展的重心从"服务"转向"建设",展开了"社区建设"的新蓝图,社区工作开始突破公共服务的范畴。2000 年,民政部发布《关于在全国推进城市社区建设的意见》,提出要创新社区管理体制、构建新的社区组织体系。这一阶段的"社区建设"要求是和初步确立的社会主义市场经济相匹配的。单位制衰落之后,个体固定地从属于当地社会组织的管理体系被打破,大量农村劳动力涌入城市,城市人口流动率提高;与此同时,城市化进程也在加快,城市外沿不断外扩,吸纳了更多的土地与人口。在这一新形势下,城市社区积极寻求一种新的、有效的管理体系,也依据新的服务对象优化公共服务。

而从"服务、管理"到"治理"的官方话语转折发生在 2017 年。该年 6 月,中共中央、国务院发布《关于加强和完善城乡社区治理的意见》,提出城乡社区治理体系的建设目标。在强调党组织的核心领导、基层政府的主导作用之外,《意见》突出了基层群众性自治组织(此处指居民委员会)的基础作用和更广泛社会力量的协同作用,更强调了居民个体的参与。这一目标是基于"治理"定义的,突出了多方合作、协调共商的精神。在下文的社区治理模式分类与演变中,我们可以看到"社区治理"的实践似乎比官方话语转折到来得更早一些。

上述四个阶段的社区发展历程意味着城市中的个体从"单位人"到"社区人"的转变。但这一转变是否已经全部完成,仍待观察。下文将详述这一问题。

(二)探索中的中国城市社区治理模式

在讨论中国社区治理模式之前,我们需要先明确与社区相关的各个组织的行政定义,不同的治理模式的实质是不同的组织关联方式。

我们有切身感受的是城市的住宅社区,因其有明确的业权属性,通常排斥外界,也被称为"封闭式住宅小区"(gated community)。社区是由一个或者多个此类住宅小区及其周边的社会组织合并而来。社区的范围可由上级政府灵活划定,可以覆盖 1 000 户以下,亦可以覆盖 2 000 户甚至更多,合并、拆分或新建社区是较为常见的行政操作。居民委员会(居委会)是本社区居民自我管理、自我教育、自我服务的基层群众性自治组织,同时需要协助上级政府(区政府/不设区的市政府)或其派出机关(街道)开展工作。基于 1954 年出台的《城市街道办事处组织条例》,且借鉴强调街道在社区治理中重要地位的上海模式,街居制在中国城市社区的治理模式中得到普及。

在住宅小区内部另有两个组织,它们也是社区治理不可忽视的组成部分。其一,业主委员会,这是业主大会的执行机构,代表和维护小区内全体业主在物业管理活动中的合法权益,属于财产型民主自治组织;其二,物业管理公司,受业委会委托或由开发商指定,对特定区域内的物业实行专业化管理并获得相应报酬,在社区治理中代表市场一方的力量。此外,跨越小区边界的,营利或非营利的服务型社会组织也是社区治理的参与力量之一。

在此基础上,我们对中国城市社区的治理模式进行划分与讨论,并从中辨析其发展方向。从推动社区建设开始,中国城市社区已经从不同角度做了多番治理尝试。

最先行,也是最具有代表性的是上海模式、沈阳模式与江汉模式。①三者间的不同在于如何定义社区与街道之间的关系。上海模式是典型的街居制,社区接受街道的领导,行政力量向下延伸性较强。沈阳模式则与之相反,强调社区自治能力的培育。社区内部形成条理清晰、权责分明的组织架构。然而,这两种模式都存在问题。前者在实质上属于"管理"而"治理"精神不足;后者由于缺少行政力量的支持,其持续性受到挑战。江汉模式则是将上述两者结合在一起,在沈阳模式的框架结构上,将社区与街道的上下级关系弱化处理。由此产生了一个新问题,也即居委会的职责矛盾问题,居委会既要作为居民的代理人,又要作为政府的执行者,双重职责存在冲突的可能性。为解决这一职能冲突,深圳开创性地设立了社区工作站,形成深圳模式。根据"议行分设"原则,社区工作站完成"行"的部分,即承担原属于居委会的行政工作,从而将居委会从繁

---

① 本文所述的各类模式并非一成不变的,它们也在向更新的模式汲取治理灵感和优化策略,或者说,各地的模式也存在逐步趋同的倾向。表格中的分类因此仅依据其初创时期的特色。

重的任务委派中"解放"出来,专注于"议"的职能。然而,由于社区工作站从属于街道,有研究认为这一设置其实进一步加强了行政力量的向下延伸性。①

表 1　中国城市社区治理模式的类别划分

模式类别	代表案例	创立时间	案例描述	特征/问题
政府主导模式 I	上海	1998 年	街道作为政府的派出机关,成为社区治理的行政中心;通过"两级政府,三级管理,四级网络"实现行政事务的向下延伸	多"管理"而少"自治"
社区自治模式	沈阳	1998 年	建立居民自治组织,促使社区与国家的分离;组织设置借鉴国家层面的组织结构,包括社区党组织(领导)、社区成员代表大会(议事)、社区居民委员会(执行)、社区协商议事委员会(监督)	缺乏行政力量,持续性存疑
	深圳	2002 年	为克服居委会的功能冲突而创设的新体制*,建立独立的社区工作站,使公共服务职能归工作站,居民自治职能归居委会,也即"议行分设"	社区工作站指挥权在街道,存在行政力量下移的问题
多方合作型模式	江汉	2000 年	将政府主导与社会自治结合在一起,将街道与居民委员会之间的关系明确界定为指导与协助、服务与监督的关系;其社区组织结构与沈阳模式类似	居委会仍面临功能冲突
政府主导模式 II:党领导下的多方合作模式	北京	2005 年	提出"四轮驱动、一辕协调":有效发挥党组织协调功能的同时,令居民委员会、业主委员会、社区服务类组织、物业管理公司发挥作用	在突出党组织的协调功能的同时,强调多方主体在社区事务上的合作
	桃源居	2008 年	建立社区党委,突出党的协调功能;强调通过基金会(企业)推动社区公益组织的培育	
	杭州	2008 年	提出"三位一体":社区党组织领导,社区居委会和社区服务站有效衔接	

---

① 李骏:《真实社区生活中的国家-社会关系特征——实践社会学的一项个案考察》,载《上海行政学院学报》2006 年第 3 期,第 76—86 页。

（续表）

模式类别	代表案例	创立时间	案例描述	特征/问题
政府主导模式 III：精准治理模式	北京东城区	2005 年	使用数字城市技术将社区进一步细分成网格，并提供监管与服务，解决超大城市社区中人口基数庞大、流动率过高的问题	用更精细的组织划分强调管理与服务职能，"自治"不足
	舟山	2008 年	推行"一网格+一党小组长+一网格格长+一服务团队"模式	
政府主导模式 IV：精简增效模式	铜陵	2010 年	实行"区直管社区"综合体制改革，减少管理层级，提高效率	减少治理成本，但仅适用于小城市，且存在社区政府化的风险
专家参与模式	新清河实验	2014 年	专家学者引导下的社区治理模式	通过"社会再组织实验"和"社区提升实验"促进社区参与、社区决策力，但其持续性存疑

* 亦有研究将其归纳为"专干模式"。但本文认为，"议行分设"的初始目标在于释放居民委员会的自治功能，因此将其归类为"社会自治模式"。

继上述几个基础类型的社区治理模式之后，中国城市社区治理的实践继续演进。早在 1996 年，中组部已经发现在基层社区的组建和日常活动中，党组织的作用没有完全发挥。2004 年，中共中央办公厅发布 25 号文件《中共中央组织部关于进一步加强和改进街道社区党的建设工作的意见》，明确社区党组织的领导地位。继 2002 年的深圳模式之后，中国城市社区治理模式便是在突出党组织地位的前提下进行发展的，这被认为是国家力量的再次强化。根据 2023 年《中国共产党党内统计公报》，全国 116 831 个社区已建立了党组织，覆盖率超过99.9%。①

---

① 《中国共产党党内统计公报》，中共中央组织部网站：https://www.ccps.gov.cn/xtt/202306/t20230630_158463.shtml，访问时间：2024 年 1 月 6 日。

因此,本文将后续的各类模式均视作党与政府主导模式的形变,只是各地的形变方式略有不同。北京、杭州模式强调党组织下的多方合作,包括居委会、业委会、物业,以及各类社会服务组织;桃源居模式在多方合作基础上突出了市场的作用。数字化时代来临后,以北京东城区、舟山模式为代表的精准化治理一度成为主流,精准切割的网格内"五脏俱全",党小组的领导也不曾缺位。网格化管理模式也在新冠疫情时期成为民众抵御风险的重要制度保障。亦有社区(例如铜陵模式)尝试简化管理层级,选择由区直管社区,但这也被认为是政府管理的进一步加强。与上述模式不同的是新清河实验,这一实验走出了专家参与社区治理的新路子。但是,专家引导是否能够代表社区居民的真实意愿,以及在脱离专家引导后各方是否能够自主运作,使已有治理模式得以维持,仍属未知。

四、社区内部治理的双重难题

(一)组织视角:权变型的合作主义

在已知现有社区治理模式的基础之上,我们来探讨如何实现社区治理可持续发展的第一要点:可自我调适的社区治理结构。从上述发展脉络来看,我国的社区治理模式一直都处在有方向的演进之中,本文将此方向归纳为:在党政力量的不断加强之下的多元主体的参与。

强有力的党政力量为社区治理提供了明晰的方向。例如,为应对市场化改革后社区层面的"真空状态",上海模式开创了街道管辖社区的模式,及时提供了必要的社区服务;在城乡关系松绑、人口大规模流动之际,行政力量保证了社区管理的有效性;党在社区事务的领导地位确立后,精准化、有领导的网格管理进一步加强了基层管理;在突如其来的疫情面前,上述力量提供了重要且急需的生活保障。"强政府"也在强调其主导地位的基础之上,积极促进多元主体参与社区治理,力求统筹各方,达到善治。

然而,与强党政力量伴随的困境也逐步凸显。"强政府"对于多元主体参与的鼓励,似乎始终局限于政策的初始目的,并不能够达成实际效果。多元主体更多地是跟随党政"指挥棒",扮演参与的角色,缺乏主观能动性。这可能导致,在应对复杂、多变的情况时,社区治理结构的自我调试过多依赖党政领导,而难以从多元主体中汲取调试思路。为什么在有政府推动、鼓励的情况下,多元主体依然在参与社区治理中存在困难?本文尝试分析这一问题。

政府对于多元主体的鼓励是建立在"明确权责"的基础之上的,而这一做法,可能导致有偏差的结果。我们先以"明确权责"的早期尝试为例。早在 2000 年初开创的深圳模式之中,社区工作站已经被单列出来,旨在将社区的自治功能和承接街道社区的行政职能解绑,释放居民自治的力量。但这一制度设计产生的效应是,社区自治并没有实现蓬勃发展,社区工作站却因隶属于街道,成了社区事务中再次强化行政力量的平台。①"明确权责"在这一尝试中,不仅没有促成社区自治,而且在一定程度上成了管制手段。在党组织在社区事务的领导地位确立后,"明确权责"主要体现在明确党组织和政府的领导地位以及各方力量的配合性位置。例如,中共中央国务院于 2017 年发布关于加强和完善城乡社区治理的意见,进一步明确党组织和政府治理的主导地位。虽然此时同样明确了政府统筹多元主体参与的重要性,但这一次,政策目的和实际效果出现了差异。

过往研究认为,权变型合作主义是多元治理力量得以释放的必要条件。②已有的相关研究都在尝试寻找一种使"社区共治"能够有效运转的机制。"社区共治"过程中产生的协调与治理机制具有不确定性,或曰动态性。也就是,其秩序的生成并不依赖于既定的组织框架,而是通过策略性的交互创造新的权力资源。在交互过程中,各方遵从的原则在不同程度上得到满足,并且在多次交互中,各方的满足程度达到动态的平衡。因此,每一次生成的秩序都可能是异质的。具体而言,基层政权、社区自治组织、营利及非营利团体、居民个人之间,"根据具体情境的不同而缔结的不同形式的、不同程度的非制度化的合

---

① 李骏:《真实社区生活中的国家-社会关系特征——实践社会学的一项个案考察》,载《上海行政学院学报》2006 年第 3 期,第 76—86 页;姚华、王亚南:《社区自治:自主性空间的缺失与居民参与的困境——以上海市 J 居委会"议行分设"的实践过程为个案》,载《社会科学战线》2010 年第 8 期,第 187—193 页。

② 何艳玲:《"社区"在哪里:城市社区建设走向的规范分析》,载《华中师范大学学报》(人文社会科学版)2007 年第 5 期,第 23—30 页;李友梅:《社区治理:公民社会的微观基础》,载《社会》2007 年第 2 期,第 159—169、207 页。

作关系"①就是权变型合作主义在社区治理中的核心呈现方式。

如上文所言,社区治理的可持续发展在于其治理结构具有动态性,能够应对复杂多变的内外部情境。权变型合作主义在应对情境多变性时,有下述两个优势。其一,能够使参与治理的各方,通过互动协商,在不同情境下产出不同的合作治理方案,这些方案是具有针对性的且弹性可变的;其二,在多次、相异的互动协商中,多方主体可习得不同的合作经验,产生内生性力量,以便更好地应对未来可能出现的各种问题。

诚然,权变型合作主义在我国背景下存在着发展瓶颈。我国的社区治理架构对基层政权与其他各方的关系已被明确界定,即领导与被领导的关系、主导与配合的关系。尽管多元主体内部存在关系的模糊性,提供了权变型合作主义的发展环境,但政府与各方的明确关系,很大程度上使得缔结非制度化的合作关系失去弹性。部分具有前瞻性的研究已提出培育权变型合作主义的具体方式。②它们认为党组织和政府对于多元主体的领导方式,可以从"明确权责"、分

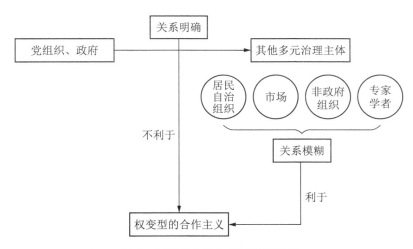

图2　权变型合作主义的发展现状

① 何艳玲:《"社区"在哪里:城市社区建设走向的规范分析》,载《华中师范大学学报》(人文社会科学版)2007年第5期,第23—30页。

② 李友梅:《中国社会治理的新内涵与新作为》,载《社会学研究》2017年第6期,第27—34、242页;李友梅:《社区治理:公民社会的微观基础》,载《社会》2007年第2期,第159—169、207页。

配责任,逐步转成以协调工作为主,以促进各方力量自行解决问题、进行公共事务合作为重,令多元主体能够真正具备内生性力量,也真正参与到社区治理及其可持续发展的任务中来。

(二) 个体视角:中国特色的参与模式

社区治理的最终主体是居住在该社区中的居民,他们是居民委员会的建构主体,也是社区公共事务的主要持份者(stakeholder)和治理效果的最终判定者。社区治理的可持续发展也需要建立在居民个体与社区的长期、稳定的联系之上,这是上文所述的第二个要点。然而,过往研究几乎一致地提到中国城市社区治理中,居民参与普遍存在积极性不足、程度不够的问题。①

匮乏的居民参与对于社区治理可持续发展的阻碍可以从以下两个角度理解。第一个角度是个体嵌入。已有研究指出,居民个体对于社区空间或社区群体的情感联结是其参与公共事务的基础。②建构长期、稳固的个体-空间-群体关系是社区治理能够得到长期发展的基础。然而,此类关系的缺乏往往是现代城市社区面临的普遍问题。快速的城市化过程促进了人员流动,削减了个体处于某一空间的持续性,容易使得个体脱嵌于社区群体。现代化过程中,个体主义及其衍生的生活方式的兴起,可能进一步加强了个体脱嵌的程度。第二个角度是社会资本的产生与循环。居民参与正式的(居民委员会)或非正式的社区组织(各类居民小组和非营利组织),是提高居民之间的信任程度、培育出社区层面的互利互惠的道德规范、提高集体行动效能的良好机会。文献中通常将其称为社区社会资本的培育过程。③持续的、良好的居民参与可以促进社区社会资本的不断累加,而社区社会资本也将进一步支持居民参与。若无法进入社区社会资本的良性循环,社区治理将难以着手,也将难以持续。

依据罗伯特·帕特南(Robert Putnam)的《使民主运转起来》一书,促进居民

---

① 杨敏:《作为国家治理单元的社区——对城市社区建设运动过程中居民社区参与和社区认知的个案研究》,载《社会学研究》2007 年第 4 期,第 137—164、245 页。

② 颜玉凡、叶南客:《认同与参与——城市居民的社区公共文化生活逻辑研究》,载《社会学研究》2019 年第 2 期,第 147—170、245 页。

③ 桂勇、黄荣贵:《社区社会资本测量:一项基于经验数据的研究》,载《社会学研究》2008 年第 3 期,第 122—142、244—245 页。

参与的"法门"在于建立横向的、而非纵向的社会网络。该书认为,横向社会网络的发展是建立在自发的、团结的公民精神之上的,横向网络越密集,公民为公众事务的合作就越有可能产生;而纵向社会网络对于个体嵌入社区的助益微薄,也无法维系社会信任与合作。

然而,上述参与法则是建立在西方体系之上的,是否适用于中国城市情境仍需结合实际情况仔细衡量。在计划经济时期,中国民众熟悉且依赖的群众动员路径是纵向的。①单位制社区"自上而下、全包全揽"的模式,似乎也让城市居民对于建立横向的社区社会网络失去了兴趣。这类动员方式一直延续到了当下的社区治理方式之中,演化成一种以纵向为主、横向为辅的动员方式,即通常由居委会依据街道指令明确任务,将具体操作方式与社区积极分子进行沟通、细化,最后由社区积极分子动员周边的普通居民。社区网格化及党小组模式正是这一动员方式的体现。在抗击新冠疫情的特殊时期,基于社交软件建立的社区横向网络,呈现了更高的成员完整性和沟通频繁性。但其在疫情后能否继续发挥横向网络的作用,尚未见分晓。

然而,上述以纵向为主、横向为辅的动员方式在具有某些特征的城市社区实践时,其效用存在折损的可能,此类特征包括较强的社区内部异质性和较大的居民流动性。较高的社区内部异质性,如业主和租户比例接近、拆迁户和商品房业主混住,会使居民群体内部存在明显边界,建构完整的横向网络较为困难。②较高的居民流动性,代表着社区人口流动体量大。这不仅使纵向管理难度较大,也降低了横向网络的稳定性。因此,在具有这两类特征的社区中,居民参与显得更为困难。通常,此类社区集中在城市边缘,因城市化过程被纳入城市地块,住房类型混杂;也因为其较低的房价和租金,聚集了较高比例的非本地户籍的劳动力人口。我们急需针对这类社区探索一种适合的鼓励居民参与社区公共事务的方式。可尝试探索的思路有二,一是寻找居民的共同利益点、淡化社区内部群体边界;二是提速社区社会资本的建构过程,以对抗人口流动速度。

---

① 阿兰纳·伯兰德、朱健刚:《公众参与与社区公共空间的生产——对绿色社区建设的个案研究》,载《社会学研究》2007年第4期,第118—136、244—245页。
② 李骏:《住房产权与政治参与:中国城市的基层社区民主》,载《社会学研究》2009年第5期,第57—82、243—244页。

五、社区分异与非均衡发展

（一）城市社区的分异如何产生

过往研究形象地将上文所述的两个特征（强异质性与流动性）总结为中国城市社区的"碎片化"①。然而，这一碎片化过程并不止于社区内部，社区之间的割裂也在中国城市中悄然上演。社区之间不平衡的发展态势，对满足社区治理可持续发展的第三个要点构成了挑战。

西方文献在社区外部碎片化问题上有丰厚的积累，它们通常称这一问题为空间分异（spatial stratification）或是居住隔离（residential segregation）。20 世纪二三十年代兴起的芝加哥学派建构了人类生态学（human ecology）。②这一理论学说认为人类群体类似于自然种群，依据"接触、竞争、冲突、共生、继替、同化"等一系列生态系统的规律，占据群体所属的生态位（niche），最后呈现出某种稳定的区位分布状态，也就是城市中的空间分布。从韦伯思想中发育而来的制度学派，则对于这种以自由竞争为主的区位占有做出了重要补充。③他们认为，与生物种群不同，人类社会城区空间的分异主要是各类制度性因素作用的结果，如种族群体保护机制、城市资源分配系统的运行规则或重要个体的运作，等等。相对地，尽管人类生态学也认为城市的居住空间形态是生态、经济和文化三个层面因素相互作用的"聚合体"，但其始终对于生态性的探索抱有最大的热忱。

空间分异和居住隔离问题不仅仅是西方城市现象，在中国城市中同样存在。20 世纪 90 年代住房改革兴起之后，城市中原有的相对平均的住房分配格局被打破。通过价格筛选，城市居民被有规则地分布在了不同的社区空间之

---

① 李强、葛天任：《社区的碎片化——Y 市社区建设与城市社会治理的实证研究》，载《学术界》2013 年第 12 期，第 40—50、306 页。

② Park E. Robert, "The City: Suggestions for the Investigation of Human Behavior in the City Environment", *American Journal of Sociology*, Vol.20, no.5(1915), pp.577—612; Amos H. Hawley, *Human Ecology: A Theoretical Essay*, Chicago: University of Chicago Press, 1986.

③ Moore Robert, "Forty-four Years of Debate: The Impact of Race, Community and Conflict", *Sociological Research Online*, Vol.16, no.3(2011), pp.194—201; Ray E. Pahl, "Urban Social Theory and Research", *Environment and Planning A*, Vol.1, no.2(1969), pp.143—153.

中,社区与社区之间的界限不容易被跨越。在户籍制度松动后,流动人口开始大规模进入城市社区,又催生了城市空间分布的新的特征。就此,现有研究对于中国城市的空间分异做了两个维度的分析。其一,分析居住空间的阶层化程度。大量数据分析已经表明中国城市中个体客观的阶层地位和其居住空间层级的一致性。①具体而言,更高阶层的人通常居住于更高质量的社区类型、更高价位的社区之中。这一趋势和住房市场化改革的预期后果是相符合的。其二,分析流动人口的居住空间分布情况。这是一种不同于阶层的分异标准,可以从侧面显示某种特殊的群体边界,例如在西方社会,此类标准通常包括种族身份(racial and ethnic identity)、移民身份(immigrant status)等。既有研究探索了中国特大城市上海的外来人口的居住分布模式②,发现围绕近郊其呈现一种环形的分布态势,同一来源地的外来人口呈现小规模集中化居住的趋势,与本地人口之间的居住边界较为明晰。结合上述理论背景,我们可以看到,在中国城市中,第一维度的居住空间分异是市场化的、由自由竞争主导的,而第二维度的居住空间分异主要是户籍制度及其各类衍生的制度和文化的后果。

(二) 社区分异与社区治理的可持续发展

接下来将阐释为什么社区分异可能会阻碍社区治理的可持续发展。阐释将从两个方面展开,其一为社区效应视角,另一为空间溢出效应视角。

社区是创造个体生活机会的直接环境,生活机会包括教育资源、医疗资源、社会关系网络、结婚对象储蓄池(marriageable pool)等各类资源。社区分异,也就是各类资源在社区之间的不均等分配,会导致个体生活机会分配的不均等,进而影响个体的长远发展。这一效应在学术研究中被通称为"社区效应"(neighborhood effect)。1987年,美国社会学家威廉·威尔逊撰写了《真正的穷

① 刘精明、李路路:《阶层化:居住空间、生活方式、社会交往与阶层认同——我国城镇社会阶层化问题的实证研究》,载《社会学研究》2005年第3期,第52—81、243页;Wu Qiyan et al., "Socio-spatial Differentiation and Residential Segregation in the Chinese City Based on the 2000 Community-level Census Data: A Case Study of the Inner City of Nanjing", *Cities*, Vol.39(2014), pp.109—119.

② 孙秀林、顾艳霞:《中国大都市外来人口的居住隔离分析:以上海为例》,载《东南大学学报》(哲学社会科学版)2017年第4期,第120—129、148页。

人》(*The Truly Disadvantaged*)一书,生动描述了低质量社区(或称"贫民窟")是如何影响个体发展的,并基于此提出了"社区效应"这一概念。该领域的学者进一步挖掘了社区效应产生的具体机制①,其中包括社会网络与资本、集体效能(collective efficiency),组织机构资源(institutional resources),同辈效应(peer effect)等。过往研究已证明了社区效应在中国城市社区中的存在。例如,有学者分析了中国城市社区的社会经济特征与儿童学业成绩的相关关系。②她发现社区的社会经济条件越好,居住其中的儿童的语言成绩与数学成绩就越高,并且这一正向相关性可以通过社区教育机构和集体社会化来解释。社区效应不只影响教育、就业等客观指标,也同样影响社会态度与认知。刘精明与李路路认为社区分异是与居民阶层身份认同直接挂钩的。③阶层类似的群体集中居住在一些居住质量、生活方式十分类似的社区之中,且其与不同阶层群体所在的社区联系松散,甚至有明确的边界。住在这样同质性、封闭性较强的社区中,人们逐渐养成大致相似的地位认同,并且从更广泛意义上产生了阶层身份认同。因此,按照阶层形成的社区分异不仅是社会阶层在空间上的体现,更是导致社会阶层化、社会封闭趋势显性化的重要机制之一。社区治理的目的是达成社区公共事务的善治,个体获得良好发展也囊括其中。当个体不能够在低质量社区中获得充分的发展机会,社区治理的成功也就无从谈起。当不同个体在不同社区中存在显著、难以弥合的发展机会差异时,可持续发展思想中的"代际、代内公平性"特征也就失去了保证。

我们也可以从空间溢出效应角度解释这一阻碍。空间溢出效应是指,低质量社区不仅会对内部个体的发展造成阻碍,更可能对临近空间的社区造成各个方面的损害。一方面,通过社会网络与社会互动,低质量社区内部消极的社会态度(如低社会信任、松散的社会规范)可能会传播至临近社区,对其产生负面

① Robert J. Sampson, Jeffrey D. Morenoff and Thomas Gannon-Rowley, "Assessing 'Neighborhood Effects': Social Processes and New Directions in Research", *Annual Review of Sociology*, Vol.28, no.1(2002), pp.443—478.

② Lei Lei, "The Effect of Neighborhood Context on Children's Academic Achievement in China: Exploring Mediating Mechanisms", *Social Science Research*, Vol.72(2018), pp.240—257.

③ 刘精明、李路路:《阶层化:居住空间、生活方式、社会交往与阶层认同——我国城镇社会阶层化问题的实证研究》,载《社会学研究》2005年第3期,第52—81、243页。

影响。另一方面,空间溢出效应还有可能通过房地产市场产生。低质量社区中较差的教育资源、基础设施,甚至较高的犯罪率等,会对临近社区的房地产价值和投资模式产生负面的效应。[1]因此,社区分异带来的不均衡发展可能会造成社区之间的发展"内耗",降低发展速度、影响发展质量,最终不利于社区的可持续发展。

(三)如何促进社区之间的均衡发展

彻底解决社区分异问题,或者说实现社区之间完全平等的发展关系,是不现实的。但我们可以从以下两个方面着手,为缓解居住空间分异及其产生的负面影响做出努力。方向一是促进社区之间人的流动,方向二是促进社区之间资源的流动。

促进人在社区之间有方向的流动,可以调节社区人员构成,提高中等收入群体的比例,避免低收入群体集中居住,改善社区社会经济结构,促使社区环境产生正向效应。其中,最为典型的案例是美国政府在 20 世纪 90 年代开始实施的各类居住改善项目。本文仅以 MTO(Moving to Opportunities)项目和 Hope VI(Homeownership and Opportunity for People Everywhere)项目为例进行说明。MTO 项目是为了推动"人的走出去",它给低收入家庭派发房屋购买券,推动这些家庭搬离低质量社区,搬入较高质量的社区,以期从更好的社区环境中获益;Hope VI 项目则着重"人的引进来",它通过重建房屋、提供良好的公共服务,重新活化已经败落的社区,将中层甚至更高社会阶层的群体引入此类社区,以改善原有的社群结构。前一种方式是否真的能够令低收入群体获益仍处争议之中。部分研究验证了社区效应的存在[2],认为搬入好的社区有利于个人发展,但也有相当一部分研究认为这一因果关系难以验证[3]。由于其效果的模糊性,又

---

① Cho S., Kim J., Roberts R. K. and Kim S. G, "Neighborhood Spillover Effects Between Rezoning and Housing Price", *The Annals of Regional Science*, Vol.48(2012), pp.301—319.

② Raj Chetty, Nathaniel Hendren and Lawrence F. Katz, "The Effects of Exposure to Better Neighborhoods on Children: New Evidence from the Moving to Opportunity Experiment", *American Economic Review*, Vol.106, no.4(2016), pp.855—902; Leventhal Tama and Jeanne Brooks-Gunn, "Moving to Opportunity: An Experimental Study of Neighborhood Effects on Mental Health", *American Journal of Public Health*, Vol.93, no.9(2003), pp.1576—1582.

③ Lisa Sanbonmatsu et al., "Neighborhoods and Academic Achievement: Results from the Moving to Opportunity Experiment", *Journal of Human Resources*, Vol.41, no.4(2006), pp.649—691.

加之此类项目需要大量的行政、财政力量支持，是否能够适用于中国城市社区中仍属未知。相比前者，后者是中国城市过往几十年中最普遍使用的优化低质量社区的方式。为配合政府解决城市中心老化问题、迎合快速崛起的"新中产"的生活方式，房地产开发商利用城市中心与外围的地租缺口，进行大规模的"拆旧-建新"。中国的"拆旧-建新"通常要比西方国家的规模更大，因此可能带来的风险也就更突出。过往文献将此类过程称为"士绅化"（gentrification），并已提出了可能存在的风险。①无自有住房的低收入原居民会因无法负担上涨的房租而被迫迁居别处，即"失所"（displacement）；有自有住房的低收入原居民虽可获得财产价值的增值，但仍可能面临经济、文化层面的"失所"，如无法负担当地社区生活服务、商业服务等价格的上涨，难以适应社区阶层结构转变带来的新的生活消费习惯。在中国情境中，即使有自有住房的低收入原居民也很有可能被迫迁出，因为在多数情况下，其仅获得地面建筑物的价值补偿，而几乎无法再承担原社区的居住成本。②士绅化的负面效应也成为政府近年推动老旧小区改造（"旧改"）而暂缓"大拆大建"的动力之一。值得注意的是，"旧改"政策是以改善现有生活居住条件为目的的，而非改变社群结构。

　　"人的走出去与引进来"的共同目标是不同阶层群体的混居，但似乎在以上的尝试中都难以实现。因此，过往研究者也尝试分析是否可以令资源在各个社区之间流动，以此推动社区之间的均衡发展。例如陈捷和卢春龙通过分析中国三个城市144个社区样本数据发现，社区中"共通性的社会资本"，即包容性的社会信任与开放型的社会网络，可以对社区治理的效果产生显著的正向推动作用，社区应答的及时度和治理效果都得到明显提升；与之相反的"特定性的社会资本"，即局限性的人际信任与封闭性的社会网络，则会阻碍社区治理。③这一发现对于社区治理的可持续发展有着重要的意义。我们应当推动社区中、社区之间共通性社会资本的建立与发展。具体而言，要鼓励具有不同社会经济背景的

---

① Lees Loretta, Hyun Bang Shin and Ernesto López Morales, *Global Gentrifications*: *Uneven Development and Displacement*, Bristol: Policy Press, 2015.

② 宋伟轩、刘春卉、汪毅、袁亚琦：《基于"租差"理论的城市居住空间中产阶层化研究——以南京内城为例》，载《地理学报》2017年第12期，第2115—2130页。

③ 陈捷、卢春龙：《共通性社会资本与特定性社会资本——社会资本与中国的城市基层治理》，载《社会学研究》2009年第6期，第89—90页。

居民进入同一网络之中,尽量减少排他性,在共同网络的基础之上,推动"无区别的"社会信任和互惠互利的道德规范的形成,促进社区资源的流通,协助低质量社区发展。已有的研究发现设立了具体目标,实际操作中的问题与解法仍有待后续研究拓展。

六、结语:如何令中国城市社区治理实现可持续发展

本文在梳理社区治理理论与可持续发展思想的基础上,提出了社区治理的可持续发展的三个核心要点,分别是:能够应对变化的、动态的治理结构,个体与社区长期深度的嵌入关系,社区之间均衡协调的发展态势。结合中国城市社区情境,剖析达成这三个核心要点的困难,并提出可能的解决办法,简单总结如下:对于动态的治理结构的建构问题,我们需要在坚持党政领导的前提下,统筹多元主体学习权变型合作方式,改变"配合与应答"为主的参与模式;对于个体-社区的长期嵌入关系,找到社区共同利益清晰化的路径、找到中国特色的社区群众动员模式,是重要的突破口;对于社区之间的均衡发展,分析了"人与资源的流动"这两种概念化的方式,实际操作仍待后续探讨。从对于三个核心要点的分析,可以清晰地看到中国城市社区的特殊性。因经历过单位制到市场化的过渡,中国城市社区既存在对于政治体制的依赖,又存在市场化导致的阶层区隔的特征。又因工业化与城市化并进,中国城市社区内部群体边界多,人员流动性大,利益结构碎片化严重。这些特征是西方城市社区所缺少的,也是不能够直接套用西方社区治理理念的原因。我们急需建设属于中国城市社区治理的理论框架,探讨中国城市社区可持续发展之路,这是属于我们这一时代的命题。

可持续发展与贫困治理

王中原[*]

可持续发展(sustainable development)是一种新型发展模式,该模式强调在满足人类发展需求的同时,保持生态系统、经济系统和社会系统的可持续性,以实现代际之间和代际内部的公平正义。贫困问题一直是困扰和阻碍可持续发展的关键因素,涉及个体、国家和全球层面的共同责任。2015 年由所有成员国一致通过的联合国"2030 年可持续发展目标"(sustainable development goal, SDG)将"消除一切形式的贫困"列为首项任务,包括帮助最为脆弱的人群、保障基本的资源和服务、支持受到战争冲突和气候变化冲击的困难社区等。换句话说,在贫困治理问题上,国际社会已经达成基本共识:其一,在世界范围倘若存在大规模尚为基本生存需求而挣扎的贫困人群,那么可持续发展就无从谈起;其二,世界任何一个角落的人类生存状况和未来世代的生存境遇都与"我"相关,消除贫困的可持续发展是涉及人类命运的共同体目标;其三,贫困治理是需要国际社会、民族国家、民间社会、慈善团体、公民个体多元参与和协同共进的宏大工程,每个主体都有理应分担的勤勉责任(shared responsibility)。

贫困问题与可持续发展问题都是当前人类社会面临的复杂治理难题,同时贫困治理与可持续发展之间存在着复杂的理论关联和实践互动。当前研究多将两者分开探讨,较少关注两者之间互为因果和双向形塑的复杂关系。本文首先从学理角度深度剖析贫困治理与可持续发展之间的理论联系,构建理论分析

---

* 王中原,复旦大学社会科学高等研究院副教授,复旦大学当代中国研究中心副主任。

框架。接着,分别从全球层面和典型国家层面(以中国精准扶贫为例)解析贫困问题的治理现状及其与可持续发展的实证联系,提炼两者相互影响的机制,从可持续发展角度评估当前贫困治理面临的困境及其潜在的突破路径。最后,将融合理论和实证分析,归纳贫困治理与可持续发展互为助益的良性闭环。从贫困治理角度重新理解可持续发展,有助于回答"谁的可持续""为了谁发展"等问题,推动包容性发展(inclusive development)。从可持续发展角度重新思考贫困治理,有助于建构摆脱贫困的长效机制和发展导向的扶贫策略,推动赋能驱动的综合反贫工程(empowerment-driven poverty alleviation)。

一、可持续发展与贫困治理的理论关联

可持续发展是一个复杂且具有争议的现代概念。首先,可持续发展是一项政治行动,是针对传统发展模式的某种政治回应。自 20 世纪中叶以来,一系列重要的政治合作文件陆续确立了可持续发展的集体行动策略,例如"布伦特兰报告"(the Brundtland Commission Report)、《里约环境与发展宣言》和《变革我们的世界:2030 年可持续发展议程》(简称《2030 年可持续发展议程》)等。[1]然而,对于这项全球事业,并非所有国家都展示出共同的政治意志(political will)并投入国家能力。[2]少数国家甚至希望通过定义可持续发展概念来影响未来议程以及提升本国政治影响力。[3]其次,可持续发展是一个综合性的理念,需要通过具体行动予以执行,同时涉及环境、经济和社会等不同行动领域,[4]以及个人、家

[1] Judith C. Enders and Moritz Remig (eds.), *Theories of Sustainable Development*, London: Routledge, 2014.

[2] Crawford Stanley Holling, "Theories for Sustainable Futures", *Conservation Ecology*, Vol.4, no.2(2000), p.7.

[3] Desta Mebratu, "Sustainability and Sustainable Development: Historical and Conceptual Review", *Environmental Impact Assessment Review*, Vol.14, no.6(1998), pp.493—520.

[4] 所谓"可持续三角"(Sustainability Triangle),参见 Ben Purvis, Mao Yong and Darren Robinson, "Three Pillars of Sustainability: In Search of Conceptual Origins", *Sustainability Science*, Vol.14, no.3(2019), pp.681—695; Bob Gidding, Bill Hopwood and Geoff O'brien, "Environment, Economy and Society: Fitting Them Together Into Sustainable Development", *Sustainable Development*, Vol.10, no.4(2002), pp.187—196。

庭、地方、区域、国家和国际社会多个行动层级。虽然各行动主体在理念上形成了基本共识,但是在操作面和执行层(即如何实现可持续发展)仍然存在诸多争议。①再次,"可持续"与"发展"两者之间充满张力,践行可持续标准一定程度上会牺牲发展的速度和规模,影响当代人的福利;疯狂的发展反过来也会限制可持续目标的实现,影响未来世代的福祉。甚至有极端的观点认为,发展本质上具有不可持续性。②一些人更注重"可持续",即便影响到发展;另一些人则更关注"发展",适当兼顾可持续。因此,"可持续发展"可视作"可持续"与"发展"按照不同权重进行融合,形成极具内部张力的学理概念。

贫困同样是一个复杂的学理概念。根据世界银行的定义,贫困是指"福利的显著匮乏"。然而,问题在于如何界定"福利",以及以什么标准来衡量"匮乏"。③传统上,福利是指对一定社会条件下维持人们基本生存和社会公认标准的物资的占有情况,通常用最低水平线上的收入或支出来衡量。各国政府会根据本国的经济发展状况和贫困人口特征设定适合自身的贫困线,并根据该贫困线标准给予困难人群经济和实物方面的救济。同时,贫困的概念和测量通常以"货币"为基准。然而,21 世纪以来人们更加深刻地认识到,贫困不仅仅是物资的匮乏,还包括能力的贫困、权利的贫困和机会的贫困。正如阿马蒂亚·森(Amartya Sen)指出的,贫困必须被视为"基本可行能力的被剥夺",这些剥夺限制了人们获得某些事物的自由。④因此,学术界普遍认为贫困不能单从货币的角度来测量,需要引入多维贫困的视角和更加综合的测量指标。例如,联合国发布的全球多维贫困指数(multidimensional poverty index,MPI)就采用了更加综合的贫困概念和指标体系,纳入了健康(包括营养状况和儿童死亡率)、教育(包括受教育年限和入学率)和生活条件(包括资产、住房、用电、饮用水、卫生和能源

---

① René Kemp, Saeed Parto and Robert B. Gibson, "Governance for Sustainable Development: Moving from Theory to Practice", *International Journal of Sustainable Development*, Vol.8, no.1—24 (2005), pp.12—30.

② Colin C. Williams and Andrew C. Millington, "The Diverse and Contested Meanings of Sustainable Development", *The Geographical Journal*, Vol.170, no.2(2004), pp.99—104.

③ Jonathan Haughton and Shahidur R. Khandker, *Handbook of Poverty and Inequality*, Washington, DC: The World Bank, 2009.

④ Amartya Sen, *Inequality Re-examined*, Oxford: Clarendon Press, 1992, Amartya Sen, *Development as Freedom*, New York: Alfred A. Knopf, 1999.

等)三个关键维度。①根据多维贫困的概念,贫困治理将是一项综合性的国家和社会工程,不仅关涉基本生存物资,还需纳入教育、健康、安全、权利等长期发展目标,通过赋能和赋权帮助贫困人口彻底摆脱贫困陷阱。

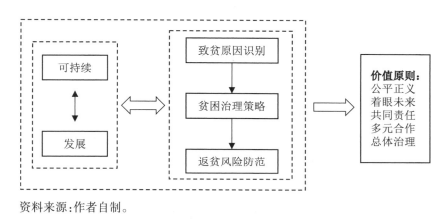

资料来源:作者自制。

图1 可持续发展与贫困治理的理论关联和价值共创

可持续发展与贫困治理有着深厚的理论关联(见图1)。其一,在识别致贫原因上,诸多非可持续的发展方式导致一些人长期深陷贫困,例如环境破坏、教育缺失、分配不均、政治冲突等。因此,要从根本上解决贫困问题,必须变革传统的发展模式。其二,在贫困治理策略上,需要借助"可持续"和"发展"的理念,在生存物资和生活保障之外,提升权利、能力、机会的持续供给,通过外在赋能和自我发展潜能培育,斩断贫困的代际传递并巩固脱贫成果的稳定性。其三,在防范返贫风险时,需要建构针对脆弱人群的扶贫长效机制,监测不同扶贫方案的可持续绩效,让脱贫人口具有稳定的发展预期,并提升其面对不同境遇的生存韧性(resilience)。其四,贫困治理的成果反过来将推动人和社会的可持续发展,让人摆脱"能力的匮乏",获得发展的自由和机会,让未来世代拥有平等且可持续的发展愿景,进而促进政治秩序的稳定和国际社会的和谐。

可持续发展与贫困治理奉行共同的价值原则(见图1)。其一,两者都追求

---

① 具体参见 UNDP,"2021 Global Multidimensional Poverty Index(MPI):Unmasking Disparities by Ethnicity, Caste and Gender", http://hdr.undp.org/en/2021-MPI, 访问日期:2023 年 3 月 22 日。

实现世代之间和世代内部的公平（inter-generational and intra-generational fairness），旨在实现同代人之间以及不同世代人之间的分配正义，共享"包容性发展"的机会和成果。其二，两者都着眼未来，主张克服发展过程中的短视主义和自利主义，强调人与人、人与自然、人与社会的"共生性"。主张在以人为本的同时，维系环境、经济和社会的均衡发展，拒绝牺牲他者、牺牲未来。其三，两者都认为可持续发展问题和贫困问题不仅是个体的责任，而是全社会、整个国家乃至全球的共同责任，每个人都应该为其他人和未来世代的生存状况着想，人类具有追求"共同善"和"全球正义"的道德义务。①其四，两者都注重多元合作，可持续发展和贫困治理的实现都需要各个层级不同主体的多元参与、协同共治和通力合作②，克服集体行动困境，彼此负担起相应的勤勉义务（due diligence）。其五，两者都依赖总体性治理，可持续发展问题和贫困问题都是"复杂系统"，其解决依赖多维并进的系统性工程，需要从教育、科技、环境、经济、社会、制度等多个领域进行持续投入，奉行全新的转型式发展路径（transformative approach）。

二、贫困治理与可持续发展的全球图景

贫困问题是涉及可持续发展的全球性议题。首先，贫困问题的分布是全球性的，无论是低收入国家、中等收入国家还是发达国家，都面临不同程度和不同形式的贫困问题，其不仅影响了一国内部的包容性发展和分配正义，同时危及整个人类社会的可持续发展和全球正义。③其次，贫困问题的肇因也具有全球

---

① Gu Yanfeng, Qin Xuan, Wang Zhongyuan, Zhang Chunman and Guo Sujian, "Global justice index report 2020", *Chinese Political Science Review*, Vol.6, no.3（2021）, pp.322—486; Guo Sujian, Lin Xi, Jean-Marc Coicaud, Gu Su, Gu Yanfeng, Liu Qingping, Qin Xuan, Sun Guodong, Wang Zhongyuan and Zhang Chunman, "Conceptualizing and Measuring Global Justice：Theories, Concepts, Principles and Indicators", *Fudan Journal of the Humanities and Social Sciences*, Vol. 12（2019）, pp.511—546.

② Kei Otsuki, *Transformative Sustainable Development：Participation, Reflection and Change*, London：Routledge, 2014.

③ Gu Yanfeng, Guo Sujian, Qin Xuan, Qu Wen, Wang Zhongyuan and Zhang Tiantian, "Global Justice Index Report 2022", *Chinese Political Science Review*, 2023, https://doi. org/10. 1007/s41111-023-00240-0.

性,无论是要素全球流动和财富全球分配,还是全球气候变化、经济危机、疫情传播、军事冲突,都会影响贫困人口的规模和全球反贫的可持续进程。第三,贫困问题的解决方案必须是全球性的,虽然民族国家需要担负起帮扶本国贫困人口的勤勉义务,但是诸多致贫问题的解决超出了一国能力范畴(例如气候变迁引起的海平面上升和自然灾害)。此外,很多发展中国家的扶贫资源和国家能力极其有限,需要国际社会、区域组织、跨国团体等参与国际援助和协同治理。基于此,本文将首先从全球层面评估贫困治理的可持续图景及其面临的挑战。

要推动人类社会的可持续发展,必须合力解决全球贫困,为了促进全球正义,联合国将解决多种形式的贫困问题纳入 2030 年可持续发展计划,"不让一个人掉队"是成员国的庄严承诺和集体呼吁。自 20 世纪 90 年代以来,国际反贫事业取得长足进步,全球贫困发生率和贫困深度持续下降(见图 2)。根据世界银行的统计,全球绝对贫困人口的比例从 1990 年的 38%(约每三人当中有一位贫困者)持续下降至 2019 年的 8.4%(低于每十人当中有一位贫困者)。① 这期间,大多数国家也十分重视解决贫困问题,引入了各式各样的政策工具和国家资源帮助弱势人群摆脱贫困陷阱。除了中东和北非地区,其他各个地区在 1990—2019 年都实现了贫困人口比率和贫困差距的显著下降。② 在 21 世纪的第二个十年,全球贫困问题得到有效缓解,人类彻底解决贫困问题,即实现可持续发展议程中的减贫目标,呈现曙光。有学者甚至乐观地认为,2019 年开启了全球扶贫的新时代,为全球贫困人口比例设定了单位数的天花板。③

然而,全球贫困治理并未沿着理想的线性路径向前发展,2020 年的全球贫困人口规模出现 30 年来的首次大幅反弹,涌现约 1 亿新生贫困人口(new

---

① 参见 World Bank Poverty and Inequality Platform, https://pip.worldbank.org,访问时间:2023 年 4 月 10 日。

② 虽然非洲的贫困人口比例在下降,但由于总体人口基数大幅增长,其贫困人口数量实际却增加了。

③ Homi Kharas, Kristofer Hamel and Martin Hofer, "Rethinking global poverty reduction in 2019", December 12, 2018, https://www.brookings.edu/blog/future-development/2018/12/13/rethinking-global-poverty-reduction-in-2019/,访问时间:2023 年 4 月 10 日。

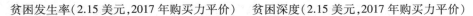

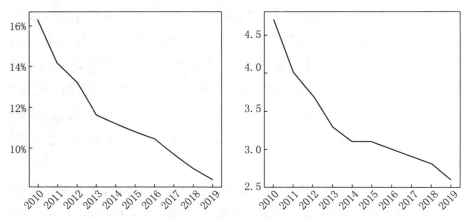

图 2　2012—2019 年的全球减贫趋势（根据 2017 年购买力平价计算）

poor），为实现联合国可持续发展目标蒙上了阴影。当前，全球减贫事业正面临新形势、新挑战和新任务，扶贫可持续性遭遇挫败主要可归结为以下几方面原因。

第一，全球减贫遭遇"疫情之墙"（hit the pandemic wall）。2019 年底，突如其来的新型冠状病毒疫情让全球经济陷入了自 20 世纪大萧条以来最严重的衰退危机。在发达国家，商业活力衰退、失业率上升、工作小时缩减、生活和健康的不确定性将数以百万计的脆弱人群推向贫困的窘境。在发展中国家，疫情冲击带来收入下降，以及粮食、能源、生活物资等价格上涨，脆弱人群的生活境况进一步恶化，更难脱离贫困陷阱；众多刚刚摆脱贫困的群体重新回归贫困，其中女性、儿童、少数族裔的境遇更差。全球健康危机带来的灾难性后果超比例地落在贫困人口身上，导致全球范围"贫困深度"进一步加剧，20 年来首次出现新增贫困人口超过脱贫人口的重大挫败。根据世界银行估计，"仅 2020 年，就有约 0.88 亿—1.15 亿人口因为新冠大流行重新陷入极端贫困"①，由此全球贫困人口比例提升了约一个百分点。虽然 2021 年全球减贫趋势有所恢复，但 2022 年再次陷入停滞。联合国多维贫困指数报告（MPI）显示，

---

　　① World Bank，*Poverty and Shared Prosperity 2020：Reversals of Fortune*，Washington，DC：World Bank，2020.

新冠大流行将全球多维贫困状况拖回到 3—10 年前的水平。①这使得国际减贫事业的可持续性遭受重创,甚至难以完成联合国 2030 年可持续发展目标中的减贫任务。

第二,全球减贫面临"非均衡"的国家和地区绩效。世界各国的减贫进程、成效和贡献并非一致,一些国家(例如中国、越南、印度)将扶贫提升到国家总体发展战略的高度,持续投入大量国家资源,并通过一系列制度和政策创新,帮助国民改善生存状态。例如,越南曾有约 10% 的人口(即 900 多万人)生活在绝对贫困中。与中国类似,越南不仅实施了综合性减贫计划,同时重视贫困人口的差异化需求,并加大了对特定贫困人群(例如少数民族、儿童、女性)的专项帮扶,使得越南成为率先实现联合国"千年发展目标"的国家之一。但是,也有一些国家(例如伊拉克、叙利亚、中非共和国)因为长期陷于军事冲突和政治动荡,政府精力被其他更加紧迫的事务所占据,加之国家能力衰微和公共资源匮乏,未能将减贫提上优先日程。例如,中非共和国虽然自然资源丰富,但一直处于世界最贫困的国家之列。该国长期处在政治动荡和军事冲突当中,国家资源和国民经济被少数精英把控,大量人口因战乱和贫困流离失所,脆弱的国家和失能的政府无法履行扶贫的勤勉义务。此外,贫困问题呈现出空间聚集性,撒哈拉以南非洲、南亚是世界贫困人口最稠密的地区,占全球贫困人口的四分之三以上,该比例预计还会伴随人口增长和区域动荡不断攀升。②可见,各国解决绝对贫困问题的政治意志、国家能力和成绩效果都存在较大差异,这些差异使得各国民众面临不同的生存挑战和发展机遇,从而影响了全球减贫的可持续进程。在大流行期间,各国的应对策略、管控措施和治理效能不尽相同,进一步加剧了生存和发展机遇的不平等。总之,国际冲突、政局动荡、气候变化、突发公共危机等都可能打破一国原有的减贫计划,各国政府如何平衡不同政策优先级并保障扶贫举措的可持续性是夯实全球减贫绩效的关键。

---

① United Nations Development Programme and Oxford Poverty and Human Development Initiative, *Global Multidimensional Poverty Index(MPI)：Unpacking Deprivation Bundles to Reduce Multidimensional Boverty*, UNDP, 2022.

② World Bank, *Poverty and Shared Prosperity 2020：Reversals of Fortune*, Washington, DC：World Bank, 2020.

第三,全球减贫进入"深水区"。扶贫开始呈现边际效益递减的困境,即同样单位的投入和付出难以获得与早期同等的减贫成效。全球减贫的速率显著减缓,1990—2013 年,全球贫困人口比例年均下降约 1 个百分点,而 2013—2015 年,该下降率减至年均 0.6 个百分点,2015—2017 年,该数字进一步跌至约 0.5 个百分点。[①]该趋势很大程度上由剩余贫困人口的构成特性及其致贫原因所决定。以最新的 2017 年购买力平价为基准,仍然有 6.59 亿人生活在每日 2.15 美元的绝对贫困线之下[②],其中大部分人群缺乏可持续的自我发展能力,或者受制于自然环境、战争冲突、政治压迫等不可抗因素,被迫陷入贫困境遇的代际循环。剩余贫困人口的扶贫难度越来越大,贫困问题与经济、社会、政治乃至国际问题深度嵌套,难以通过单一维度的货币救济实现脱贫。全球家庭调查数据显示,超过 40% 的多维贫困问题并非源于资金贫困,例如撒哈拉以南非洲有超过半数的调查对象表示正在经历多维贫困(包括教育、基础设施等)。[③]如果将国际贫困线拉升到 3.65 美元或 6.85 美元(2017 年购买力平价),各地区贫困人口规模将随之大幅攀升,尤其是在南亚、东亚和撒哈拉以南非洲。这意味着传统主流的援助式扶贫已不足以维持扶贫绩效,全球减贫进程趋向放缓。这也再次提醒我们,贫困问题本质上是治理问题和政治问题[④],是一项复杂多维的系统工程。要维持全球减贫事业的可持续性,各国政府和国际社会必须在投入力度和扶贫模式上做出重大调整,并致力于解决各类影响贫困的深层次结构性问题。

总之,近 30 年来贫困治理在全球层面取得令人欣喜的成绩,为促进全球可持续发展提振了信心。然而,由于新冠大流行、各国绩效差异、反贫边际效益递减等原因,当前全球减贫事业正遭遇阶段性挫败。未来,扭转贫困反弹态势,保持全球贫困治理绩效的可持续性,需要做到以下几点:(1)提升贫困人口特别是

---

① World Bank, *Poverty and Shared Prosperity 2020: Reversals of Fortune*, Washington, DC: World Bank, 2020, pp.2—3.

② 参见 World Bank Poverty and Inequality Platform, https://pip.worldbank.org,访问时间:2023 年 4 月 15 日。

③ World Bank, *Poverty and Shared Prosperity 2022: Correcting Course*, Washington, DC: World Bank, 2022, pp.95—97.

④ Wang Zhongyuan and Guo Sujian, "Politics of Poverty Governance: an Introduction", *Journal of Chinese Political Science*, Vol.27, no.2(2022), pp.205—219.

边缘脆弱人群的风险抵御能力和生存韧性,推动后疫情时代经济和社会的"包容性复苏"(inclusive recovery)。正如"2030 年可持续发展目标"第 1 条第 5 款所言:"增强穷人和弱势群体的抵御灾害能力,降低其遭受极端天气事件和其他经济、社会、环境冲击和灾害的概率和易受影响程度"。(2)促进国际和平事业,支持发展中国家和地区的国家能力建设、基础设施建设、市场环境建设,督促和帮助其加大扶贫领域的持续投入。正如"2030 年可持续发展目标"所强调的,"通过加强发展合作充分调集资源,为发展中国家,特别是最不发达国家提供充足、可预见的手段以执行相关计划和政策,消除一切形式的贫困"。(3)转变贫困治理模式,从整体性治理角度深化体制机制改革,致力于消除贫困人群的交叉匮乏(interlinked deprivations)和解决制约可持续脱贫的各类结构性问题,促进反贫工作提质增效。

三、中国贫困治理与可持续发展

中国是最大的发展中国家,贫困人口多、贫困区域广、贫困程度深曾是中国贫困状况的主要特征。为了帮助困难群众脱贫,中国政府在全国范围逐步实施了多项大型扶贫工程,形成"扶贫政策接力棒",包括:农村经济体制改革时期的贫困治理(1978—1985 年);经济社会快速发展时期的开发式扶贫(1986—1993 年);八七扶贫攻坚计划阶段的综合性扶贫(1994—2000 年);《中国农村扶贫开发规划纲要(2001—2010 年)》实施阶段的十年扶贫攻坚(2001—2010 年)。2010 年,中国政府再次制定了《中国农村扶贫开发规划纲要(2010—2020 年)》,进一步加快贫困地区发展,目标是 2020 年实现全面小康,即提前 10 年实现联合国《2030 年可持续发展议程》的减贫目标。2014 年,中国开始推动"精准扶贫",通过制度设计、机制创新和全面动员,力求做到"扶贫对象精准、措施到户精准、项目安排精准、资金使用精准、因村派人精准、脱贫成效精准"(即"六个精准")。与此前以县乡为单元的地域性扶贫开发不同,精准扶贫是中国历史上首次精准到户、精准到人的新型扶贫模式,目标是让所有贫困人口实现"两不愁"(不愁吃、不愁穿)和"三保障"(义务教育有保障、基本医疗有保障和住房安全有保障),消除现行标准之下的绝对贫困。

　　中国将贫困治理视作国家和政党的政治责任,把脱贫绩效定为政府和官员的考核指标,构建起多维一体的大扶贫格局和多措并举的贫困治理体系,动用了产业扶贫、科技扶贫、教育扶贫、旅游扶贫、金融扶贫、社会扶贫等多种政策工具推动中国贫困状况的改善。中国贫困治理建立了"中央统筹、省负总责、市县抓落实"的管理运行体制,贫困省份将精准扶贫作为统揽经济社会发展全局的"第一民生工程"和"头等大事"来推进落实,自上而下形成省、市、县、乡、村"五级书记一起抓扶贫"的工作格局。①经过多年努力,中国贫困人口从 2012 年年底的 9 899 万人减少到 2019 年年底的 551 万人,连续 7 年每年减贫 1 000 万人以上,7 年累计减贫 94.4%,国定贫困发生率由 10.2% 降至 0.6%。根据官方数据,全国建档立卡贫困户人均纯收入由 2015 年的 3 416 元增加到 2019 年的 9 808 元,年均增长 30.2%。有 960 多万贫困群众通过"易地扶贫搬迁"摆脱了"一方水土养活不了一方人"的困境,总体上实现了贫困人口的"两不愁、三保障"目标。②经过 8 年的持续奋斗和攻坚克难,截至 2020 年底,全国 832 个县全部脱贫,12.8 万个贫困村全部出列,近 1 亿贫困人口实现脱贫。据此,中国向世界宣布消除了现行标准下的绝对贫困和区域性整体贫困。

　　精准扶贫不仅带动了千万贫困人口摆脱贫困,而且为推动全球减贫事业和构建"人类命运共同体"提供了中国方案,为全球正义做了突出贡献。联合国秘书长安东尼奥·古特雷斯将中国的扶贫成绩称为"历史上最大的减贫成就"③。虽然中国在实现宏伟的远景目标和保持可持续的扶贫成绩方面依然面临诸多挑战,但中国已经向全世界展示了一个可持续减贫范式,即由政府承担起勤勉尽职的义务,通过顶层设计和多措并举帮助贫困人口脱贫。近年来,中国也积极推动将自己的精准扶贫经验推广到其他国家和地区,更好地促进全球贫困治理和可持续发展。

---

①　左才、曾庆捷、王中原:《告别贫困:精准扶贫的制度密码》,上海:复旦大学出版社 2020 年版。

②　参见国务院扶贫开发领导小组办公室网站:http://www.cpad.gov.cn/art/2020/3/6/art_624_114021.html,访问时间:2023 年 4 月 20 日。

③　参见"Helping 800 Million People Escape Poverty Was Greatest Such Effort in History, Says Secretary-General, on Seventieth Anniversary of China's Founding",联合国网站:https://www.un.org/press/en/2019/sgsm19779.doc.htm,访问时间:2023 年 4 月 22 日。

（一）可持续贫困治理的制度基础

中国贫困治理关注贫困人口和贫困地区的可持续发展，通过顶层设计和多措并举构建起精准脱贫的"可持续体系"和"可持续能力"。具体而言，中国贫困治理体系包括脱贫攻坚的政策体系、责任体系、动员体系、督查体系、考核体系等，贫困治理能力包括再分配能力、资源动员能力、组织协调能力、政治保障能力、制度建构能力、政策执行能力等。中国国家治理体系和治理能力的现代化为脱贫的可持续性和乡村社会的可持续发展奠定了制度基础。

1. 顶层设计与高位推动

国家立足全局开展扶贫工作的顶层设计和科学谋划，保障扶贫战略和扶贫政策的可持续。中国精准扶贫充分发挥政党的政治势能，将扶贫工作纳入国家治理体系，并上升为国家层面的政治行动，依托政党的全面领导克服碎片化的政策执行体系，借助政党的政治权威、权力位阶和组织能力，提升精准扶贫的执行效能和可持续动能。

中央陆续出台《关于打赢脱贫攻坚战的决定》《"十三五"脱贫攻坚规划》《关于支持深度贫困地区脱贫攻坚的实施意见》《关于打赢脱贫攻坚战三年行动的指导意见》《关于实现巩固拓展脱贫攻坚成果同乡村振兴有效衔接的意见》等一揽子纲领性文件，对精准扶贫的指导思想、总体思路、目标任务、行动战略、实现路径、持续巩固等进行精细的战略部署，形成脱贫攻坚的战略体系。中央办公厅、国务院办公厅陆续颁布各类扶贫政策文件 20 余项，各部委围绕"扶持谁""谁来扶""怎么扶""如何退"等问题出台相关扶贫政策和实施方案近 300 件，确立起脱贫攻坚的政策体系。具体而言，"六个精准"目标明确脱贫攻坚各个阶段的工作要求；"五个一批"政策①指出因地制宜推进扶贫开发的工作路径；"五个工作平台"要求②推动多级共治的扶贫开发平台建设；"六项扶贫行动"③确立多

---

① 即"发展生产脱贫一批，易地搬迁脱贫一批，生态补偿脱贫一批，发展教育脱贫一批，社会保障兜底一批"。

② 即"国家扶贫开发大数据平台，省级扶贫开发融资平台，县级扶贫开发资金项目整合管理平台，贫困村扶贫脱贫落实平台，社会扶贫对接平台"。

③ 即"教育扶贫行动，健康扶贫行动，金融扶贫行动，劳务协作对接行动，革命老区百县万村帮扶行动，民营企业万企帮万村行动"。

措并举的扶贫行动方案；"十项精准扶贫工程"①引导各个地方分类施策。

此外，中国扶贫还构建起扶贫开发管理体制、主体责任体制、帮扶责任体制三方面组成的"责任体系"；中央国家机关定点帮扶、东西部对口帮扶和地方联村包户结对帮扶三方面组成的"联结体系"；财政、金融、土地、人员、技术和社会资源多方面组成的"投入体系"；组织动员、政策宣传、干部培训三方面组成的"助推体系"，以及多渠道全方位的"监督体系"。战略、政策和机制层面的顶层设计构筑起中国贫困治理体系的"四梁八柱"，为各部门、各行业、各领域、各层级合力攻坚提供了行动指南，为可持续的贫困治理提供了战略保障和制度支撑。

2. 压实责任与齐抓共管

"打赢脱贫攻坚战"成为中国各级各部门的共同政治责任。通过签订责任书和军令状等形式，中央政府将扶贫责任传导到各个领域和各个层级。例如，中西部 22 个省（区、市）党政主要负责同志向中央提交了脱贫攻坚责任书，并定期向中央汇报本省市的扶贫和乡村振兴成效，接受中央的实绩考评。在县级层面，书记和县长是脱贫攻坚的第一责任人，同时全县上下参与扶贫工作的各个部门和所有帮扶联系人需要共同担负扶贫的主体责任。县级政府通常围绕贫困治理的中心工作建立起干部实绩考核和奖惩制度，通过定期或不定期的自查自纠、交叉检查、第三方评估、督察巡查、"回头看"等机制，压实可持续贫困治理的政治责任。

中国贫困治理建立了"中央统筹、省负总责、市县抓落实"的运行体制，将精准扶贫和巩固脱贫攻坚成果的任务逐级分解。中央一级主要负责制定脱贫攻坚的方针政策，规划扶贫行动方案，统筹各区域各部门各层级的扶贫工作。省级党委和政府对扶贫开发工作"负总责"，结合本省实际，做好政策设计、年度规划、组织动员、项目推进、资源调配、监督考核等工作。地市级党委和政府负责上下衔接、域内协调、政策配套、督促检查等工作，确保辖区内贫困县如期摘帽。县级党委和政府主抓扶贫工作的落地实施，负责精准识别贫困村和贫困人口，

---

① 即"整村推进工程，职业教育培训工程，扶贫小额信贷工程，易地扶贫搬迁工程，电商扶贫工程，旅游扶贫工程，光伏扶贫工程，植树扶贫工程，贫困村创业致富带头人培训工程，龙头企业带动工程"。

结合县情实际规划脱贫进度、动员扶贫资源、落实各项扶贫政策,在督查和考核本辖区内扶贫工作实施情况的同时,向上级政府汇报脱贫成效。各级政府通过"结对帮扶"等形式进一步将脱贫攻坚的具体任务细化分解,分配到各个职能部门和具体帮扶联系人,并派驻工作队、第一书记沉降到基层一线指导和参与扶贫工作。由此,在充分发挥中央和地方两个积极性的基础上,推动可持续的贫困治理。

3. 多元共治和多维联结

中国精准扶贫是多元主体全面动员和共同参与的政治事业,形成了纵向贯通和横向联结的贫困治理体系。其一,构建"大扶贫"格局。通过创新体制机制和方式方法,统合政府、社会、市场三方扶贫力量,推进专项扶贫、行业扶贫、社会扶贫三种扶贫模式相结合,并动员事业单位、社会组织、国有企业、民营企业、公民个人等广泛参与扶贫事业,实现多圈层的合力聚能。中国在扶贫战略、政策、机制、资源等多个层面实现"整体性治理",形成政府主导型扶贫、市场导向型扶贫和社会参与型扶贫三种扶贫机制的多元共治架构。其二,启动合力攻坚模式。通过"扶贫开发领导小组"和"五级书记抓扶贫"等机制,将各个领域的帮扶资源结集到精准扶贫中,在精准识别、精准帮扶、精准管理和精准退出等各个环节调动一切可以调动的力量合力攻坚。各个职能部门在承担扶贫领域本职业务工作的同时,还需派驻工作队、帮扶联系人和第一书记深入乡村开展帮扶工作。扶贫动员基本做到所有党政机关及其公务人员的全覆盖,形成全面动员、全体参与、持续投入、协同推进的贫困治理行动矩阵。

贫困治理是统揽贫困地区经济社会发展全局的系统工程。在精准扶贫的落地实施过程中,中国还构建起"中央、国家机关和有关单位"的定点帮扶、东西部省市协作的对口帮扶、地方包村联户的结对帮扶以及第一书记和工作队嵌入式帮扶为主要形式的联结式帮扶网络,以实现帮扶需求与帮扶供给的关联、匹配与有机衔接,提升贫困治理的可持续效能。通过在传统官僚体系之外建立"一对一""一对多""多对一"的新型联结关系和支持网络,联结式帮扶打破了行政等级、部门壁垒、区域分割、个体离散的层层障碍,形成跨区域、跨层级、跨部门的帮扶联系体系,推动帮扶主体、帮扶资源、帮扶形式的多元化。多维联结更加科学、精准、均衡地将帮扶主体和帮扶资源对接到贫困区域和贫困家庭,从

"单线帮扶"发展为"多线帮扶",从而增强了扶贫力度,拓展了帮扶形式,有助于激发贫困人群的内生动力,促进贫困治理的可持续性。

4. 循序推进和创变调试

可持续贫困治理需要循序推进,不可能一蹴而就。中国以 2020 年为目标节点,统筹安排扶贫的阶段性工作重点,持续稳步推进。首先,精准扶贫可划分为精准识别、精准帮扶、精准管理和精准退出各个环节。脱贫攻坚的初期主要关注贫困地区和贫困人口的精准识别和建档立卡,即解决"帮扶谁"的关键问题。随着帮扶对象清晰化,阶段性工作重点转向如何提供精准帮扶和如何开展精准管理,即解决"谁来扶"和"怎么扶"的问题。当扶贫绩效显现,陆续有贫困村和贫困户达到脱贫标准时,扶贫工作开始重点关注如何实现精准退出和防范返贫风险,即解决"如何退"的问题。其次,各级党政机关通常以年度、季度和月度为单位推进扶贫工作,制定时间表和路线图,将本区域本单位的扶贫任务切分成各个时段目标(例如,规划每个年度实现多少个贫困村摘帽和多少个贫困户出列),力求做到不拖延、不冒进。虽然部分地区曾出现扶贫任务"层层加码"的现象,但被上级及时制止。从全国层面来看,贫困人口数量和贫困发生率基本呈线性下降趋势,也反映出各级政府循序推进脱贫工作,有序平稳地落实脱贫目标。

可持续贫困治理需要不断积累经验、查缺补漏、动态调整。根据新情况新问题不断创变调试是中国贫困治理的重要经验。在精准识别领域,2014 年国家扶贫办确立了"一年打基础、两年完善、三年规范运行"的工作方案,陆续开展了6 轮贫困识别的动态调整。在识别标准上从以人均纯收入为单一标准发展到综合考虑"两不愁、三保障"等多方面指标;在识别规模上,从规模控制转为应识尽识、应纳尽纳;在关注对象方面,逐步兼顾"边缘户""返贫人口""新发生贫困人口",重视深度贫困人群。此外,扶贫实施过程中出现的政策认识不充分、责任落实不到位、识别退出不精准、资金管理不规范等现象,领导干部存在的不作为、假作为、慢作为等问题,也得到了纠偏和整改。在这方面,国务院组织的督查和巡查、各级党政部门组织的考评和检查、民主党派监督、媒体监督、社会监督等发挥了重要作用。例如,2018 年被确立为"脱贫攻坚作风建设年",扶贫领域的腐败和作风问题专项治理工作全面铺开(包括 6 个方面 25 项)。总之,循序推进和创变调试提升了扶贫工作的灵活性和应变性,有助于实现可持续的贫困治理。

5. 政策接力和风险抵御

脱贫工作具有长期性、复杂性、反复性,巩固扶贫成果和防止规模返贫是可持续贫困治理的关键。通过政策接力和风险治理,建立起巩固拓展脱贫攻坚成果的长效机制。在政策接力方面:其一,在实现全面脱贫之后设立了 5 年过渡期,过渡期内保持主要帮扶政策总体稳定。严格施行"四个不摘",即"摘帽不摘责任",防止松劲懈怠;"摘帽不摘政策",防止政策"急刹车";"摘帽不摘帮扶",防止一撒了之;"摘帽不摘监管",防止贫困反弹。①对于脱贫摘帽的贫困县和贫困村,国家也在一定时期内保持原有扶贫政策不变,支持力度不减②,通过政策的有序衔接和平稳过渡确保可持续脱贫。其二,推动精准扶贫与乡村振兴战略有效衔接。2018 年 1 月,中央发布《关于实施乡村振兴战略的意见》;2018 年 9 月,中央印发《乡村振兴战略规划(2018—2022 年)》,在脱贫攻坚的后期,提前部署乡村振兴。2021 年 2 月,中央制定《关于全面推进乡村振兴加快农业农村现代化的意见》。2021 年 4 月,全国人大通过《中华人民共和国乡村振兴促进法》。通过全面推进乡村振兴战略,中国持续加大强农、惠农、富农政策力度,按照"产业兴旺、生态宜居、乡风文明、治理有效、生活富裕"的总体部署,统筹推进农村经济建设、政治建设、文化建设、社会建设、生态文明建设和党的建设,加快推进乡村治理体系和治理能力现代化以及农业农村现代化,依托乡村社会的可持续发展进一步巩固拓展脱贫攻坚成果。

在风险抵御方面:其一,构建返贫大数据监测平台,加大"返贫动态监测",建立易返贫人口的快速识别和响应机制。对"脱贫不稳定户、边缘易致贫户,以及因病因灾因意外事故等刚性支出较大或收入大幅缩减导致基本生活出现严重困难户",地方政府开展定期检查、动态管理,精准分析返贫致贫原因,采取有

---

① 参见《中共中央、国务院关于实现巩固拓展脱贫攻坚成果同乡村振兴有效衔接的意见》,中央政府网站:http://www.gov.cn/zhengce/2021-03/22/content_5594969.htm,访问时间:2023 年 5 月 10 日。

② 例如,2021 年 5 月,中共中央办公厅出台《关于向重点乡村持续选派驻村第一书记和工作队的意见》,推行常态化的驻村工作机制,为全面推进乡村振兴、巩固拓展脱贫攻坚成果提供组织保证和人才支持。

针对性的帮扶措施。其二,2019 年底以来的新型冠状病毒疫情对贫困治理带来诸多不确定性。包括(1)大量农产品滞销,严重损害农民的收益;(2)贫困地区农村剩余劳动力外出务工受阻;(3)物流运输和乡村旅游停滞。一方面,中央政府积极响应,2020 年中央财政专项扶贫资金达 1 461 亿元,重点支持解决影响"两不愁、三保障"实现的突出问题,并加大对重点地区的支持。另一方面,各级政府在中央部署下统筹推进疫情防控、脱贫攻坚和经济发展三项工作,努力推动复工复产、保障基本民生、促进消费扶贫、强化返贫检测。在常态化疫情防控的形势下调整扶贫工作体制机制、创新扶贫工作方式和方法,努力确保脱贫目标的如期实现和脱贫成果的持续稳定。

(二)返贫风险治理与可持续发展

中国贫困治理注重防范和应对返贫风险,以保障脱贫人口和乡村社会的可持续发展。贫困具有复杂且多元的触发机制,甚至受诸多不可抗力的影响。因此,"消除现行标准下的绝对贫困和区域性整体贫困"并不意味着现阶段中国完全摆脱了返贫风险。中国倡导可持续的贫困治理,需要致力于预测、识别、防范和应对各类返贫风险,将全社会的贫困发生率控制在相当低的水平。

脱贫人口的风险感知如何? 哪些因素与贫困群体的返贫焦虑相关? 如何更加精准地开展返贫风险治理? 本部分将基于第一手的抽样调查数据展开实证分析。数据来自笔者团队 2019 年 7 月至 8 月在黑龙江、陕西、甘肃、山西、湖北、湖南、云南、广西、四川 9 省(自治区)17 县 50 个村开展的名为"精准扶贫与乡村治理现代化"的问卷调查。该项调查采用实地面访形式执行,共获得村民问卷1 340 份、村干部问卷273 份。数据收集过程严格按照规范的社会科学抽样调查程序进行①,以保证问卷数据的质量和代表性。

本文选取贫困户数据开展分析。因变量为贫困户的返贫风险感知(为二值

---

① 具体而言,在抽样的九个省(自治区)中,每省抽选一个"全国连片特困地区分县"名单中的县以及一个在 2016 年县人均国内生产总值居于省内后四分之一的县,且保持其在人口规模和地理区位上的代表性。在抽样的县中,同样依据最大差异原则选择三个村。村内抽样为基于村户名单的等距抽样,入户后依据 Kish 表选定受访者。所有访员都接受过两轮以上的专业培训和现场模拟,并且团队在 2019 年 1 月就相关问卷开展了实地预调查。

变量),控制变量为年龄、教育程度、家庭规模、民族类别、党员属性等。根据田野调查的经验发现,我们关注的潜在关联因素包括四大类,分别是:致贫原因类(因病、因残、因学、因灾、缺劳力、缺交通、缺技术);脱贫路径类(享受脱贫方案、参与产业扶贫、易地搬迁、参与合作社、参与技能培训、外出务工);乡村治理类(产业发展前景、贫困识别公平性、基层腐败、形式主义);家庭关系类(政治联系、结对帮扶)。上述各个变量的描述性统计结果见表1。

表1 变量的主要统计量描述

变量名称	观测值	均值	标准差	最小值	最大值
返贫风险	233	0.41	0.492	0	1
年龄	233	52.51	11.794	19	70
教育程度	233	5.14	3.813	0	17
家庭规模	233	3.61	1.519	1	10
少数民族	233	0.82	0.385	0	1
党员	233	0.07	0.253	0	1
致贫原因:因病	233	0.67	0.473	0	1
致贫原因:因残	233	0.20	0.399	0	1
致贫原因:因学	233	0.27	0.443	0	1
致贫原因:因灾	233	0.03	0.182	0	1
致贫原因:缺劳力	233	0.39	0.489	0	1
致贫原因:缺交通	233	0.09	0.287	0	1
致贫原因:缺技术	233	0.25	0.436	0	1
享受脱贫方案	233	0.87	0.336	0	1
参与产业扶贫	233	0.67	0.473	0	1
易地搬迁	233	0.18	0.389	0	1
参与合作社	233	0.32	0.468	0	1
外出务工	233	0.15	0.358	0	1
参与技能培训	233	0.50	0.501	0	1
产业发展前景	233	3.79	0.927	1	5
贫困识别公平性	233	0.42	0.494	0	1
基层腐败	233	1.59	0.872	1	4
形式主义	233	1.40	0.788	1	4
政治联系	233	2.89	0.843	1	4
结对帮扶	233	0.91	0.293	0	1

本研究关注的因变量为二值变量,因此我们采用 Logit 回归模型展开分析。回归模型的分析结果见表2。

表 2　脱贫户返贫风险感知的 Logit 模型回归分析

	模型 1	模型 2	模型 3	模型 4	模型 5
因变量:返贫风险					
年龄	0.019	0.017	0.007	−0.005	−0.006
	(1.36)	(1.14)	(0.44)	(−0.27)	(−0.32)
教育程度	0.113 **	0.122 ***	0.096 *	0.094 *	0.088 *
	(2.57)	(2.62)	(1.90)	(1.78)	(1.66)
家庭规模	−0.247 **	−0.268 **	−0.216 *	−0.252 **	−0.240 **
	(−2.42)	(−2.45)	(−1.84)	(−2.10)	(−2.01)
少数民族	−0.684 *	−0.727 *	−0.478	−0.452	−0.488
	(−1.87)	(−1.82)	(−1.10)	(−1.02)	(−1.09)
党员	−0.813	−0.934	−0.418	−0.578	−0.541
	(−1.40)	(−1.49)	(−0.62)	(−0.83)	(−0.77)
致贫原因:因病		0.602 *	0.636 *	0.760 **	0.847 **
		(1.84)	(1.85)	(2.11)	(2.28)
致贫原因:因残		0.630 *	0.690 *	0.739 *	0.740 *
		(1.74)	(1.74)	(1.84)	(1.83)
致贫原因:因学		0.422	0.312	0.175	0.226
		(1.20)	(0.83)	(0.45)	(0.57)
致贫原因:因灾		1.905 **	2.574 ***	2.541 ***	2.531 ***
		(2.16)	(2.67)	(2.64)	(2.59)
致贫原因:缺劳力		0.609 **	0.825 **	0.840 **	0.815 **
		(1.98)	(2.47)	(2.46)	(2.37)
致贫原因:缺交通		0.070	0.666	0.839	0.828
		(0.14)	(1.20)	(1.46)	(1.43)
致贫原因:缺技术		0.049	0.017	−0.017	0.030
		(0.14)	(0.05)	(−0.04)	(0.08)
享受脱贫方案			−0.834	−0.488	−0.440
			(−1.50)	(−0.83)	(−0.71)
参与产业扶贫			0.029	0.121	0.060
			(0.07)	(0.29)	(0.14)
异地搬迁			−1.033 **	−1.153 **	−1.060 **
			(−2.08)	(−2.16)	(−1.98)
参与合作社			−0.442	−0.492	−0.504
			(−1.24)	(−1.36)	(−1.39)
外出务工			−0.315	−0.351	−0.364
			(−0.69)	(−0.75)	(−0.77)
参与技能培训			0.073	0.159	0.189
			(0.23)	(0.48)	(0.56)

（续表）

	模型 1	模型 2	模型 3	模型 4	模型 5
产业发展前景			−0.468**	−0.357*	−0.339*
			(−2.55)	(−1.87)	(−1.75)
贫困识别公平性				0.749**	0.691*
				(2.10)	(1.88)
基层腐败				0.129	0.117
				(0.63)	(0.57)
形式主义				0.255	0.234
				(1.09)	(0.98)
政治联系					−0.250
					(−1.03)
结对帮扶					0.826
					(1.31)
_CONS	−0.453	−1.251	1.557	0.566	2.163
	(−0.46)	(−1.14)	(1.10)	(0.38)	(1.15)
N	233	233	233	233	233
R2_P	0.049	0.105	0.177	0.205	0.212

注：＊ $P<0.1$，＊＊ $P<0.05$，＊＊＊ $P<0.01$（双尾），括号内数字均为标准误。

在致贫原因方面，不同致贫原因对贫困户返贫风险感知的影响存在差异。具有不可抗力属性的因病、因残、因灾、缺劳力等因素会显著提升贫困人口对返贫风险的担忧。相比而言，具有发展属性的因学、缺交通、缺技术等因素不会影响贫困人口的返贫焦虑。该发现从侧面说明，中国精准扶贫中对乡村教育、基础设施建设、劳动技术培训的发展性投入有助于促进贫困户的可持续发展，可有效缓解返贫风险。与此同时，乡村振兴时期国家需要保持和加大对农村困难群众的兜底性社会福利供给，以帮助因为疾病、残疾、灾害、劳动力匮乏等不可抗力因素引发的贫困，提升此类家庭的风险抵御能力和生存韧性。近年来，国家部署"分层分类实施社会救助"，包括"完善最低生活保障制度"，调整优化针对原建档立卡贫困户的低保"单人户"政策；"完善农村特困人员救助供养制度"，提高救助供养水平和服务质量；推动"社会救助资源统筹"，有针对性地给予困难群众医疗、教育、住房、就业等专项救助；"对基本生活陷入暂时困难的群众加强临时救助"，通过政府购买服务向社会救助家庭中生活不能自理的老年人、未成年人、残疾人等提供服务。①这些可持续的政策和举措旨在完善农村地区生活保障、医疗保障、养老保障、就业保障、社会救助、灾害保险、生产保险等抗风险机制,有望在后扶贫时代帮助困难家庭抵御返贫风险。

在脱贫路径方面,不同脱贫政策对贫困户返贫风险感知的影响也存在一定差异。回归结果显示,大部分脱贫政策对农户的返贫焦虑没有显著的直接影响,而"异地搬迁"可以显著降低贫困人口的返贫焦虑。异地搬迁扶贫旨在解决"一方水土养不好一方人"的贫困局面(尤其是针对生态环境脆弱、自然灾害频繁、地方病高发的地区),通过"挪穷窝""换穷业"实现"拔穷根",从根本上解决搬迁群众的脱贫和可持续发展问题。根据中国国家发展改革委员会的数据,截至 2022 年底,全国约有 960 万易地搬迁脱贫群众。其中,劳动力人口 503.91 万人,实现就业 475.98 万人,就业率达 94.46%,人均纯收入达 13 615 元。全国各地围绕安置点累计建成各类产业项目 2.54 万个,并配套了幼儿园、中小学、医务室等公共基础设施。此外,22 个省(区、市)向 17 342 个扶贫搬迁安置点派驻了第一书记和驻村工作队,并打造"一站式"社区综合服务。②2023 年,中央一号文件进一步提出"深入开展巩固易地搬迁脱贫成果专项行动"。2023 年 1 月,国家发展改革委员会联合财政部、住房和城乡建设部、国家乡村振兴局等 18 个部门印发《关于推动大型易地扶贫搬迁安置区融入新型城镇化实现高质量发展的指导意见》,依托"高质量发展"进一步巩固拓展易地扶贫搬迁脱贫成果,确保搬迁群众"稳得住、能致富"。这些长效举措和后续投入有望防范和治理搬迁脱贫人口的返贫风险。

在乡村治理方面,对本村乡村产业发展前景较为看好的贫困家庭具有显著较低的返贫风险焦虑。可见,乡村产业发展对巩固脱贫成果和带动脱贫人口的可持续发展具有明显的效用,脱贫人口对乡村产业兴旺有较高的期待。近年来,产业兴旺被当作"解决农村一切问题的前提",国家政策不断强调"以脱贫县

---

① 参见《中共中央、国务院关于实现巩固拓展脱贫攻坚成果同乡村振兴有效衔接的意见》,中央政府网站:http://www.gov.cn/zhengce/2021-03/22/content_5594969.htm,访问时间:2023年 5 月 15 日。

② 新华社:《全国易地扶贫搬迁群众就业率超过 94%》,中央政府网站:http://www.gov.cn/xinwen/2023-03/01/content_5743771.htm,访问时间:2023 年 5 月 15 日。

为单位规划发展乡村特色产业。支持农产品流通企业、电商、批发市场与脱贫地区特色产业精准对接。现代农业产业园、科技园、产业融合发展示范园继续优先支持脱贫县。支持脱贫地区培育绿色食品、有机农产品、地理标志农产品"。①同时,国家乡村振兴战略也将"产业振兴"放在首位并做出专项部署。2019 年 6 月,国务院出台《关于促进乡村产业振兴的指导意见》。2021 年,农业农村部相继出台《关于促进农业产业化龙头企业做大做强的意见》和《关于拓展农业多种功能促进乡村产业高质量发展的指导意见》。这些政策通过顶层设计,明确了乡村产业"抓什么""怎么抓""为谁抓"等问题。此外,中央政府制定实施一系列涉及财政税收、金融保险、用地用电等方面的产业支持政策,并持续推进农村改革,深化农产品收储制度、土地制度改革、农村集体产权制度以及"放管服"等改革。②各地积极打造"一村一品""一县一业""一片一特",激发贫困地区和贫困人口的内生动力,吸引各类人才到乡村投资兴业,把地方特色产业的高质量发展作为带动群众脱贫增收的关键抓手。

四、结　语

当今世界正处在动荡变革期,各种不确定因素错综交叠,给全球可持续发展和全球贫困治理带来诸多风险和挑战。本文认为,贫困治理与可持续发展有着深厚的理论和实证关联。在理论维度,两者共享公平正义、着眼未来、共同责任、多元合作、总体治理等价值理念,共同致力于实现全球正义和代际公平。就内涵而言,致贫原因、贫困治理策略、防范返贫风险都蕴含"可持续"和"发展"的要素成分。就目标而言,贫困治理的绩效让人摆脱"世代贫困的陷阱"和"能力的匮乏",获得可持续发展的自由和机会。在实证维度,贫困治理与可持续发展彼此互嵌,可持续发展愿景的实现离不开卓有成效的贫困治理,贫困治理的实

---

① 参见《中共中央、国务院关于实现巩固拓展脱贫攻坚成果同乡村振兴有效衔接的意见》,中央政府网站:http://www.gov.cn/zhengce/2021-03/22/content_5594969.htm,访问时间:2023 年 5 月 15 日。

② 参见《国务院关于乡村产业发展情况的报告》,全国人大网:http://www.npc.gov.cn/zgrdw/npc/xinwen/2019-04/21/content_2085626.htm,访问时间:2023 年 5 月 15 日。

效及其巩固离不开经济、社会、环境的可持续发展。理论和实证上的关联性督促我们从可持续发展的高度,提升对贫困治理的"高质量"要求。

在全球层面,近30年来全球贫困治理无论在减少贫困人口规模还是在减轻贫困深度方面都取得卓越成效,为全球可持续发展注入了动能。然而,由于新冠大流行、国家能力差异、减贫边际效益递减等复杂原因,全球反贫事业正遭遇阶段性挫败,2030年可持续发展目标恐难如期实现。为了扭转困局,全球贫困治理需要(1)提升贫困人口的风险抵御能力,推动后疫情时代的"包容性复苏";(2)促进国际和平事业,支持发展中国家和地区在经济、社会和环境领域进行持续投入;(3)转变贫困治理模式,从整体性治理和可持续发展角度深化改革,致力于解决各类结构性问题。

在国家层面,中国在可持续贫困治理领域提供了有益经验。首先,中国国家治理体系和治理能力的现代化为脱贫的可持续性和乡村社会的可持续发展奠定了制度基础。相关制度经验包括顶层设计与高位推动、压实责任与齐抓共管、多元共治和多维联结、循序推进和创变调试、政策接力和风险抵御。其次,中国注重返贫风险治理。实证分析揭示,中国政府实施各项举措提升困难家庭的风险抵御能力,包括:动态监测和精准识别各类致贫原因,开展精准施策和分类帮扶,构建多维的社会保障体系;拓展多种扶贫路径,不断巩固易地扶贫搬迁的脱贫成果;接续乡村振兴战略,发展乡村产业,激发贫困地区和贫困人口的内生动力。

贫困不仅包括物质贫困,还包括机会贫困、能力贫困、权利贫困和制度贫困等。①乡村振兴时期,中国需要全面深化国家治理改革②,在打破城乡二元结构、落实公共服务均等化、推动农村公共事业发展、加强人民民主参与、培育社会自组织、建立服务型政府、推进放管服改革等方面持续攻坚,建立稳定脱贫和共同富裕的长效机制。通过释放制度改革和创新的红利,确保贫困治理成效长期可持续以及经济社会发展成果全民共享。

---

① [印度]阿玛蒂亚·森:《贫困与饥荒》,王宇、王文玉译,北京:商务印书馆2019年版;康晓光:《中国贫困与反贫困理论》,桂林:广西人民出版社1995年版。
② 燕继荣:《反贫困与国家治理——中国"脱贫攻坚"的创新意义》,载《管理世界》2020年第4期。

图书在版编目（CIP）数据

可持续发展理论与实践研究 / 郭苏建主编. — 上海 ：
格致出版社 ：上海人民出版社，2024.5
（转型中国研究丛书）
ISBN 978 - 7 - 5432 - 3562 - 5

Ⅰ. ①可…　Ⅱ. ①郭…　Ⅲ. ①可持续性发展-研究-
中国　Ⅳ. ①X22

中国国家版本馆 CIP 数据核字（2024）第 064855 号

责任编辑　裴乾坤
封面设计　高静芳

转型中国研究丛书
可持续发展理论与实践研究
郭苏建　主编

出　　　版　格致出版社
　　　　　　上海人民出版社
　　　　　　（201101　上海市闵行区号景路 159 弄 C 座）
发　　　行　上海人民出版社发行中心
印　　　刷　上海商务联西印刷有限公司
开　　　本　720×1000　1/16
印　　　张　18.25
插　　　页　2
字　　　数　274,000
版　　　次　2024 年 5 月第 1 版
印　　　次　2024 年 5 月第 1 次印刷
ISBN 978 - 7 - 5432 - 3562 - 5/D · 192
定　　　价　82.00 元